机器学习项目案例开发

主　编　◎　张　明
副主编　◎　李爱民　韩　艳　陈　凌

西南交通大学出版社
·成　都·

图书在版编目（CIP）数据

机器学习项目案例开发 / 张明主编. -- 成都：西南交通大学出版社，2023.11
ISBN 978-7-5643-9621-3

Ⅰ. ①机… Ⅱ. ①张… Ⅲ. ①机械学习 Ⅳ. ①TP181

中国国家版本馆 CIP 数据核字（2023）第 226388 号

Jiqi Xuexi Xiangmu Anli Kaifa
机器学习项目案例开发

张　明／主编　　　　　　　责任编辑／余崇波
　　　　　　　　　　　　　封面设计／墨创文化

西南交通大学出版社出版发行
（四川省成都市金牛区二环路北一段 111 号西南交通大学创新大厦 21 楼　610031）
营销部电话：028-87600564　　028-87600533
网址：http://www.xnjdcbs.com
印刷：四川玖艺呈现印刷有限公司

成品尺寸　185 mm×260 mm
印张　17.25　　字数　449 千
版次　2023 年 11 月第 1 版　　印次　2023 年 11 月第 1 次

书号　ISBN 978-7-5643-9621-3
定价　69.00 元

课件咨询电话：028-81435775
图书如有印装质量问题　本社负责退换
版权所有　盗版必究　举报电话：028-87600562

前言
PREFACE

随着科技的迅速发展，机器学习在解决实际问题和推动创新方面发挥着越来越重要的作用。本教材致力于引导读者深入了解机器学习，并通过实际项目案例的开发，掌握从理论到实践的全方位技能。

机器学习不再是仅属于专业领域的术语，它已经渗透到我们日常生活和工作的方方面面。从推荐算法到图像识别，从自然语言处理到智能决策系统，机器学习的应用无处不在。在这个背景下，我们编写了这部教材，旨在帮助初学者和进阶者建立坚实的机器学习基础，为他们在实际项目中运用这一技术提供指导。

本教材采用项目驱动的学习方式，以一个完整的机器学习项目作为线索，贯穿始终。我们将从项目的起点开始，包括问题定义和理解、数据收集和预处理，一直到特征工程、模型选择、训练和评估。通过这种方式，读者将能够逐步理解机器学习项目的整体流程，形成对实际应用的全面认识。

本教材内容涵盖了机器学习的基础概念、常见算法、工具和最佳实践。我们不仅仅强调理论知识，更关注实际操作和问题解决的能力培养。全书共 11 个项目，每个项目都包含实际案例、示例代码和项目实践，以帮助读者通过动手实践来巩固所学知识。

在整个学习过程中，我们将注重实践。通过编写代码、运行实验和解决实际问题，读者将能够逐渐培养出在机器学习领域取得成功所需的技能和直觉。

本教材由成都职业技术学院张明负责整体策划编写；陈凌负责线性回归的内容编写，字数约 10 万字；韩艳负责逻辑回归的内容编写，字数约 10 万字；李爱民负责支持向量机、NLP 的内容编写，字数约 10 万字。

最后，希望读者通过阅读本教材能够激发对机器学习的热情，并迈出自己在这个领域的第一步。机器学习是一个充满活力和机遇的领域，而我们期待着与读者一同踏上这个令人激动的学习之旅。祝愿每一位读者都能在这个领域中找到属于自己的机会和成就。

编　者

2023 年 10 月

扫一扫获取数字资源

目录
CONTENTS

项目 1　机器学习开发环境搭建 ··001
　项目知识点 ··003
　　知识点 1　人工智能发展历史 ··003
　　知识点 2　机器学习开发流程 ··005
　　知识点 3　机器学习常用开发工具 ···006
　工作任务 ··006
　　任务 1　Anaconda 安装 ··006
　　任务 2　Jupyter Notebook 配置不同开发环境 ··014
　　任务 3　Hello Machine Learning 项目搭建 ···016
项目 2　使用简单线性回归预测广告收入 ···018
　项目知识点 ··020
　　知识点 1　简单线性回归模型 ··020
　　知识点 2　简单线性回归模型 MSE 均方差损失函数 ··020
　　知识点 3　梯度下降函数 ··022
　　知识点 4　模型训练 ··024
　　知识点 5　损失曲线 ··025
　工作任务 ··026
　　任务 1　读取广告数据 ··026
　　任务 2　广告数据特征分析 ··027
　　任务 3　生成广告验证集和测试集 ···029
　　任务 4　广告数据归一化处理 ··030
　　任务 5　定义广告预测模型损失函数 ···031
　　任务 6　定义广告预测模型梯度下降函数 ···031
　　任务 7　广告预测模型训练模型 ··032
　　任务 8　绘制广告模型损失曲线 ··033
　　任务 9　绘制广告预测模型 weight 和 bias 的轮廓图 ··035

项目 3　使用多元线性回归预测房价 ··· 039

项目知识点 ··· 041
- 知识点 1　多元线性回归模型 ··· 041
- 知识点 2　多元线性回归 MSE 均方差损失函数 ···························· 043
- 知识点 3　多元线性回归梯度下降函数 ······································· 045
- 知识点 4　归一化和反归一化 ··· 048
- 知识点 5　机器学习中的数据结构 ··· 050

工作任务 ··· 056
- 任务 1　加载房价数据 ··· 056
- 任务 2　选择数据 ··· 057
- 任务 3　房价数据特征分析 ··· 057
- 任务 4　房价数据的归一化处理 ··· 058
- 任务 5　定义房价多元损失函数 ··· 060
- 任务 6　定义房价多元梯度下降函数 ··· 060
- 任务 7　训练房价预测模型 ··· 061
- 任务 8　计算房价预测模型损失 ··· 062
- 任务 9　绘制房价预测拟合曲线 ··· 063

项目 4　使用 Scikit-learn 库实现多项式 回归预测工资收入 ················· 064

项目知识点 ··· 066
- 知识点 1　多项式回归 ··· 066
- 知识点 2　Scikit-learn 库 ·· 067
- 知识点 3　PolynomialFeatures 方法 ·· 068
- 知识点 4　使用 Pipeline 机制 ··· 068
- 知识点 5　LinearRegression 模型预测及误差 ······························· 069
- 知识点 6　过拟合、欠拟合 ··· 071
- 知识点 7　L1、L2 正则化 ··· 075
- 知识点 8　交叉验证 ··· 079
- 知识点 9　模型的保存和加载 ··· 080

工作任务 ··· 081
- 任务 1　薪酬预测数据集处理 ··· 081
- 任务 2　数据集的检查与处理 ··· 083
- 任务 3　数据集 object 类型数据处理 ··· 084
- 任务 4　数据集的预处理 ··· 086
- 任务 5　使用简单线性回归预测薪资 ··· 088

- 任务6 使用多项式回归预测薪资 ····· 091
- 任务7 使用岭回归预测薪资 ····· 092
- 任务8 建立预测薪资模型并保存 ····· 093
- 任务9 加载预测薪资模型预测薪资 ····· 094
- 任务10 薪资预测模型特征重要性分析 ····· 095

项目5 使用逻辑回归实现心脏病患者分类 ····· 097

项目知识点 ····· 098
- 知识点1 逻辑回归 ····· 098
- 知识点2 逻辑回归损失函数 ····· 0101
- 知识点3 逻辑回归梯度下降函数 ····· 103
- 知识点4 逻辑回归决策边界（Decision boundary） ····· 104
- 知识点5 逻辑回归非线性判定决策边界 ····· 106
- 知识点6 Sklearn 库 LogiticRegression 函数 ····· 109
- 知识点7 混淆矩阵 ····· 111

工作任务 ····· 115
- 任务1 加载心脏病患者数据集 ····· 115
- 任务2 心脏病数据分析 ····· 116
- 任务3 非连续性数据处理 ····· 118
- 任务4 建立预测心脏病逻辑回归模型 ····· 120
- 任务5 预测心脏病逻辑回归模型的性能分析 ····· 121
- 任务6 模型的读取与特征重要性分析 ····· 122
- 任务7 心脏病逻辑回归模型 sigmoid 函数和梯度下降函数 ····· 124
- 任务8 心脏病逻辑回归模型 ····· 125
- 任务9 使用 sklearn 实现心脏病逻辑回归模型 ····· 127

项目6 使用聚类算法完成图像背景分割 ····· 128

项目知识点 ····· 129
- 知识点1 有监督学习和无监督学习 ····· 129
- 知识点2 聚类与分类的区别 ····· 130
- 知识点3 K-means 聚类算法的实现 ····· 130
- 知识点4 使用 sklearn make_blobs 生成聚类数据 ····· 131
- 知识点5 使用 sklearn 建立 kmeans 模型 ····· 133
- 知识点6 绘制 kmeans 模型的决策边界 ····· 134
- 知识点7 绘制 kmeans 模型的 Inertia 评估标准 ····· 135
- 知识点8 绘制 kmeans 模型的轮廓系数 silhoutte_score 评估标准 ····· 137
- 知识点9 DBSCAN 聚类算法 ····· 138

  知识点 10 DBSCAN 聚类算法实现 ········· 140
 工作任务 ········· 142
  任务 1 加载并显示图片 ········· 142
  任务 2 建立 kmeans 模型 ········· 143
  任务 3 分离图片的前景和背景 ········· 145

项目 7 使用决策树实现餐饮客户流失预测 ········· 148
 项目知识点 ········· 149
  知识点 1 决策树的基本概念 ········· 149
  知识点 2 决策树的构建 ········· 150
  知识点 3 信息熵 ········· 150
  知识点 4 信息增益 ········· 151
  知识点 5 决策树 ID3 算法 ········· 155
  知识点 6 DecisionTreeClassifier 决策树分类函数 ········· 156
  知识点 7 决策树过拟合 ········· 157
  知识点 8 DecisionTreeClassifier 决策树的数据敏感性 ········· 159
 工作任务 ········· 160
  任务 1 餐饮客户流失任务概述 ········· 160
  任务 2 餐饮客户数据集加载 ········· 161
  任务 3 餐饮客户特征处理 ········· 162
  任务 4 餐饮客户流失决策树模型搭建 ········· 164
  任务 5 绘制混淆矩阵 ········· 164

项目 8 使用集成算法完成糖尿病预测 ········· 166
 项目知识点 ········· 167
  知识点 1 集成算法 ········· 167
  知识点 2 Bagging 模型 ········· 168
  知识点 3 Bagging 模型用法 ········· 170
  知识点 4 Out Of Bag 包外评估 ········· 173
  知识点 5 Bossting 模型 ········· 173
  知识点 6 Bossting 模型实现过程 ········· 176
  知识点 7 Bossting 代码实现 ········· 178
  知识点 8 Stacking 模型 ········· 181
  知识点 9 Stacking 模型代码实现 ········· 183
  知识点 10 随机森林（Random Forest） ········· 185

  知识点 11　AdaBoost 算法 ·· 190
工作任务 ·· 192
  任务 1　认知糖尿病预测 ·· 192
  任务 2　糖尿病预测数据集加载 ·· 192
  任务 3　糖尿病数据集空值处理 ·· 194
  任务 4　糖尿病数据集异常值处理 ·· 197
  任务 5　糖尿病基础模型训练 ··· 201
  任务 6　糖尿病 Boosting 集成算法 ·· 203
  任务 7　糖尿病 Stacking 集成算法 ·· 204

项目 9　使用支持向量机完成图片分类 ·· 207
项目知识点 ·· 208
  知识点 1　线性可分 ·· 208
  知识点 2　线性可分支持向量机 ·· 209
  知识点 3　硬件间隔线性支持向量机 ·· 210
  知识点 4　软间隔线性支持向量机 ··· 214
  知识点 5　非线性支持向量机 ··· 218
  知识点 6　多项式核函数 ·· 220
  知识点 7　高斯 RBF 核函数 ·· 222
  知识点 8　支持向量机的回归用法 ··· 224
  知识点 9　支持向量机与逻辑回归的区别 ·· 226
工作任务 ·· 227
  任务 1　认知 SVM 图像分类 ·· 227
  任务 2　图像数据读取 ··· 227
  任务 3　生成图像的直方图 ··· 228
  任务 4　SVM 图像分类模型搭建与训练 ·· 231
  任务 5　调用模型识别图片 ··· 232

项目 10　使用贝叶斯算法完成垃圾邮件分类 ·· 235
项目知识点 ·· 236
  知识点 1　概率基本知识 ·· 236
  知识点 2　全概率公式和贝叶斯公式 ·· 237
  知识点 3　朴素贝叶斯算法 ··· 239
  知识点 4　朴素贝叶斯四种模型 ·· 240

知识点 5　朴素贝叶斯算法的平滑技术 …………………………………………… 247

　工作任务 ……………………………………………………………………………… 250

　　任务 1　获取邮件样本数据 ………………………………………………………… 250

　　任务 2　邮件 Bag of Words 转换 …………………………………………………… 251

　　任务 3　建立多项式朴素贝叶斯模型 ……………………………………………… 252

　　任务 4　保存记载模型测试 ………………………………………………………… 253

项目 11　使用词向量 Word2Vec 算法自动生成古诗 ……………………………… 255

　项目知识点 …………………………………………………………………………… 256

　　知识点 1　Word2Vec 算法概述 …………………………………………………… 256

　　知识点 2　Word2Vec 算法的实现 ………………………………………………… 256

　　知识点 3　NLP 模型 ………………………………………………………………… 258

　　知识点 4　Word2Vec 模型 ………………………………………………………… 259

　　知识点 5　生成 Word2Vec 数据 …………………………………………………… 260

　　知识点 6　训练 Word2Vec 模型 …………………………………………………… 260

　工作任务 ……………………………………………………………………………… 261

　　任务 1　Gensim 开源库 …………………………………………………………… 261

　　任务 2　训练模型 …………………………………………………………………… 262

　　任务 3　加载模型 …………………………………………………………………… 263

参考文献 …………………………………………………………………………………… 265

项目 1　机器学习开发环境搭建

项目导入

"工欲善其事，必先利其器。"要完成人工智能算法选型、调优工作任务、分析与挖掘工作任务，首先需要搭建机器学习开发环境。本项目通过使用 Anaconda 工具安装机器学习常用的库和 Python 3.6 的开发环境。

知识目标

（1）了解人工智能机器学习发展概况。
（2）了解人工智能机器学习开发流程。
（3）了解机器学习的应用场景。

能力目标

（1）能使用 Anaconda 搭建机器学习开发环境。
（2）能使安装常用的机器学习库。
（3）能使用 Jupyter NoteBook 新建机器学习项目。

项目导学

机器学习与人工智能

2022 年 11 月 30 日，人工智能实验室 OpenAI 正式发布对话式大型语言模型 ChatGPT，一场生成式人工智能的热潮逐渐掀开。许多人不仅仅把它用作对话工具，甚至使用它来写代码、文章、演讲稿。从象棋、围棋，到 AI 绘画，再到目前的 ChatGPT，不难发现，AI 已经深入我们的生活。

ChatGPT 到底是什么？它是一款聊天机器人程序，是人工智能技术驱动的自然语言处理工具。

人工智能是大的范畴，机器学习是人工智能的一个子集，深度学习则是机器学习的一个分支。三者的关系如图 1.1 所示。

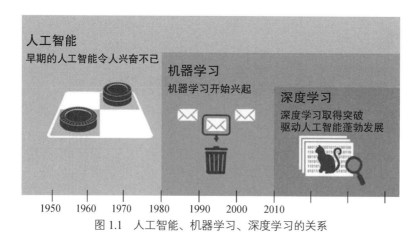

图 1.1 人工智能、机器学习、深度学习的关系

人工智能（Artificial Intelligence，AI）是研究和开发用于模拟、延伸和扩展人的智能的理论、方法、技术及应用系统的一门新的技术科学。每当一台机器根据一组预先定义的解决问题的规则来完成任务时，这种行为就被称为人工智能[1]。

深度学习（Deep Learning，DL）是机器学习领域中一个新的研究方向，它被引入机器学习使其更接近于最初的目标——人工智能。深度学习利用神经网络来增强对复杂任务的表达能力，通过神经网络让机器自动寻找特征提取方法。

机器学习（Machine Learning，ML）是研究计算机怎样模拟或实现人类的学习行为，以获取新的知识或技能，重新组织已有的知识结构，使之不断改善自身的性能。

简单来说，机器学习就是通过算法，使得机器能从大量历史数据中学习规律，并利用规律对新的样本做智能识别或对未来做预测。与传统的为解决特定任务而实现的各种软件程序不同，机器学习是用大量的数据来"训练"，通过各种算法从数据中学习如何完成任务，其流程如图 1.2 所示。

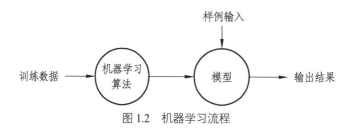

图 1.2 机器学习流程

伴随着人工智能技术的发展与普及，作为人工智能核心的机器学习也得到了广泛的应用。机器学习的应用已经涵盖金融、交通、电力、教育、通信、电子商务、制造、医疗和农业等多个领域。机器学习已在不知不觉中影响着人们的生产与生活。

导学测试

（1）什么是机器学习？
（2）人工智能、机器学习和深度学习的关系是什么？

> 项目知识点

要搭建机器学习开发环境,首先要了解人工智能的发展历史,了解机器学习的开发流程,掌握常用的开发工具并搭建机器学习的开发环境。

知识点 1　人工智能发展历史

人工智能诞生于 20 世纪 50 年代中期,1956 年被确立为一门学科,至今经历过经费枯竭的两个"寒冬"(1974—1980 年、1987—1993 年),也经历过两个大发展的"春天"(1956—1974 年、1993—2005 年)。从 2006 年开始,人工智能进入加速发展的新阶段,并行计算能力、大数据和先进算法,使当前人工智能加速发展。同时,近年来人工智能的研究越来越受到产业界的重视,产业界对 AI 的投资和收购如火如荼。

1. 早期人工智能

人工智能的发展经历了很长时间的历史积淀,早在 1950 年,阿兰·图灵就提出了图灵测试机,大意是将人和机器放在一个小黑屋里与屋外的人对话,如果屋外的人分不清对话者是人类还是机器,那么这台机器就拥有像人一样的智能。图 1.3 是人工智能发展情况概览。

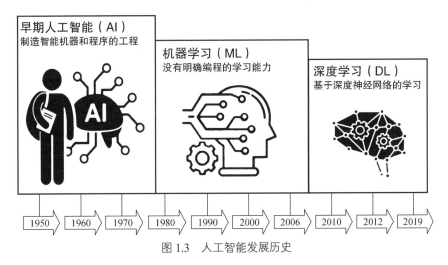

图 1.3　人工智能发展历史

1956 年的达特茅斯会议上,"人工智能"的概念被首次提出。在之后的十余年内,人工智能迎来了发展史上的第一个小高峰,研究者们疯狂涌入,取得了一批瞩目的成就。比如 1959 年,第一台工业机器人诞生;1964 年,首台聊天机器人也诞生了。

但是,由于当时计算能力的严重不足,在 20 世纪 70 年代,人工智能迎来了第一个"寒冬"。早期的人工智能大多是通过固定指令来执行特定的问题,并不具备真正的学习和思考能力,问题一旦变复杂,人工智能程序就不堪重负,变得不智能了。

2. 机器学习的兴起

1980 年卡内基梅隆大学设计出了第一套专家系统——XCON。该专家系统具有一套强大的知识库和推理能力,可以模拟人类专家来解决特定领域问题。

从这时起，机器学习开始兴起，各种专家系统开始被人们广泛应用。不幸的是，随着专家系统的应用领域越来越广，问题也逐渐暴露出来。专家系统应用有限，且经常在常识性问题上出错，由此人工智能迎来了第二个"寒冬"。

3. 机器学习的发展

1997年，IBM公司的"深蓝"计算机战胜了国际象棋世界冠军卡斯帕罗夫，成为人工智能史上的一个重要里程碑。之后，人工智能开始了平稳向上的发展。

2006年，李飞飞教授意识到了专家学者在研究算法的过程中忽视了"数据"的重要性，于是开始带头构建大型图像数据集——ImageNet。图像识别大赛由此拉开帷幕。

同年，由于人工神经网络的不断发展，"深度学习"的概念被提出，之后，深度神经网络和卷积神经网络开始不断映入人们的眼帘。深度学习的发展又一次掀起人工智能的研究狂潮，这一次狂潮至今仍在持续。

从诞生以来，机器学习经历了长足发展，如图1.4所示，现在已经被应用于极为广泛的领域，包括数据挖掘、计算机视觉、自然语言处理、生物特征识别、搜索引擎、医学诊断、检测信用卡欺诈、证券市场分析、DNA序列测序、语音和手写识别、战略游戏、艺术创作和机器人等。

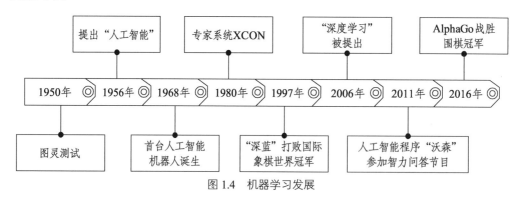

图1.4 机器学习发展

4. 下一代人工智能

从图像识别、AlphaGo下围棋、ChatGPT自动编写论文、代码，到蛋白质结构解析，以深度学习为核心的"这一代"人工智能，已经取得了巨大成功。那么为什么还需要发展"下一代"人工智能呢？

在自然语言处理领域，预训练大模型进展迅猛，情感计算识别技术也已成为研究热点，在抑郁线索、精神压力分析等方面发挥着重要的作用。

在视觉领域，随着Transformer被引入计算机视觉领域，视觉基础模型研发迎来了又一个新的高潮。在围棋、Atari、星际争霸等游戏中战胜顶尖人类选手后，游戏场景下的强化学习研究朝着多样化、多智能体协同决策的方向发展。如何让智能体在复杂多变环境下的游戏中取得超越人类的表现成为一个颇具挑战的问题。

在认知神经领域，AI与脑科学的碰撞和交融还有无限的空间。脑科学的第一性原理正在成为AI创新的认知神经基础。而未来，在无数的基本原理之上，要真正实现通用人工智能，还需要基于大脑中的无数细节对复杂的真实世界进行表征和模拟。

在科学智能（AI for Science）领域，在分子动力学模拟、开源软件和药物设计方面均有诸多体现，以图神经网络为代表的先进机器学习算法在这些领域掀起了颠覆性革命。机器学习与科学模型的有机结合，给传统的科学领域带来了新的发展机遇，也正在推动科研范式的创新。

在产业落地方面，人工智能技术催生了自动驾驶、生物制药、生命健康等产业领域的飞速发展。未来，人工智能技术或将成为元宇宙概念的支柱性技术，实现虚拟与现实的智能互联。

知识点 2 　机器学习开发流程

一个完整的机器学习模型训练的过程可拆分为多个步骤，包括前期的问题分析、数据准备，中期的模型训练与调优，以及后期的性能度量与模型选择。机器学习的通用流程如图 1.5 所示。

图 1.5 　机器学习开发流程

例如机器学习中的一个典型案例鸢尾花分类，如图 1.6 所示。

下列鸢尾花分别属于哪一类：setosa、versicolor、virginica

图 1.6 　鸢尾花分类

首先读取数据，对数据进行可视化展示（如表 1.1 所示），使用规则对数据进行选择清洗；然后做特征工程，对标签、样本的属性进行特征变换；最后将数据分为训练集和测试集，选择模型，输入数据进行训练，根据测试集误差调优参数。

表 1.1 　鸢尾花数据集

Sepal.Length	Sepal.Width	Petal.Length	Petal.Width	class
5.1	3.5	1.4	0.2	setosa
4.9	3	1.4	0.2	setosa
7	3.2	4.7	1.4	versicolor
6.4	3.2	4.5	1.5	versicolor

续表

Sepal.Length	Sepal.Width	Petal.Length	Petal.Width	class
6.3	3.3	6	2.5	virginica
5.8	2.7	5.1	1.9	virginica
6.5	3	5.8	2.2	?
6.2	2.9	4.3	1.3	?

知识点 3　机器学习常用开发工具

机器学习常用的开发工具有 Anaconda、Pychram、Jupyter Notebook，常用的库有 Numpy、Pandas、Matplotilib、Scikit-learn，常用的框架有 TensorFlow、Keras、PyTorch。

1. Anaconda 简介

Anaconda 是一个 Python 的集成开发环境，可以便捷地获取库且提供对库的管理功能，同时对环境可以统一管理。Anaconda 包含 Conda、Python 在内的超过 180 个科学库及其依赖项。其主要特点为开源、安装过程简单、高性能使用 Python 和 R 语言、免费的社区支持等。其包含的科学库包括 Conda、NumPy、SciPy、IPython Notebook 等。Anaconda 支持目前主流的多种系统平台，包含 Windows、MacOS 和 Linux（x86 / Power8）。

2. 常用的库

Numpy 是一个支持多维数组与矩阵运算的库，此外也针对数组运算提供大量的数学函数库。Pandas 是基于 NumPy 的一种工具，提供了标准的数据模型，能高效地操作大型数据集，同时为时间序列分析提供很好的支持。Matplotilib 是一个绘图库，方便快速绘图，提供了一套和 MATLAB 类似的绘图 API（应用程序编程接口），将众多绘图对象所构成的复杂结构隐藏在这套 API 内部，十分适合交互式绘图。Scikit-learn 是专门面向机器学习的 Python 模块，提供了大量用于机器学习的工具，包含 6 个部分：分类、回归、聚类、数据降维、模型选择和数据预处理。

工作任务

机器学习开发环境搭建主要分为三个步骤：安装 Anaconda，搭建 Python 3.X 的开发环境，使用 Jupyter Notebook 新建一个 Hello Machine Learning 项目。

任务 1　Anaconda 安装

1. Anaconda 的下载与安装

Anaconda 包括 Conda、Python 以及一大堆安装好的工具包，如 numpy、pandas 等。下载 Anaconda 的地址为：http://continuum.io，一般情况下使用国内清华镜像下载。

根据自己的操作系统选择相应版本下载，如图 1.7 所示。

```
Anaconda3-5.3.0-Linux-ppc64le.sh              305.1 MiB        2018-09-28 06:42
Anaconda3-5.3.0-Linux-x86.sh                  527.2 MiB        2018-09-28 06:42
Anaconda3-5.3.0-Linux-x86_64.sh               636.9 MiB        2018-09-28 06:43
Anaconda3-5.3.0-MacOSX-x86_64.pkg             633.9 MiB        2018-09-28 06:43
Anaconda3-5.3.0-MacOSX-x86_64.sh              543.6 MiB        2018-09-28 06:44
Anaconda3-5.3.0-Windows-x86.exe               508.7 MiB        2018-09-28 06:46
Anaconda3-5.3.0-Windows-x86_64.exe            631.4 MiB        2018-09-28 06:46
Anaconda3-5.3.1-Linux-x86.sh                  527.3 MiB        2018-11-20 04:00
Anaconda3-5.3.1-Linux-x86_64.sh               637.0 MiB        2018-11-20 04:00
Anaconda3-5.3.1-MacOSX-x86_64.pkg             634.0 MiB        2018-11-20 04:00
Anaconda3-5.3.1-MacOSX-x86_64.sh              543.7 MiB        2018-11-20 04:01
Anaconda3-5.3.1-Windows-x86.exe               509.5 MiB        2018-11-20 04:04
Anaconda3-5.3.1-Windows-x86_64.exe            632.5 MiB        2018-11-20 04:04
```

图 1.7 Anaconda 版本

每个版本对应的 Python 版本如表 1.2 所示。

表 1.2 Anaconda 和 Python 版本对应表

Python2	Python3	Anaconda2/3
2.7.15	3.7.0	5.3.1
2.7.15	3.7.0	5.3.0
2.7.14	3.6.5	5.2.0
2.7.14	3.6.4	5.1.0
2.7.14	3.6.3	5.0.1
2.7.13	3.6.2	5.0.0
2.7.13	3.6.1	4.4.0
2.7.13	3.6.0	4.3.1
2.7.13	3.6.0	4.3.0
2.7.12	3.5.2	4.2.0
2.7.12	3.5.2	4.1.1
2.7.11	3.5.1	4.1.0
2.7.11	3.5.1	4.0.0

可以根据自己的实际情况，下载对应的版本。

2. 安装 Anaconda

双击下载好的"Anaconda3-2021.05-Windows-x86_64.exe"文件，出现如图 1.8 所示界面，点击"Next"即可。

点击"I Agree"（我同意），继续安装，如图 1.9 所示。

选择"All Users"，继续点击"Next"，如图 1.10 所示。

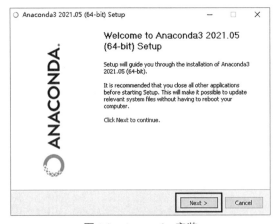

图 1.8　Anaconda 安装

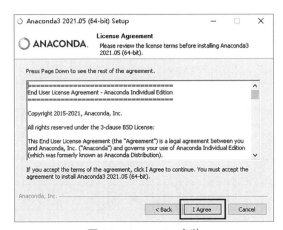

图 1.9　Anaconda 安装

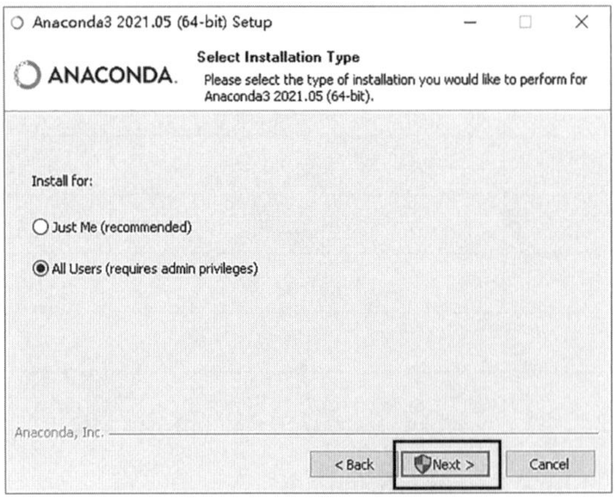

图 1.10　Anaconda 安装

　　Destination Folder 是指目标文件夹，可以选择安装路径。默认安装到"C：\ProgramData\Anaconda3"文件目录下，也可以点击"Browse…"，选择想要安装的文件夹，如图 1.11 所示。这里安装到 D 盘，如图 1.12 所示。选择完安装位置以后（注意：该文件夹必须是空的，且路径地址不包含中文，否则会报错），点击"确定"。

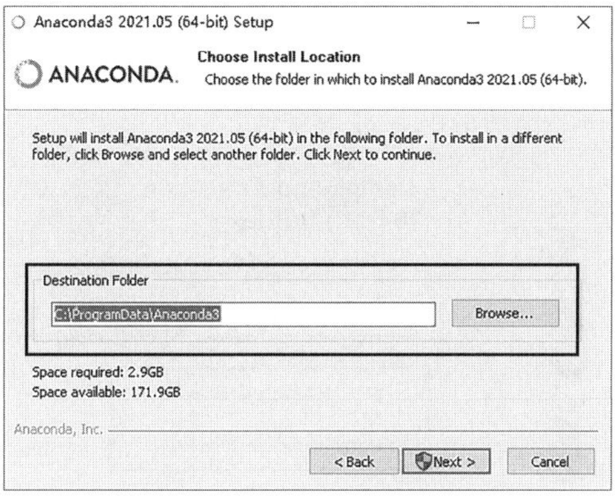

图 1.11 Anaconda 安装

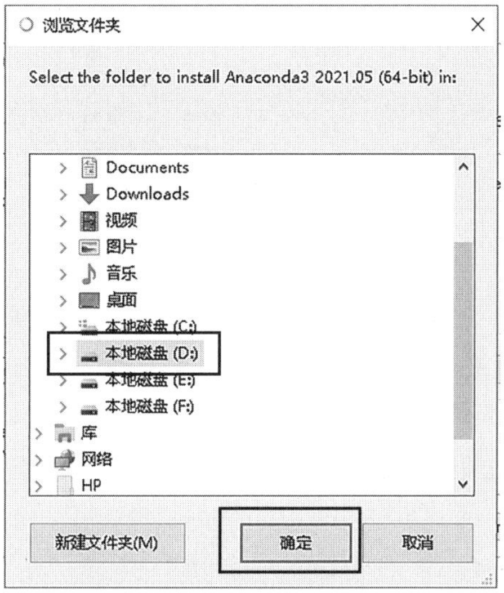

图 1.12 Anaconda 安装选择文件夹

这里来到 Advanced Options，需要添加两个变量，第一个是加入环境变量，第二个是默认使用 Python 3.8，点击"Install"，如图 1.13 所示。安装过程其实就是把"Anaconda3-2021.05-Windows-x86_64.exe"文件里压缩的各种 dll、py 文件写到安装目标文件夹里。

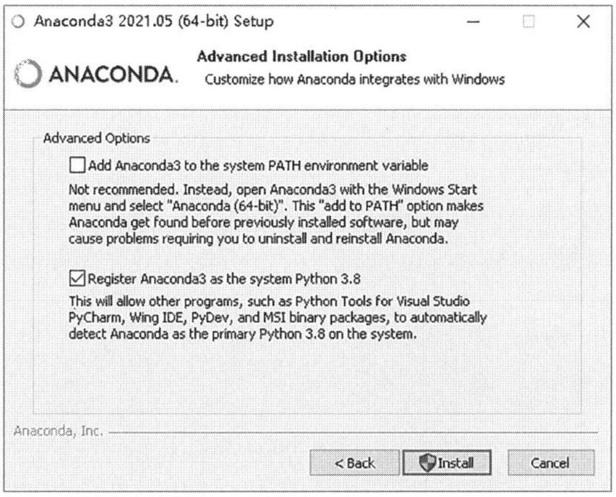

图 1.13 Anaconda 安装添加环境变量

待安装完成，可以取消中间两项的勾选，点击"Finish"，如图 1.14 所示。

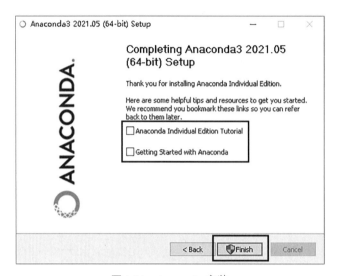

图 1.14　Anaconda 安装

3. 配置环境变量

对于 Windows 系统，进入控制面板→系统和安全系统→高级系统设置→环境变量用户变量→Path（或者在搜索框直接搜"高级系统设置"）中，添加 Anaconda 安装目录的 Scripts 文件夹。

首先在搜索框输入"查看高级系统设置"，点击"查看高级系统设置"，如图 1.15 所示。

图 1.15　Anaconda 安装 1

点击"环境变量"，如图 1.16 所示。

图 1.16 Anaconda 安装 2

双击用户变量中的"Path",如图 1.17 所示。

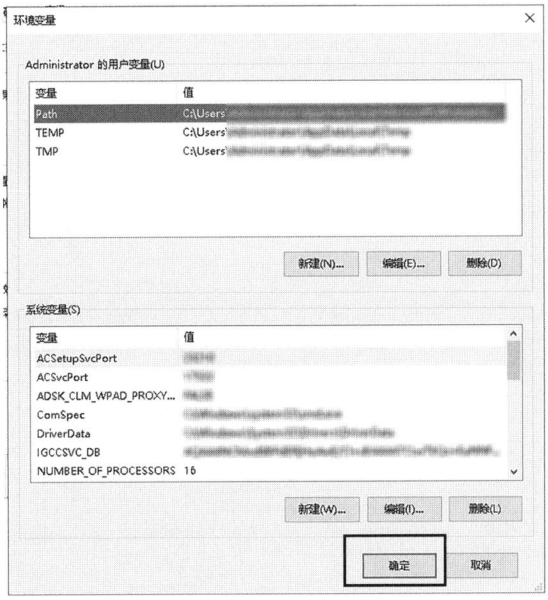

图 1.17 Anaconda 安装 3

点击"新建";添加 Anaconda 的安装目录的 Scripts 文件夹,比如前面的路径是 D:\AnconaScripts(如果安装位置是默认的,则为 C:\ProgramData\Anaconda3Scripts),依据个人安装路径不同需要自行调整;最后点"确定",如图 1.18 所示。

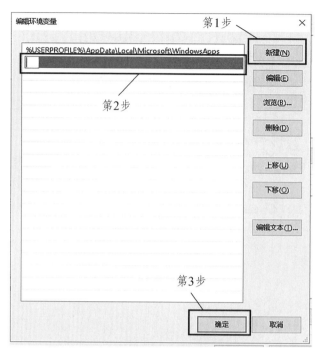

图 1.18　Anaconda 安装 4

环境变量这里也要点"确定",如图 1.19 所示。

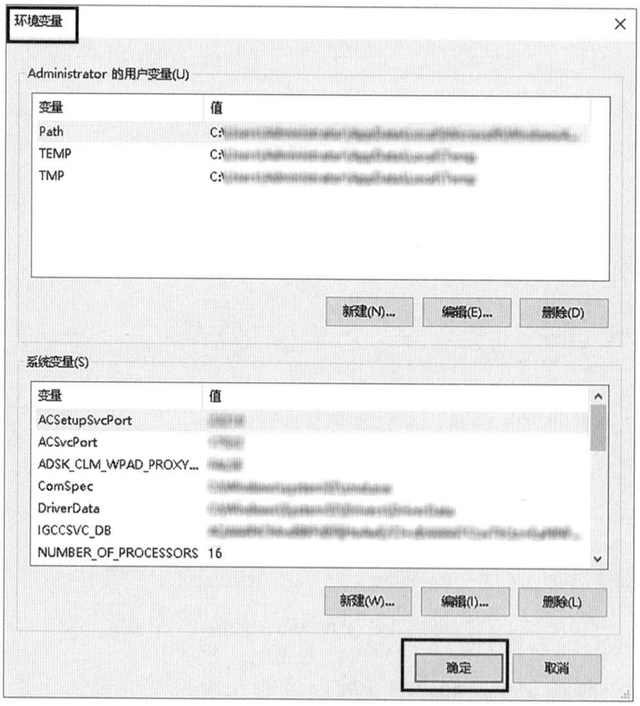

图 1.19　Anaconda 安装 5

系统属性也要点"确定",如图 1.20 所示。

图 1.20　Anaconda 安装 6

之后就可以打开命令行（最好用管理员模式打开），如图 1.21 所示。

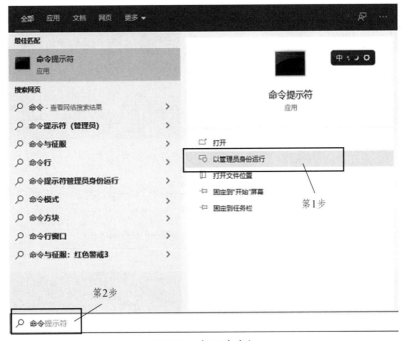

图 1.21　打开命令行

按上述方式打开命令行，输入"conda--version"，如果输出"conda 4.10.1"之类的就说明环境变量设置成功，运行结果如图 1.22 所示。

图 1.22　Anaconda 安装成功

任务 2　Jupyter Notebook 配置不同开发环境

Jupyter Notebook 在安装 Anaconda 时自动安装，但是在使用时需要不同的开发环境，如做图像开发时需要 opencv 环境，深度学习时需要使用 Tensorflow 或者 keras 的环境，这时就需要 Juyter Notebook 能够切换到不同的开发环境。

首先打开 Anaconda Prompt 命令模式，使用"conda env list"查看当前开发环境。如图 1.23 所示，显示有 4 种开发环境：base 环境、dijango 环境、flask 环境、opencv 环境和 fensorFlow 环境，每个环境配安装的库是不同的。

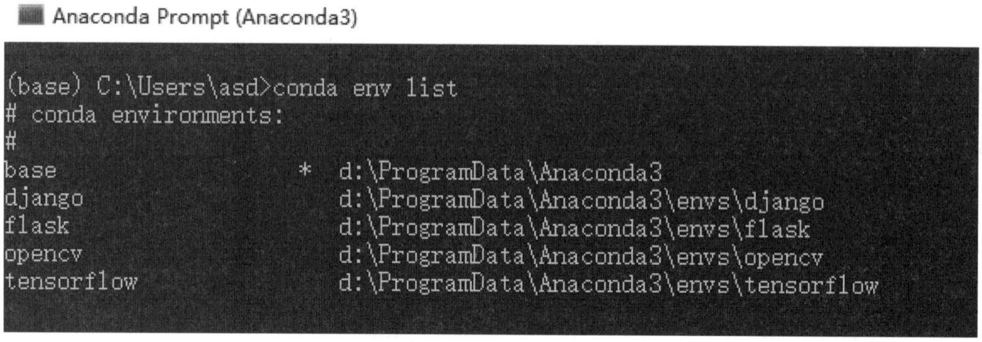

图 1.23　使用 conda 命令查看 Python 开发环境

例如需要在 opencv 环境下使用 jupyter notebook 开发应用，需要将 opencv 环境添加到 jupyter notebook 中，具体步骤如下：

输入命令"activate opencv"，激活需要添加的环境（见图 1.24）。

图 1.24　使用 conda 命令激活 Python 开发环境

然后输入"pip install ipykernel"命令安装 ipykernel（见图 1.25）。

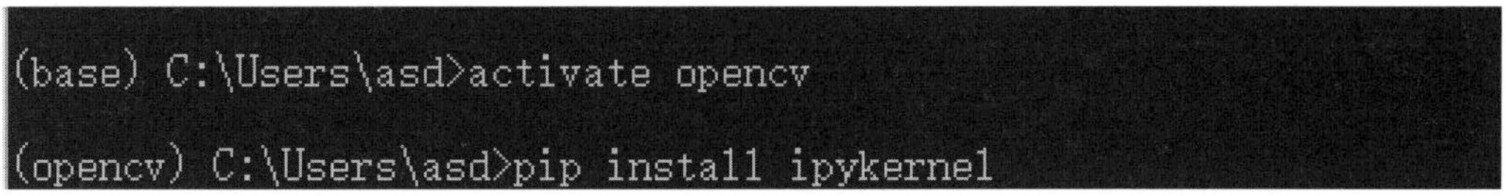

```
(base) C:\Users\asd>activate opencv
(opencv) C:\Users\asd>pip install ipykernel
```

图 1.25　安装 ipykernel

最后输入命令"python -m ipykernel install --name opencv"为 jupyter 添加该环境（见图 1.26）。

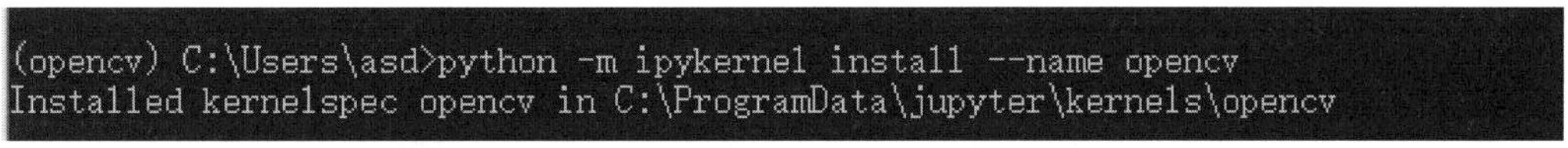

```
(opencv) C:\Users\asd>python -m ipykernel install --name opencv
Installed kernelspec opencv in C:\ProgramData\jupyter\kernels\opencv
```

图 1.26　将 ipykernel 添加到指定的 Python 开发环境

配置完毕后，在新建 ipynb 文件时便可以选择 opencv 环境，同时可以在运行文件时切换到 opencv 环境，如图 1.27 所示。

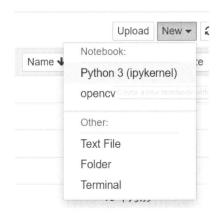

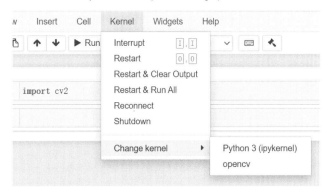

图 1.27　在 Jupyter NoteBook 中切换 Python 开发环境

任务 3 Hello Machine Learning 项目搭建

新建一个"MachineLearning"目录，SimLineReg 为简单线性回归，input 用于放置数据，notebook 用于放置程序文件，结构如图 1.28 所示。

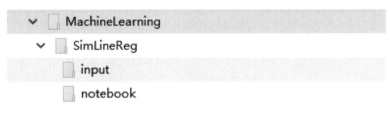

图 1.28 Jupyter NoteBook 中工程目录

运行 JupyterNoteBook 新建一个 ipynb 文件，导入广告的数据，打开并使用 padans 的 read、info 函数查看数据。

1. 导入数据包

```
1. #导入包
2. import pandas as pd
3. import matplotlib.pyplot as plt
4. import numpy as np
5. #显示中文
6. plt.rcParams['font.sans-serif']=['SimHei']
7. plt.rcParams['axes.unicode_minus']=False
```

2. 读取数据并显示数据

```
1. df_data=pd.read_csv("advertising.csv")
2. df_data.head()
```

命令执行结果如图 1.29 所示。

	wechat	weibo	others	sales
0	304.4	93.6	294.4	9.7
1	1011.9	34.4	398.4	16.7
2	1091.1	32.8	295.2	17.3
3	85.5	173.6	403.2	7.0
4	1047.0	302.4	553.6	22.1

图 1.29 广告数据

Pandas 的 head 函数用来显示数据集的前 5 条数据。

3. 使用 info 命令查看数据信息

1. df_data.info()

Pandas 的 info 函数用来显示数据集的信息，如类型、数量、是否为空等。
命令结果执行如图 1.30 所示。

```
<class 'pandas.core.frame.DataFrame'>
RangeIndex: 200 entries, 0 to 199
Data columns (total 4 columns):
 #   Column  Non-Null Count  Dtype
---  ------  --------------  -----
 0   wechat  200 non-null    float64
 1   weibo   200 non-null    float64
 2   others  200 non-null    float64
 3   sales   200 non-null    float64
dtypes: float64(4)
memory usage: 6.4 KB
```

图 1.30 广告数据信息

项目 2　使用简单线性回归预测广告收入

项目导入

某公司统计了近期在微信、微博、电视和其他广告媒体上的投入,现在需要预测在广告媒体上投入多少资金,公司能获得多大的收益。要解决这个问题,需要引入机器学习中的简单线性回归模型,来预测公司在哪个媒体上投入,收益最大。

知识目标

(1)了解什么是线性回归。
(2)了解什么是损失函数。
(3)了解什么是梯度下降函数。
(4)了解什么是损失曲线。

能力目标

(1)能使用 Python 函数读取数据。
(2)能使用函数完成数据集的处理。
(3)能使 Python 定义 MSE 均方差损失函数。
(4)能使用 Python 定义梯度下降函数。
(5)能完成模型的训练。
(6)能使用 Matplotlib 绘制模型损失曲线。

项目导学

线性回归

简单线性回归也称为一元线性回归,也就是回归模型中只含一个自变量,否则称为多元线性回归。

简单线性回归模型为

$$y = ax + b \tag{2.1}$$

式中，y 为因变量；x 为自变量；a 为常数项，是回归直线在纵坐标轴上的截距；b 为回归系数，是回归直线的斜率。

有时也可表述为 y=weight×x+bias，其中 weight 为权重，bias 为偏置值。

例如公司每年都在微信、微博和其他平台上投入广告宣传费用，图 2.1 中列出了最近 5 年公司在各个平台的投入及最终获得的收益，wechat、weibo、others 分别代表在微信、微博和其他平台上的投入，sales 表示获得的收益。现在公司需要预测在哪个媒体平台上投入多少费用能获得多少收入。

	wechat	weibo	others	sales
0	304.4	93.6	294.4	9.7
1	1011.9	34.4	398.4	16.7
2	1091.1	32.8	295.2	17.3
3	85.5	173.6	403.2	7.0
4	1047.0	302.4	553.6	22.1

图 2.1　各平台投入与收益

首先绘制出 wechat、weibo、others 和 sales 的散点图，如图 2.2 所示，可以看出，wechat 和 sales 之间呈现一种线性关系，所以这里选用简单线性回归模型 $y=ax+b$，根据给定的 y（sales 企业的收入）和 x（企业 wechat 的广告收入），去预测 a 和 b，最终得到一个一元线性方程，通过这个方程，可以预测出企业投入的广告资金大概可以获得的收益。

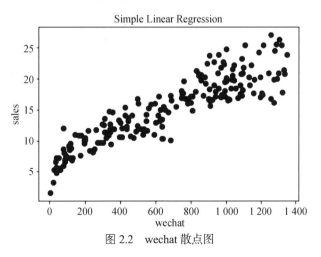

图 2.2　wechat 散点图

在这个模型中，y（sales）和 x（wechat）是已知的，需要反向求出 a 和 b 的值，也就是 weight（权重）、bias（偏置）的值，通过定义损失函数、梯度下降函数，求出最佳的拟合直线。图 2.3 所示直线是通过训练后得到的一元线性方程，根据方程就可根据在微信上的广告投入计算出收益（sales）是多少。

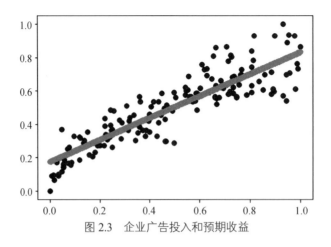

图 2.3　企业广告投入和预期收益

导学测试

（1）什么是简单线性回归？
（2）线性回归主要用在哪些地方？

项目知识点

知识点 1　简单线性回归模型

简单线性回归（Simple Linear Regression），也被称为直线回归或简单回归，是用来研究两个连续性变量的线性依存关系的方法。假设有一条潜在的直线可以用来刻画两变量之间的这种依存关系，那么这条直线就称作回归直线。

简单线性回归包含一个自变量（x）和一个因变量（y），回归直线中各点的横坐标用 x、纵坐标用 y 表示，其值表示当 x 取某个值的时候，因变量 y 的平均估计量，这时 x 与 y 并不是单值一一对应的函数关系，而是回归关系，即因变量 y 的均数随自变量 x 的改变呈线性变化，描述此变化的方程称为简单回归方程 $y = ax + b$。

知识点 2　简单线性回归模型 MSE 均方差损失函数

上例中需要预测公司在微信（wechat）的投入收益（sales）是多少，绘制图 2.4，x 表示 wechat，y 表示 sales，在模型训练过程可以得到线性模型的方程 $y = ax + b$。这时需要去计算当前模型参数是否是最优的，而如何去衡量就需要使用损失函数。本项目中使用 MSE 均方差损失函数。

计算损失就是计算当前点实际值和预测值之间的距离，用 y^i 表示实际值，$\hat{y}^{(i)}$ 表示第 i 个点的预测值，则使用 $y^i - \hat{y}^{(i)}$ 计算损失。图 2.4 中有 7 个点，当前模型的损失应该是 7 个点的实际值与预测值的差值之和，可以表示为

$$\text{loss} = (y^1 - \hat{y}^{(1)}) + \cdots + (y^7 - \hat{y}^{(7)}) = \sum_{i=1}^{n}(y^i - \hat{y}^{(i)}) \tag{2.2}$$

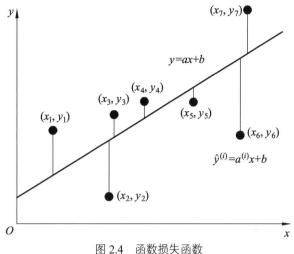

图 2.4 函数损失函数

在计算 loss 时存在正负的问题,例如图中点 1、3、4、7,计算 $y^i - \hat{y}^{(i)}$ 时会得到负值,这时可以增加一个平方项。

$$\text{loss} = \sum_{i=1}^{n}(y^i - \hat{y}^{(i)})^2 \tag{2.3}$$

机器学习算法中,需要最小化目标函数时,目标函数也被称为损失函数或者代价函数。例如,常用的两个损失函数 MSE 与交叉熵就分别用于回归与分类任务。MSE 的公式表示如下

$$\text{MSE} = \frac{1}{2n}\sum_{i=1}^{n}(y^i - \hat{y}^{(i)})^2 \tag{2.4}$$

这里为什么要加上 $\frac{1}{2n}$? $\frac{1}{n}$ 表示求平均值,加上 $\frac{1}{2}$ 后在求梯度时是对 MSE 求导数,刚好可以被消掉。

那么 Python 中如何计算 MSE 呢?可以定义 loss_function()函数来实现损失函数的功能。

1. def loss_function(X,y,weight,bias):
2.   y_hat=weight*X+bias
3.   loss=y-y_hat
4.   cost=np.sum(loss**2)/(2*len(X))
5.   return cost

在函数中 X 的 shape 为(100,),是一个向量,y_hat 计算后得到的也是一个(100,),y 的 shape 也是(100,),y−y_hat 后得到也是一个向量,随后使用 np.sum()函数将向量中的值相加就得到了当前 weight 和 bias 的 MSE 值。

知识点 3　梯度下降函数

在损失函数 MSE 模型训练中需要不停地调整 weight 和 bias 的值。那什么情况下 weight 和 bias 的值是最好的？理想状态是当 MSE=0 时，模型会拟合所有的点。现实情况是在模型训练时需要调整 weight 和 bias 使 MSE 不断地变小并逼近 0。实现这个过程需要使用梯度下降函数。

在 MSE 函数中 x 和 y 是已知量，weight 和 bias 是未知量，y' 是实际的标签值，这时可以把 MSE 看成 $l(w,b)$ 形式并且是一个二次函数[2]。

$$l(w,b) = \frac{1}{2n}\sum_{i=1}^{n}((w\times x+b)-y')^2 \quad (2.5)$$

这时的问题就变成了如何找出 $l(w,b)$ 函数的最小值，可以以 $y=x^2$ 函数为例，它的图形如图 2.5 所示。

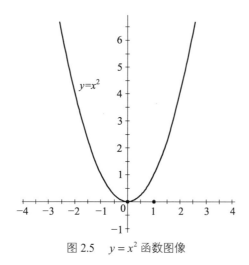

图 2.5　$y=x^2$ 函数图像

$l(w,b)$ 函数的图形如图 2.6 所示，$l(w,b)$ 值可以看成是 Z 轴的值。

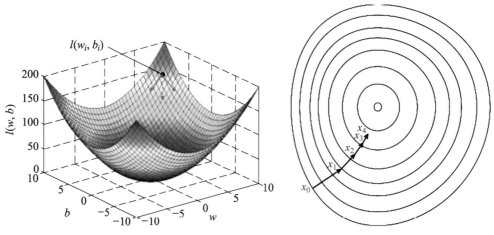

图 2.6　$l(w,b)$ 函数图像

梯度下降的过程就是在程序中求解下一步要走的方向，如图 2.6 中当前位置是 (w_i, b_i)，现在需要求出下一步 (w_{i+1}, b_{i+1}) 位置。可以把梯度下降看成下山，如果想快速到达山脚就需要找到坡度最大的地方，从函数的角度来理解，就是要找到函数值变化最大的地方，这个值就是变换率，在高等数学中使用导数可以快速地找到函数在某点的变化率。在机器学习中梯度是损失函数导数的矢量，它可以指出哪个方向距离目标更近或者更远。

$y = x^2$ 函数求最小值可以使用导数，求 $l(w,b)$ 最小值也需要求解导数，但是这里有两个自变量 w 和 b，所以需要使用偏导数，求出 $l(w,b)$ 的梯度，根据梯度和学习率（步长）来确定下个 (w,b) 的值。具体公式如下：

$$\frac{\delta l}{\delta b} = \frac{1}{n}\sum_{i=1}^{n}((w \times x_i' + b) - y_i') = \frac{1}{n}\sum_{i=1}^{n}(\text{loss}) \quad (2.6)$$

$$\begin{aligned}\frac{\delta l}{\delta w} &= \frac{1}{n}\sum_{i=1}^{n}((w \times x_i' + b) - y_i')x_i' \\ &= \frac{1}{n}(((w \times x_0' + b) - y_0')x_0') + ((w \times x_1' + b) - y_1')x_1' + \\ &\quad \cdots + ((w \times x_n' + b) - y_n')x_n')\end{aligned} \quad (2.7)$$

上式可以写成向量表示方式

$$\frac{\delta l}{\delta w} = \frac{1}{n}\left(\begin{bmatrix} wx_0 + b \\ wx_1 + b \\ wx_2 + b \\ \vdots \\ wx_n + b \end{bmatrix} - \begin{bmatrix} y_0 \\ y_1 \\ y_2 \\ \vdots \\ y_n \end{bmatrix}\right) \cdot [x_0, x_1, \cdots, x_n] \quad (2.8)$$

可以使用向量的内积来运算可得

$$\nabla J(w) = \frac{1}{n}X^{\mathrm{T}}((X_W + b) - \bar{y}) = \frac{1}{n}X^{\mathrm{T}}(\text{loss}) \quad (2.9)$$

$\nabla J(w)$ 表示梯度，更新 weitht 和 bias 还需要设定一个 lr，lr 是学习率，这时可以计算出新的 $w_{i+1} = w_i - \text{lr} \times \nabla J(w)$，bias 的值也是这样计算得到的。

可以定义一个函数 gradient_descent，实现梯度下降函数，最后返回 l_history, w_history, b_hisroty，代码如下：

```
1.  # 梯度下降函数
2.  def gradient_descent(X,y,w,b,lr,iter):
3.      l_history=np.zeros(iter)
4.      w_history=np.zeros(iter)
5.      b_history=np.zeros(iter)
6.      for i in range(iter):
```

```
7.    y_hat=w*X+b
8.    loss=y_hat-y
9.    derivative_w=X.T.dot(loss)/(len(X))
10.   derivative_b=sum(loss)/(len(X))
11.   w=w-lr*derivative_w
12.   b=b-lr*derivative_b
13.   l_history[i]=loss_function(X,y,w,b)
14.   w_history[i]=w
15.   b_history[i]=b
16.   return l_history,w_history,b_history
```

知识点 4　模型训练

梯度下降函数定义完毕后需要开始训练模型，机器学习模型训练的过程是一个迭代循环的过程，需要不停地调整 weight 和 bias 的值计算 loss，同时将损失函数最小化的一个过程，如图 2.7 所示。

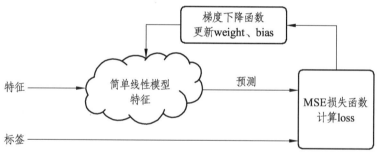

图 2.7　模型训练

模型训练首先给 iteration（梯度迭代次数）、alpha/lr（学习率/步长）两个参数，同时要初始化 weight（权重系数）、bias（偏置值）。

将这四个参数传递给 gradient_descent 函数就可以开始训练模型了，训练的过程如下：

（1）将一个或多个特征作为输入，然后返回一个预测值 y' 作为输出。

（2）通过损失函数，计算在当前参数 bias、weight 下的 loss。

（3）调用梯度下降函数，求解梯度，并更新参数 bias、weight 生成新值，以降低损失为最小。例如：使用梯度下降法，因为通过计算整个数据集中 w 每个可能值的损失函数来找到收敛点这种方法效率太低，所以通过梯度能找到损失更小的方向，并迭代。

模型训练过程也是一个收敛（convergence）过程，经过一定次数的迭代之后，计算训练损失和验证损失，直到损失在每次迭代中的变化都非常小或不再变化。

在模型训练中需要设置两个参数 lr 和 iteration，iteration 指的是模型的训练迭代次数，alpha/lr 是步长，这两个参数都是超参数，一般情况下可以根据具体的问题和经验值进行设置，也可通过后期绘制损失曲线去找到最合理的值。

知识点 5　损失曲线

loss 是预测值（估计值）和实际值（预期值、参考值、接地轨迹）之间存在的差异，"损失"是指模型未能获得预期结果而造成的惩罚。

在模型训练的过程中需要记录每次迭代的 loss 值，这样可以通过绘制损失曲线对超参数进行调优。

1. 训练集损失

在简单线性回归中，使用 MSE 损失函数计算得到每次的 loss_history，然后可以使用 loss_history 的历史值绘制损失曲线，横轴为迭代次数，纵轴为损失值，如图 2.8 所示。

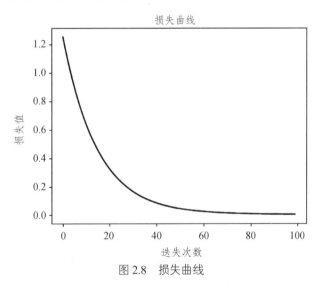

图 2.8　损失曲线

可以看出，iterations 的值为 0~80 时，loss 损失下降得很快，但是 iterations 的值大于 80 后，loss 已经逼近 0，增加迭代次数对 loss 几乎没有变化。

2. 计算测试集的损失

在模型训练的时候需要将数据划分为训练集（X_train）和测试集（X_test），通常使用训练集来训练模型，使用测试集来计算损失。为什么需要计算训练集的损失，主要是在模型训练过程中可能会出现欠拟合和过拟合的现象，这时就需要使用测试集去验证模型所处的状态。

正常状态下，随着迭代次数的增加，测试集和训练集的损失呈现下降趋势，并且在训练初期训练集的损失明显小于测试集的损失，但是这种差距会随着训练过程而逐渐变小，如图 2.9 所示。

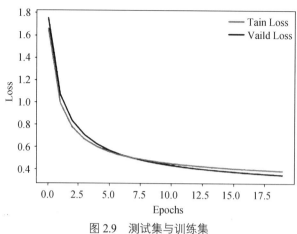

图 2.9　测试集与训练集

工作任务

任务 1　读取广告数据

1. 导入相应的包

导入三个包 pandas、matplotlib、numpy，同时设置 Plt 的中文显示格式，代码如下：

```
1. import pandas as pd
2. import matplotlib.pyplot as plt
3. import numpy as np
4. #显示中文
5. plt.rcParams['font.sans-serif']=['SimHei']
6. plt.rcParams['axes.unicode_minus']=False
```

2. 加载数据

使用 pandas 的 read_csv 方法打开数据集，使用 head() 函数查看前 5 条数据，同时可以使用 info() 函数查看数据的信息，代码如下：

```
1. df_data=pd.read_csv("advertising.csv")
2. df_data.head()
```

代码运行后输出读 csv 文件的前五条数据，效果如图 2.10 所示。

	wechat	weibo	others	sales
0	304.4	93.6	294.4	9.7
1	1011.9	34.4	398.4	16.7
2	1091.1	32.8	295.2	17.3
3	85.5	173.6	403.2	7.0
4	1047.0	302.4	553.6	22.1

图 2.10　代码运行效果

任务 2　广告数据特征分析

在样本属性很多的数据集中，样本（x）的特征和标签（y）之间会存在一些关系，有些特征与标签的相关性强，有些弱，可以通过画图、协方差、相关系数、信息熵来显示特征和标签之间的相关性。

分别取出 wechat、weibo、others 的数据

```
1.  plt.figure(figsize=(12,4))
2.
3.  plt.subplot(1,3,1)
4.  plt.scatter(x1,y,color='r')
5.  plt.xlabel("微信投入")
6.  plt.ylabel("广告收入")
7.  plt.title("微信-收入")
8.
9.  plt.subplot(1,3,2)
10. plt.scatter(x2,y,color='g')
11. plt.xlabel("微博投入")
12. plt.ylabel("广告收入")
13. plt.title("微博-收入")
14.
15.
16. plt.subplot(1,3,3)
17. plt.scatter(x3,y,color='b')
18. plt.xlabel("其他投入")
19. plt.ylabel("广告收入")
20. plt.title("其他-收入")
21.
22. plt.show()
```

代码运行结果如图 2.11 所示，可以看出微信的投入和收入呈现线性关系。

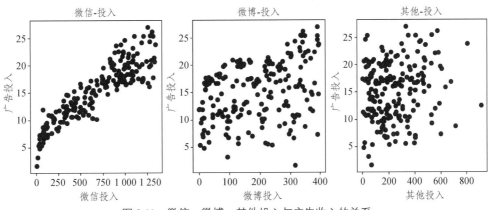

图 2.11　微信、微博、其他投入与广告收入的关系

使用 seaborn 包的 heatmap 函数绘制特征和标签之间的相关性图，如图 2.12 所示。

1. import seaborn as sns
2. sns.heatmap(df_data.corr(),cmap='YlGnBu',annot=True)
3. plt.show()

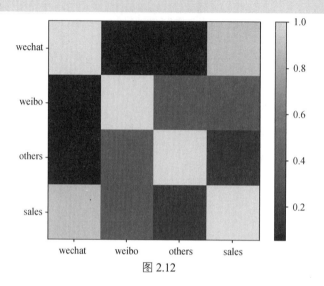

图 2.12

通过可视化形式，很容易看到特征之间的相关性，即特征之间的"影响因子"。横纵坐标交叉的区域颜色越深，代表它们之间关系越深。

通过上图可以看到微信的投入和公司收入之间存在很强的相关性，相关系数为 0.9。

在机器学习的特征工程中，分析特征和标签的关系是一项重要的操作，以双变量为例，变量 x 和变量 y 存在三种关系：正线性相关、负线性相关、不是线性相关（可能是曲线相关），如图 2.13 所示。

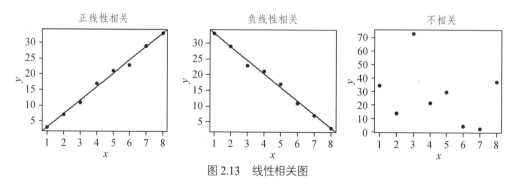

图 2.13　线性相关图

除了 heatmap，使用 seaborn 绘制 pairplot 图，也可以分析出微信的投入基本和收益呈现一种线性关系，如图 2.14 所示。

1. sns.pairplot(df_data,x_vars=['wechat','weibo','others'],
2. 　　　　y_vars='sales',
3. 　　　　height=4,aspect=1)
4. plt.show()

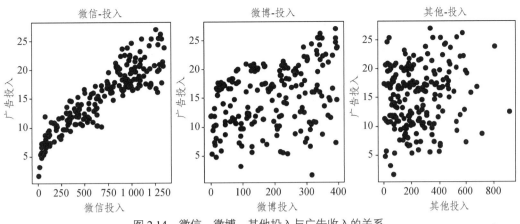

图 2.14　微信、微博、其他投入与广告收入的关系

任务 3　生成广告验证集和测试集

1. 选取数据

通过对数据集相关性的分析，我们可以从数据集中取出"wechat"数据作为 X，"sales"作为 y 建立一个线性模型并训练模型。

```
1. X_data=df_data['wechat']
2. y_data=df_data['sales']
3. print(type(X_data))
4. print(type(y_data))
```

首先将 series 类型数据转换为张量，使用 array 函数，将 series 转化为 ndarray 类型。

```
1. #张量变换
2. X_data=np.array(X_data)
3. y_data=np.array(y_data)
4. print(type(X_data))
5. print(X_data.shape)
6. print(X_data.ndim)
7. X=X_data.reshape(len(X_data),1)
8. print(type(X))
9. print(X.shape)
10. print(X.ndim)
```

2. 得到训练集和测试集

使用 sklearn 的 model_selection 函数对 X_data 和 y_data 按照 80%的训练集、20%的测试集进行拆分得到训练集和测试集。

```
1. from sklearn.model_selection import train_test_split
2. X_train,X_test,y_train,y_test=train_test_split(X_data,y_data,test_size=0.2,random_state=0)
```

任务 4　广告数据归一化处理

在机器学习中，经常对数据做归一化处理，归一化加快了梯度下降求最优解的速度，归一化有可能提高精度。我们在这里使用线性归一化，方程如下

$$X = \frac{x - \min(x)}{\max(x) - \min(x)} \tag{2.10}$$

这种归一化方法比较适用在数值比较集中的情况。这种方法有个缺陷，如果 $\max(x)$ 和 $\min(x)$ 不稳定，很容易使得归一化结果不稳定，使得后续使用效果也不稳定。实际使用中可以用经验常量值来替代 $\max(x)$ 和 $\min(x)$。

定义函数 scalar() 来实现归一化操作，然后调用函数实现对 X_train, X_test, y_train, y_test 的归一化操作，同时绘制 scatterplot 图形，如图 2.15 所示。

```
1.   def scalar(train,test):
2.       min=train.min(axis=0)
3.       max=train.max(axis=0)
4.       gap=max-min
5.       train-=min
6.       train/=gap
7.       test-=min
8.       test/=gap
9.       return train,test
10.
11.  X_data,X_test=scalar(X_train,X_test)
12.  y_train,y_test=scalar(y_train,y_test)
13.
14.  sns.scatterplot(X_train,y_train)
15.  plt.show()
```

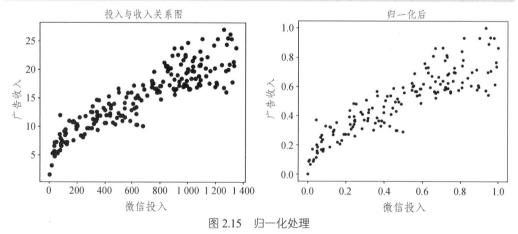

图 2.15　归一化处理

对比归一化之后和归一化之前的数据图，可以看出 "wechat" 数据值的范围为 0~25，通过归一化操作变成了 0~1。

任务 5　定义广告预测模型损失函数

简单线性回归模式使用 MSE 损失函数，这是因为 MSE 求导后计算量不大，最为常用，代码实现简单，甚至不需要调接口。

```
1.  def loss_function(X,y,weight,bias):
2.      y_hat=weight*X+bias  #y=a*x+b
3.      loss=y_hat-y
4.      cost=np.sum(loss**2)/(2*len(X))
5.      return cost
```

然后测试一下 loss_function() 的值。

```
1.  print("权重为5，偏置为3时，损失函数为",loss_function(X_train,y_train,weight=5,bias=3))
```

输出为：

权重为5，偏置为3时，损失函数为 12.796390970780058

我们先绘制一个初始的函数图像（见图 2.16）。

```
1.  sns.scatterplot(X_train,y_train)
2.  line_x=np.linspace(X_train.min(),X_train.max())
3.  line_y=[-5*xx+3 for xx in line_x]
4.  sns.scatterplot(line_x,line_y)
5.  plt.show()
```

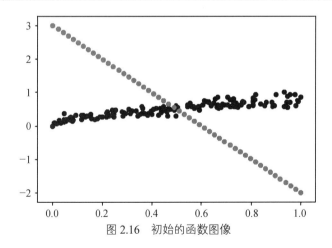

图 2.16　初始的函数图像

任务 6　定义广告预测模型梯度下降函数

使用代码实现梯度下降函数，最后返回 l_history，w_history，b_hisroty。

```
1.  def gradient_descent(X,y,w,b,lr,iter):
2.      l_history=np.zeros(iter)
3.      w_history=np.zeros(iter)
```

```
4.    b_history=np.zeros(iter)
5.    for i in range(iter):
6.        y_hat=w*X+b
7.        loss=y_hat-y
8.        derivative_w=X.T.dot(loss)/len(X)
9.        derivative_b=sum(loss)/len(X)
10.       w=w-derivative_w
11.       b=b-derivative_b
12.       l_history[i]=loss_function(X,y,w,b)
13.       w_history[i]=w
14.       b_history[i]=b
15.   return l_history,w_history,b_history
```

任务 7　广告预测模型训练模型

模型训练首先给 iteration（梯度迭代次数）、alpha（步长）、weight（权重系数）、bias（偏置值）4 个参数进行初始化，同时也计算一个初始的损失值。

```
1.  #初始化参数
2.  iterations=100
3.  alpha=0.5
4.  weight=-5
5.  bias=3
6.  print("权重为-5，偏置为3时，损失函数为",loss_function(X_train,y_train,weight,bias))
```

输出为：

权重为-5，偏置为3时，损失函数为 1.343795534906634

然后我调用梯度下降函数开始训练，通过迭代得到 loss_history，weight_history，bias_history 的值。

```
1.  #开始训练
2.  loss_history,weight_history,bias_history=gradient_descent(X_train,y_train,weight,bias,alpha,iterations)
```

打印输出 loss_hsitory：

```
array([1.16870167, 1.01830004, 0.88743937, 0.77347921, 0.67423079,
       0.5877945 , 0.5125164 , 0.44695606, 0.38985899, 0.34013256,
       0.29682557, 0.25910905, 0.22626142, 0.19765412, 0.17273979,
       0.15104168, 0.13214461, 0.11568699, 0.10135391, 0.0888711 ,
       0.07799972, 0.06853174, 0.06028599, 0.0531047 , 0.04685045,
       0.04140357, 0.03665984, 0.03252848, 0.02893044, 0.02579688,
       0.02306784, 0.02069109, 0.01862116, 0.01681844, 0.01524843,
       0.0138811 , 0.01269028, 0.01165319, 0.01074997, 0.00996335,
       0.00927828, 0.00868165, 0.00816203, 0.00770949, 0.00731538,
       0.00697214, 0.0066732 , 0.00641286, 0.00618613, 0.00598866,
       0.00581669, 0.00566692, 0.00553648, 0.00542288, 0.00532394,
       0.00523778, 0.00516274, 0.00509738, 0.00504046, 0.00499089,
       0.00494772, 0.00491013, 0.00487738, 0.00484887, 0.00482403,
       0.0048024 , 0.00478356, 0.00476716, 0.00475287, 0.00474043,
       0.00472959, 0.00472015, 0.00471193, 0.00470477, 0.00469854,
       0.00469311, 0.00468838, 0.00468426, 0.00468067, 0.00467755,
       0.00467483, 0.00467246, 0.0046704 , 0.0046686 , 0.00466703,
       0.00466567, 0.00466448, 0.00466345, 0.00466255, 0.00466177,
       0.00466108, 0.00466049, 0.00465997, 0.00465952, 0.00465913,
       0.00465878, 0.00465849, 0.00465823, 0.004658  , 0.0046578 ])
```

得到 weight_history, bias_history 后, 可以取出最终得到的 weight 和 bias 值绘制最终得到的图像。

1. line_x=np.linspace(X_train.min(),X_train.max(),500)
2. line_y=[w_h[-1]*xx+b_h[-1] for xx in line_x]
3. plt.scatter(X_train,y_train,color='r',marker='.',label='训练集')
4. plt.plot(line_x,line_y,color='b',label="当前模型")
5. plt.legend()#显示图例
6. plt.xlabel("微信投入")
7. plt.ylabel("公司收入")
8. plt.show()

输出结果如图 2.17 所示。

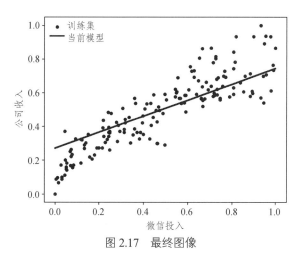

图 2.17 最终图像

weight_history[-1]、bias_history[-1]为取出的最终的 weight 和 bias, [-1]表示最后一个值, 同时也可以计算出 loss 的值。

1. print("得到的参数","weight=",weight_history[-1]," bias=",bias_history[-1])

输出为:

得到的参数 weight= 0.6552253409192808 bias= 0.17690341009472488

任务 8 绘制广告模型损失曲线

1. 绘制损失曲线

可以通过绘制损失曲线显示损失下降的过程。

1. plt.plot(l_h)
2. plt.title("损失曲线")
3. plt.xlabel("迭代次数")
4. plt.ylabel("损失值")
5. plt.show()

输出曲线如图 2.18 所示。

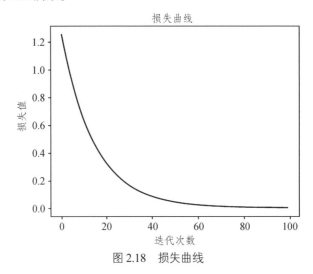

图 2.18 损失曲线

2. 计算当前损失

根据得到的 weight 和 bias 可以计算出最终的损失。

1. print('当前损失',loss_function(X_train,y_train,weight_history[-1],bias_history[-1]))
2. print('当前权重',weight_history[-1])
3. print('当前偏置',bias_history[-1])

输出为：

当前损失 0.00465780405531404
当前权重 0.6552253409192808
当前偏置 0.17690341009472488

3. 计算测试集的损失

根据得到的 weight 和 bias，使用 loss_function 计算得到测试集的损失。

1. print('当前损失',loss_function(X_test,y_test,weight_history[-1],bias_history[-1]))
2. print('当前权重',weight_history[-1])
3. print('当前偏置',bias_history[-1])

输出为：

当前损失 0.00458180938024721
当前权重 0.6552253409192808
当前偏置 0.17690341009472488

4. 绘制测试集的损失曲线

可以同时绘制出测试集和训练集的损失曲线。

1. # 同时绘制训练集和测试集损失曲线
2. lt_h,wt_h,bt_h=gradient_descent(X_test,y_test,w,b,lr,iter)
3. plt.plot(l_h,'g--',label='训练集')
4. plt.plot(lt_h,'r',label='测试集')
5. plt.xlabel('迭代次数') # x 轴 Label

```
6.  plt.ylabel('损失') # y 轴 Label
7.  plt.legend() # 显示图例
8.  plt.show()
```

图像如图 2.19 所示。

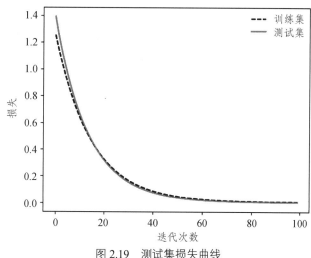

图 2.19　测试集损失曲线

任务 9　绘制广告预测模型 weight 和 bias 的轮廓图

在机器学习中,常使用轮廓图(Contour Plot)来表示偏置值的求解过程,也就是使用梯度下降函数 gradient_descent 动态求得过程。以下使用 Matplotlib-Animation 生成一个动画,同时保存这个动画为一张 GIF 格式图片。

```
1.  # 设计 Contour Plot 动画
2.  import matplotlib.animation as animation
3.
4.  theta0_vals = np.linspace(-2, 3, 100)
5.  theta1_vals = np.linspace(-3, 3, 100)
6.  J_vals = np.zeros((theta0_vals.size, theta1_vals.size))
7.
8.  for t1, element in enumerate(theta0_vals):
9.      for t2, element2 in enumerate(theta1_vals):
10.         thetaT = np.zeros(shape=(2, 1))
11.         weight = element
12.         bias = element2
13.         J_vals[t1, t2] = loss_function(X_train, y_train, weight, bias)
14.
15. J_vals = J_vals.T
16. A, B = np.meshgrid(theta0_vals, theta1_vals)
```

17. C = J_vals
18.
19. fig = plt.figure(figsize=(12,5))
20. plt.subplot(121)
21. plt.plot(X_train,y_train,'ro', label='Training data')
22. plt.title('Sales Prediction')
23. plt.axis([X_train.min()-X_train.std(),X_train.max()+X_train.std(),y_train.min()-y_train.std(),y_train.max()+y_train.std()])
24. plt.grid(axis='both')
25. plt.xlabel("WeChat Ads Volumn (X1) ")
26. plt.ylabel("Sales Volumn (Y)")
27. plt.legend(loc='lower right')
28.
29. line, = plt.plot([], [], 'b-', label='Current Hypothesis')
30. annotation = plt.text(-2, 3,'',fontsize=20,color='green')
31. annotation.set_animated(True)
32.
33. plt.subplot(122)
34. cp = plt.contourf(A, B, C)
35. plt.colorbar(cp)
36. plt.title('Filled Contours Plot')
37. plt.xlabel('Bias')
38. plt.ylabel('Weight')
39. track, = plt.plot([], [], 'r-')
40. point, = plt.plot([], [], 'ro')
41.
42. plt.tight_layout()
43. plt.close()
44.
45. def init():
46.   line.set_data([], [])
47.   track.set_data([], [])
48.   point.set_data([], [])
49.   annotation.set_text('')
50.   return line, track, point, annotation
51.
52. def animate(i):
53.   fit1_X = np.linspace(X_train.min()-X_train.std(), X_train.max()+X_train.std(), 1000)
54.   fit1_y = b_history[i] + w_history[i]*fit1_X

```
55.
56.     fit2_X = b_history.T[:i]
57.     fit2_y = w_history.T[:i]
58.
59.     track.set_data(fit2_X, fit2_y)
60.     line.set_data(fit1_X, fit1_y)
61.     point.set_data(b_history.T[i], w_history.T[i])
62.
63.     annotation.set_text('Cost = %.4f' %(l_history[i]))
64.     return line, track, point, annotation
65.
66. anim = animation.FuncAnimation(fig, animate, init_func=init,
67.                                frames=50, interval=0, blit=True)
68.
69. anim.save('animation.gif', writer='imagemagick', fps = 500)
```

加载显示 GIF 动画代码。

```
1.  # 显示 Contour Plot 动画
2.  import io
3.  import base64
4.  from IPython.display import HTML
5.
6.  filename = 'animation.gif'
7.
8.  video = io.open(filename, 'r+b').read()
9.  encoded = base64.b64encode(video)
10. HTML(data=''''<img src="data:image/gif;base64,{0}" type="gif" />'''.format(encoded.decode('ascii')))
```

初始状态如图 2.20 所示。

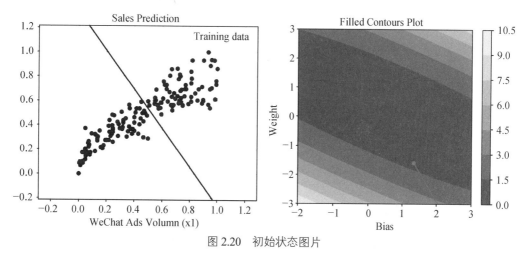

图 2.20　初始状态图片

接近最优点的状态如图 2.21 所示。

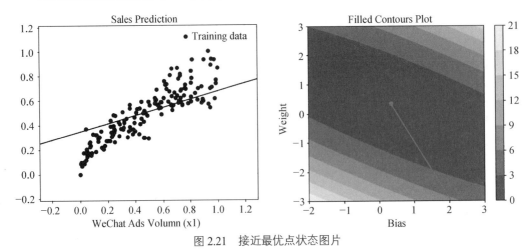

图 2.21　接近最优点状态图片

从图中可以看到，随着参数的拟合，损失越来越小，最终到达轮廓图的中心，也就是轮廓图颜色最深的部分，也就是最优解。

项目 3　使用多元线性回归预测房价

项目导入

房价预测是机器学习中一个典型的应用问题，要预测房价不能只考虑面积，还需要考虑所处的区域、房型、面积、是否有电梯、每层的户数、朝向、是否装修、是否是学区等影响房价的因素。所以这就需要使用多元线性回归来预测房价。

知识目标

（1）了解什么是多元线性回归。
（2）了解什么是多元线性回归损失函数。
（3）了解什么是多元线性回归梯度下降函数。
（4）了解什么是归一化和反归一化。
（5）掌握机器学习中标量、向量、矩阵、张量的知识。

能力目标

（1）能使用 Python 函数完成多元线性回归模型搭建。
（2）能使用 Python 定义多元线性回归的 MSE 均方差损失函数。
（3）能使用 Python 定义多元线性回归的梯度下降函数。
（4）能使用 Python 定义张量并完成张量之间的转换。

项目导学

多元线性回归

在项目 2 中公司需要预测在各个媒体平台投入广告费用能获得多少收入，通过数据的可视化分析，可以看到微信（wechat）、微博（weibo）、其他平台（others）的广告投入和收入（sales）之间的关系，如图 3.1 所示。

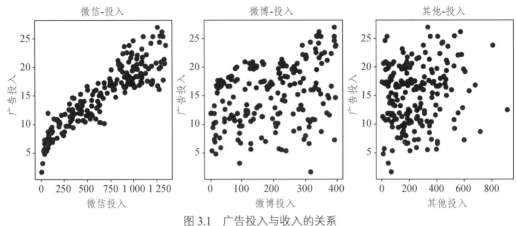

图 3.1　广告投入与收入的关系

因为微信（wechat）的投入和广告之间存在着线性关系，选取微信（wechat）特征作为 x，收入作为 y，建立一元线性回归模型 $y = wx + b$。使用 MSE 作为损失函数，建立梯度下降函数，通过模型训练，求解最优梯度，最终求出了最优的 weight 和 bias，这时公司就可以通过模型预测在微信（wechat）上的投入可以获得多少受益。

但是公司的投入除了微信（wechat）之外，还有微博（weibo）、其他平台（others），可以使用热力图（heatmap）绘制出相关系数，如图 3.2 所示。

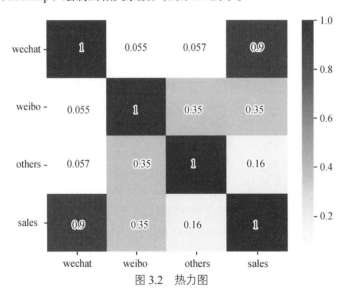

图 3.2　热力图

从图中可以分析微博（weibo）、其他平台（others）与收入（sales）之间的相关性分别为 0.35 和 0.16，这两个特征对收入的预测还是有一定的相关性。

为了提升模型的准确性，可以把微博（weibo）、其他平台（others）这两个特征也加入预测模型，公式如下

$$y = w_1 x_1 + w_2 x_2 + w_3 x_3 + b \tag{3.1}$$

式中，x_1 是微信（wechat）；x_2 是微博（weibo）；x_3 其他平台（others）；w_1、w_2、w_3 表示对应的权重（weight）；b 表示偏置量。

上述模型中包含多个自变量，这模型就是多元线性回归模型，但在使用中会写成如下格式：

$$\hat{y} = \theta_1 x_1 + \theta_2 x_2 + \theta_3 x_3 + \theta_0 \quad (3.2)$$

式中，$\hat{y}$ 为预测值，θ_0 为偏置量，对应 bias 的值；θ_1、θ_2、θ_3 分别表示 "wechat" "weibo" "others" 对应的 weight 权重。

导学测试

（1）简单线性回归和多元线性回归的区别是什么？
（2）多元线性回归的损失如何计算？

项目知识点

知识点 1　多元线性回归模型

在项目 2 中使用微信的投入预测公司的预期收入，但是公司在微博和其他媒体中也投入资金，现在需要预测在所有这个媒体上投入资金的收益就需要使用多元线性回归模型。

1. 一元线性回归与二元线性回归

在回归分析中，如果有一个自变量就是一元线性回归，模型表示为 $y = ax + b$。它表示的几何意义就是一个平面直角坐标系中的一条直线，如图 3.3 所示。

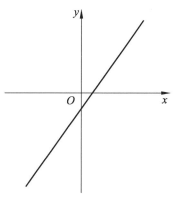

图 3.3　一元线性回归模型

如果有两个自变量，就称为二元线性回归。它在空间直角坐标系中可以表示为

$$y = \theta_1 x_1 + \theta_2 x_2 + b \quad (3.3)$$

二元线性模型表示三维空间上的一个平面，如图 3.4 所示。

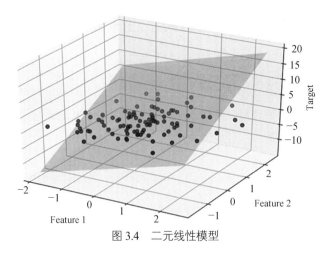

图 3.4　二元线性模型

2. 三元线性回归

如果有两个或两个以上的自变量，就称为多元回归。在实际应用中，问题常常是与多个因素相联系的，由多个自变量的最优组合共同来预测或估计因变量，比只用一个自变量进行预测或估计更有效，更符合实际。因此，多元线性回归比一元线性回归的实用意义更大[3]。

在广告预测中，选取三个特征："wechat""weibo""others"，所以可以使用如下的多元回归模型

$$\hat{y} = \theta_1 x_1 + \theta_2 x_2 + \theta_3 x_3 + \theta_0 \tag{3.4}$$

式中，$\hat{y}$ 表示预测值；θ_0 为偏置量，对应 bias 的值；θ_1、θ_2、θ_3 分别表示 "wechat""weibo""others" 对应的 weight 权重。

假设 $x_0=1$，就可得到 $\theta_0 x_0 = \theta_0$，可以把 θ_0 看成 b，上式可以写成

$$\hat{y} = \theta_0 x_0 + \theta_1 x_1 + \theta_2 x_2 + \theta_3 x_3 \tag{3.5}$$

3. 多元线性回归

当特征是多个时候，假设有 n 个特征，这时就会有 n 个 θ_0，线性回归模型可以表示为

$$\hat{y} = h_\theta(x) = \theta_0 x_0 + \theta_1 x_1 + \cdots + \theta_{n-1} x_{n-1} + \theta_n x_n \tag{3.6}$$

通常情况下，在多元线性回归中，会把 $\boldsymbol{\theta}$ 和 $\boldsymbol{X}$ 大写，突出是向量，如下所示。

$$\boldsymbol{X} = \begin{bmatrix} x_0 \\ x_1 \\ \vdots \\ x_{n-1} \\ x_n \end{bmatrix}, \boldsymbol{\theta} = \begin{bmatrix} \theta_0 \\ \theta_1 \\ \vdots \\ \theta_{n-1} \\ \theta_n \end{bmatrix} \tag{3.7}$$

如果对 $\boldsymbol{\theta}$ 做转置运算得到

$$\boldsymbol{\theta}^{\mathrm{T}} = [\theta_0 \ \theta_1 \ \cdots \ \theta_{n-1} \ \theta_n] \tag{3.8}$$

式（3.6）可以写成

$$\hat{y} = h_\theta(x) = \begin{bmatrix} x_0 \\ x_1 \\ \vdots \\ x_{n-1} \\ x_n \end{bmatrix} \cdot [\theta_0 \ \theta_1 \ \cdots \ \theta_{n-1} \ \theta_n] \tag{3.9}$$

按照向量的内积运算可得

$$\hat{y} = h_\theta(x) = \theta_0 x_0 + \theta_1 x_1 + \cdots + \theta_{n-1} x_{n-1} + \theta_n x_n \tag{3.10}$$

将 X 和 θ 代入公式可得

$$\hat{y} = h_\theta(x) = \sum_{i=1}^{n} \theta_i x_i = \theta^\mathrm{T} X \tag{3.11}$$

知识点 2　多元线性回归 MSE 均方差损失函数

1. 房价预测线性回归损失函数

房价预测是机器学习中一个典型的应用问题，要预测房价不能只考虑面积，还需要考虑所处的区域、房型、面积、是否有电梯、每层的户数、朝向、是否装修、是否是学区等影响房价的因素。所以这就需要使用多元线性回归来预测房价。

如图 3.5 所示有 5 条影响房价的数据，这时可以把每一条数据称为样本。每条样本有 13 列，每一列叫作属性/特征，线性回归时有监督学习。在机器学习中，样本的数量用 m 表示，属性的数量用 n 表示，例如有一个数据集有 m 条样本，每个样本有 n 个属性，样本的属性用 x 表示，标签用 y 表示，在房价预测中总价是标签。

序号	地域	总价	房间数量	客厅数量	厨房数量	卫生间数量	楼层位置	总楼层	建筑面积	房屋结构	装修状况	电梯数	每层住户数
0	4	268.0	3	2	1	1	2	33	114.17	4	3	2	4
1	2	72.0	1	0	0	1	2	17	52.12	4	3	3	8
2	1	165.0	3	2	1	2	3	29	127.42	4	3	2	6
3	2	173.0	3	2	1	1	2	17	88.54	4	4	2	6
4	2	58.0	1	2	1	1	1	18	50.69	4	2	1	6

图 3.5　影响房价的样本数据

在机器学习中通常借助 Python 的 numpy 库来进行运算，在读取数据集后，会使用矩阵来存放数据。定义一个矩阵 A_{mn} 来存放 5 条房价的数据，$m=5$，$n=13$，如果需要取出第 3 个样本的第 10 个特征就需要使用 x_9^3 来表示，要取出第 3 个样本的标签可表示为 y^3。

在房价预测中，选取三个特征，如"所处地域""建筑面积"和"房间数量"，特征分别为表示为 x_0、x_1、x_2，现在取出这 3 条数据，则

$$X = \begin{bmatrix} x_0^1 & x_1^1 & x_2^1 \\ x_0^2 & x_1^2 & x_2^2 \\ x_0^3 & x_1^3 & x_2^3 \end{bmatrix} \tag{3.12}$$

设置对应的权重参数 $\theta = [\theta_0 \ \theta_1 \ \theta_2]$，对 θ 做转置操作

$$\boldsymbol{\theta}^{\mathrm{T}} = \begin{bmatrix} \theta_0 \\ \theta_1 \\ \theta_2 \end{bmatrix} \tag{3.13}$$

将 $\boldsymbol{X}$ 和 $\boldsymbol{\theta}^{\mathrm{T}}$ 进行向量内积运算得到

$$\hat{y} = \boldsymbol{X}\boldsymbol{\theta}^{\mathrm{T}} = \begin{bmatrix} x_0^1\theta_0 + x_1^1\theta_1 + x_2^1\theta_2 \\ x_0^2\theta_0 + x_1^2\theta_1 + x_2^2\theta_2 \\ x_0^3\theta_0 + x_1^3\theta_1 + x_2^3\theta_2 \end{bmatrix} \tag{3.14}$$

多元线性回归中，计算损失函数还是需要求出预测值和真实值之间的差值 $\text{loss} = y - \hat{y}$。

$$\text{loss} = \begin{bmatrix} x_0^1\theta_0 + x_1^1\theta_1 + x_2^1\theta_2 \\ x_0^2\theta_0 + x_1^2\theta_1 + x_2^2\theta_2 \\ x_0^3\theta_0 + x_1^3\theta_1 + x_2^3\theta_2 \end{bmatrix} - \begin{bmatrix} y^1 \\ y^2 \\ y^3 \end{bmatrix} \tag{3.15}$$

可得

$$\text{loss} = \begin{bmatrix} (x_0^1\theta_0 + x_1^1\theta_1 + x_2^1\theta_2) - y^1 \\ (x_0^2\theta_0 + x_1^2\theta_1 + x_2^2\theta_2) - y^2 \\ (x_0^3\theta_0 + x_1^3\theta_1 + x_2^3\theta_2) - y^3 \end{bmatrix} \tag{3.16}$$

这里还是选用线性回归常用的 MES 损失函数可得

$$\text{MSE} = \frac{1}{2 \times 3} \sum_{i=0}^{3} (h_\theta(x^{(i)}) - y^{(i)})^2 \tag{3.17}$$

这时可以理解为预测值是一个平面，需要求出实际的 y 值到预测平面的距离，然后使用梯度下降的方法最小化 MSE 的值，找到最优的一组 θ 值，如图 3.6 所示。

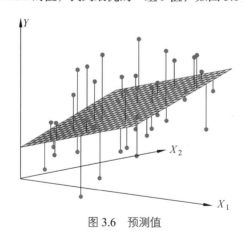

图 3.6　预测值

2. 多元线性回归损失函数

如果有一个数据集，有 m 条样本，n 个特征，y 是每个样本的标签，则可得

$$\text{loss} = \begin{bmatrix} (x_0^1\theta_0 + x_1^1\theta_1 + \cdots + x_{n-1}^1\theta_{n-1} + x_n^1\theta_n) - y^1 \\ (x_0^2\theta_0 + x_1^2\theta_1 + \cdots + x_{n-1}^1\theta_{n-1} + x_n^2\theta_n) - y^2 \\ (x_0^3\theta_0 + x_1^3\theta_1 + \cdots + x_{n-1}^1\theta_{n-1} + x_n^3\theta_n) - y^3 \\ \vdots \\ (x_0^{m-1}\theta_0 + x_1^{m-1}\theta_1 + \cdots + x_{n-1}^{m-1}\theta_{n-1} + x_n^{m-1}\theta_n) - y^{m-1} \\ (x_0^m\theta_0 + x_1^m\theta_1 + \cdots + x_{n-1}^m\theta_{n-1} + x_n^m\theta_n) - y^m \end{bmatrix} \quad (3.18)$$

与简单线性回归一样，使用 MSE 作为损失函数，得

$$\text{MSE} = J(\theta) = \frac{1}{2m}\sum_{i=1}^{m}[h_\theta(x^{(i)}) - y^{(i)}]^2 \quad (3.19)$$

3. 多元线性回归损失函数的实现

与简单线性回归一样，使用 MSE 作为损失函数，得

$$\text{MSE} = J(\theta) = \frac{1}{2m}\sum_{i=1}^{m}(h_\theta(x^{(i)}) - y^{(i)})^2 \quad (3.20)$$

这时要注意 $\boldsymbol{\theta}$ 是一个向量，$h_\theta(x^{(i)}) = \hat{y} = \boldsymbol{X}\boldsymbol{\theta}^\text{T}$ 的值可以使用向量内积来计算，代码实现时通常使用 w 来表示公式中的 $\boldsymbol{\theta}$。在 Python 中使用 np.dot 来实现这个操作，即 X.dot(w.T)，T 的作用是把 w 的 shape 由(1, 4)变成(4, 1)，然后再减去对应的标签值 y，就可以最终得到损失值，实现代码如下：

```
1.  def loss_function(X,y,w):
2.      y_hat=X.dot(w.T)
3.      loss=y_hat.reshape((len(y_hat)),1)-y
4.      cost=np.sum(loss**2)/(2*len(X))
5.      return cost
```

知识点 3　多元线性回归梯度下降函数

1. 三元线性回归梯度下降函数

多元线性回归的损失函数定义如下：

$$J(\theta) = \frac{1}{2m}\sum_{i=1}^{m}(h_\theta(x^{(i)}) - y^{(i)})^2 \quad (3.21)$$

式中，$\hat{y} = h_\theta(x) = \theta_0 x_0 + \theta_1 x_1 + \cdots + \theta_{n-1}x_{n-1} + \theta_n x_n$，这个函数是一个多元函数。

先从三元线性回归开始，有损失函数为

$$\text{MSE} = \frac{1}{2\times 3}\sum_{i=0}^{3}(h_\theta(x^{(i)}) - y^{(i)})^2 \quad (3.22)$$

将转化为下列形式

$$\begin{aligned}\text{MSE} = \frac{1}{2\times 3}\{&[(x_0^1\theta_0 + x_1^1\theta_1 + x_2^1\theta_2) - y^1]^2 + \\ &[(x_0^2\theta_0 + x_1^2\theta_1 + x_2^2\theta_2) - y^2]^2 + \\ &[(x_0^3\theta_0 + x_1^3\theta_1 + x_2^3\theta_2) - y^3]^2\}\end{aligned} \quad (3.23)$$

求解 $\dfrac{\partial j(\theta)}{\partial \theta_0}$，这过程中，只有 θ_0 是变量其他都是常量，分别求解下面三个式可得

$$\left.\begin{array}{l}\{[(x_0^1\theta_0+x_1^1\theta_1+x_2^1\theta_2)-y^1]^2\}'=2[(x_0^1\theta_0+x_1^1\theta_1+x_2^1\theta_2)-y^1]x_0^1\\ \{[(x_0^2\theta_0+x_1^2\theta_1+x_2^2\theta_2)-y^2]^2\}'=2[(x_0^2\theta_0+x_1^2\theta_1+x_2^2\theta_2)-y^2]x_0^2\\ \{[(x_0^3\theta_0+x_1^3\theta_1+x_2^3\theta_2)-y^3]^2\}'=2[(x_0^3\theta_0+x_1^3\theta_1+x_2^3\theta_2)-y^3]x_0^3\end{array}\right\} \quad (3.24)$$

将三个式子相加可得

$$\begin{aligned}\dfrac{\partial j(\theta)}{\partial \theta_0}&=\dfrac{1}{3}\{[(x_0^1\theta_0+x_1^1\theta_1+x_2^1\theta_2)-y^1]^2 x_0^1+[(x_0^2\theta_0+x_1^2\theta_1+x_2^2\theta_2)-y^2]x_0^2+\\ &\quad [(x_0^3\theta_0+x_1^3\theta_1+x_2^3\theta_2)-y^3]x_0^3\}\\ &=\dfrac{1}{3}[x_0^1\ x_0^2\ x_0^3]\times\begin{bmatrix}(x_0^1\theta_0+x_1^1\theta_1+x_2^1\theta_2)-y^1\\ (x_0^2\theta_0+x_1^2\theta_1+x_2^2\theta_2)-y^2\\ (x_0^3\theta_0+x_1^3\theta_1+x_2^3\theta_2)-y^3\end{bmatrix}\\ &=\dfrac{1}{3}[x_0^1\ x_0^2\ x_0^3]\times\left\{\begin{bmatrix}(x_0^1\theta_0+x_1^1\theta_1+x_2^1\theta_2)\\ (x_0^2\theta_0+x_1^2\theta_1+x_2^2\theta_2)\\ (x_0^3\theta_0+x_1^3\theta_1+x_2^3\theta_2)\end{bmatrix}-\begin{bmatrix}y^1\\ y^2\\ y^3\end{bmatrix}\right\}\end{aligned} \quad (3.25)$$

可得

$$\dfrac{\partial j(\theta)}{\partial \theta_0}=\dfrac{1}{3}[x_0^1\ x_0^2\ x_0^3]\times(\boldsymbol{X\theta}-y) \quad (3.26)$$

同理可得

$$\left.\begin{array}{l}\dfrac{\partial j(\theta)}{\partial \theta_1}=\dfrac{1}{3}[x_1^1\ x_1^2\ x_1^3]\times(\boldsymbol{X\theta}-y)\\ \dfrac{\partial j(\theta)}{\partial \theta_2}=\dfrac{1}{3}[x_2^1\ x_2^2\ x_2^3]\times(\boldsymbol{X\theta}-y)\end{array}\right\} \quad (3.27)$$

最终可到三元线性回归的梯度

$$\begin{aligned}\nabla j(\theta)=\begin{bmatrix}\dfrac{\partial j(\theta)}{\partial \theta_0}\\ \dfrac{\partial j(\theta)}{\partial \theta_1}\\ \dfrac{\partial j(\theta)}{\partial \theta_2}\end{bmatrix}&=\dfrac{1}{3}\begin{bmatrix}[x_0^1\ x_0^2\ x_0^3]\times(\boldsymbol{X\theta}-y)\\ [x_1^1\ x_1^2\ x_1^3]\times(\boldsymbol{X\theta}-y)\\ [x_2^1\ x_2^2\ x_2^3]\times(\boldsymbol{X\theta}-y)\end{bmatrix}\\ &=\dfrac{1}{3}\begin{bmatrix}x_0^1 & x_0^2 & x_0^3\\ x_1^1 & x_1^2 & x_1^3\\ x_2^1 & x_2^2 & x_2^3\end{bmatrix}\times(\boldsymbol{X\theta}-y)=\dfrac{1}{3}\boldsymbol{X}^{\mathrm{T}}\times(\boldsymbol{X\theta}-y)\end{aligned} \quad (3.28)$$

2. 多元线性回归梯度下降函数

按照梯度的求解法则，从三个属性扩展到多元函数。多元函数的梯度是一个由偏导数组成的列向量，即

$$\nabla j(\theta) = \begin{bmatrix} \dfrac{\partial j(\theta)}{\partial \theta_0} \\ \dfrac{\partial j(\theta)}{\partial \theta_1} \\ \dfrac{\partial j(\theta)}{\partial \theta_2} \\ \vdots \\ \dfrac{\partial j(\theta)}{\partial \theta_n} \end{bmatrix} \tag{3.29}$$

按照链式求导法则计算偏导可得

$$\left. \begin{aligned} \dfrac{\partial j(\theta)}{\partial \theta_0} &= \dfrac{1}{m} \sum_{i=1}^{m} [h_\theta(x^{(i)}) - y^{(i)}] x_0^{(i)} \\ \dfrac{\partial j(\theta)}{\partial \theta_1} &= \dfrac{1}{m} \sum_{i=1}^{m} [h_\theta(x^{(i)}) - y^{(i)}] x_1^{(i)} \\ \dfrac{\partial j(\theta)}{\partial \theta_i} &= \dfrac{1}{m} \sum_{i=1}^{m} [h_\theta(x^{(i)}) - y^{(i)}] x_j^{(i)} \end{aligned} \right\} \tag{3.30}$$

又因为 $h_\theta(x^{(i)}) - y^{(i)} = X\theta - y^i$，则

$$\nabla j(\theta) = \begin{bmatrix} \dfrac{\partial j(\theta)}{\partial \theta_0} \\ \dfrac{\partial j(\theta)}{\partial \theta_1} \\ \dfrac{\partial j(\theta)}{\partial \theta_2} \\ \vdots \\ \dfrac{\partial j(\theta)}{\partial \theta_n} \end{bmatrix} = \begin{bmatrix} x_1(X\boldsymbol{\theta}-\boldsymbol{y}) \\ x_2(X\boldsymbol{\theta}-\boldsymbol{y}) \\ x_3(X\boldsymbol{\theta}-\boldsymbol{y}) \\ \vdots \\ x_m(X\boldsymbol{\theta}-\boldsymbol{y}) \end{bmatrix} = \begin{bmatrix} x_1 \\ x_2 \\ x_3 \\ \vdots \\ x_m \end{bmatrix} \cdot (X\boldsymbol{\theta}-\boldsymbol{y}) = \dfrac{1}{2m} X^{\mathrm{T}}(X\boldsymbol{\theta}-\boldsymbol{y}) \tag{3.31}$$

其中

$$X = \begin{bmatrix} x_0^1 & x_1^1 & \cdots & x_{n-1}^1 & x_n^1 \\ x_0^2 & x_1^2 & \cdots & x_{n-1}^2 & x_n^2 \\ & & \vdots & & \\ x_0^{m-1} & x_1^{m-1} & \cdots & x_{n-1}^{m-1} & x_n^{m-1} \\ x_0^m & x_1^m & \cdots & x_{n-1}^m & x_n^m \end{bmatrix}, \quad \boldsymbol{\theta} = \begin{bmatrix} \theta_0 \\ \theta_1 \\ \vdots \\ \theta_{n-1} \\ \theta_n \end{bmatrix}, \quad \boldsymbol{y} = \begin{bmatrix} y^1 \\ y^2 \\ \vdots \\ y^{m-1} \\ y^m \end{bmatrix}$$

其中 X 是一个 $m \times n$ 的矩阵，$\boldsymbol{\theta}$ 是 n 个元素的列向量，$X\boldsymbol{\theta} - \boldsymbol{y}$ 的结果是一个 $m \times 1$ 的列向量，X^{T} 的形状为 $n \times m$，$X^{\mathrm{T}}(X\boldsymbol{\theta} - \boldsymbol{y})$ 的形状为 $m \times 1$。

设置学习率为 lr，则每次求导后得到的新的 θ 的表示为

$$\theta = \theta - \text{lr} \times \frac{1}{m} X^{\text{T}}(X\theta - y) \qquad (3.32)$$

这就是多元线性回归 MSE 损失函数的梯度下降函数。

3. 多元线性回归梯度下降函数的 Python 代码实现

式（3.31）中，我们可以分步实现：

```
1.  def gradient_descent(X,y,w,lr,iter):
2.      l_history=np.zeros(iter)
3.      w_history=np.zeros((iter,len(w)))
4.      for iter in range(iter):
5.          y_hat=X.dot(w)
6.          loss=y_hat.reshape((len(y_hat),1))-y
7.          derivative_w=X.T.dot(loss)/(2*len(X))
8.          derivative_a=derivative_w
9.          derivative_w=derivative_w.reshape(len(w))
10.         w=w-lr*derivative_w
11.         l_history[iter]=loss_function(X,y,w)
12.         w_history[iter]=w
13.         #print(X.shape,y_hat.shape,loss.shape,derivative_a.shape)
14.     return l_history,w_history
```

知识点 4　归一化和反归一化

在机器学习中，经常对数据做归一化，归一化后加快了梯度下降求最优解的速度，归一化有可能提高精度。本任务中使用线性归一化。

1. 归一化的作用

在机器学习领域中，不同评价指标（即特征向量中的不同特征）往往具有不同的量纲和量纲单位，这样的情况会影响到数据分析的结果，为了消除指标之间的量纲影响，需要进行数据标准化处理，以解决数据指标之间的可比性。原始数据经过数据标准化处理后，各指标处于同一数量级，适合进行综合对比评价。其中，最典型的就是数据的归一化处理。

简而言之，归一化的目的就是使得预处理的数据被限定在一定的范围内（如[0，1]或者[-1，1]），从而消除奇异样本数据导致的不良影响。

例如在房价预测中，建筑面积相对其他的特征相差比较大，可以认为建筑面积是一个奇异样本数据。

奇异样本数据的存在会引起训练时间变长，同时也可能导致无法收敛，因此，当存在奇异样本数据时，在进行训练之前需要对预处理数据进行归一化；反之，不存在奇异样本数据时，则可以不进行归一化。

如果不进行归一化，那么由于特征向量中不同特征的取值相差较大，会导致目标函数变"扁"。这样在进行梯度下降的时候，梯度的方向就会偏离最小值的方向，走很多弯路，即训练时间过长。

如果进行归一化以后，目标函数会呈现比较"圆"，这样训练速度大大加快，少走很多弯路，如图 3.7 所示。

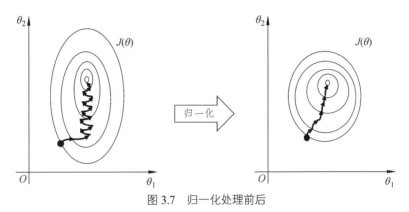

图 3.7 归一化处理前后

2. 数据归一化处理

本任务中使用线性归一化，方程如下

$$X = \frac{x - \min(x)}{\max(x) - \min(x)} \tag{3.33}$$

这种归一化方法比较适用在数值比较集中的情况。这种方法有缺陷，如果 $\max(x)$ 和 $\min(x)$ 值不稳定，很容易使得归一化结果不稳定，使得后续使用效果也不稳定。实际使用中可以用经验常量值来替代 $\max(x)$ 和 $\min(x)$ 值。

3. 反向归一化

训练完模型后，使用模型预测数据时，需要将归一化后的数据还原，这时需要使用反向归一化。本任务中定义了反向归一化函数用于数据的复原，保存 y_min、y_max、y_gap、计算训练集最大/最小值以及它们的差，用于后面反归一化过程，同时保留一份原始的数据。

4. 归一化实现

本任务中定义函数 scalar() 来实现归一化操作，函数实现对 X_train、X_test、y_train、y_test 的归一化操作，同时绘制 scatterplot 图形，代码如下所示，归一化前后数据如图 3.8 所示。

```
1.   def scalar(train,test):
2.       min=train.min(axis=0)
3.       max=train.max(axis=0)
4.       gap=max-min
5.       train-=min
6.       train/=gap
7.       test-=min
```

```
 8.     test/=gap
 9.     return train,test
10.
11. X_data,X_test=scalar(X_train,X_test)
12. y_train,y_test=scalar(y_train,y_test)
13.
14. sns.scatterplot(X_train,y_train)
15. plt.show()
```

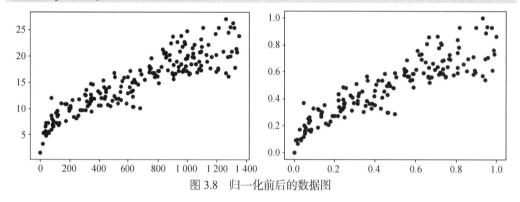

图 3.8 归一化前后的数据图

对比归一化之后和归一化之前的数据图，可以看出"wechat"数据值的范围由 0～1 400 通过归一化操作变成了 0～1。

知识点 5　机器学习中的数据结构

在人工智能机器学习中，通常需要使用到数组、标量、向量、矩阵、张量之间关系。

1. 标　量

标量（Scalar）：一个标量就是一个单独的数（整数或实数），不同于线性代数中研究的其他大部分对象（通常是多个数的数组）。标量通常用斜体的小写字母来表示，例如：x，标量就相当于 Python 中定义的个值。

```
1 | x = 1
```

2. 向　量

向量（Vector）：一个向量表示一组有序排列的数，通过次序中的索引我们能够找到每个单独的数，向量通常用粗体的小写字母表示，例如：x，向量中的每个元素就是一个标量，向量中的第 i 个元素用 x_i 表示，向量相当于 Python 中的一维数组。

```
1. a=np.array([1,2,3,4])
2. print("向量 a 的 shape 是: %s,向量的类型%s,是向量 a 的第 3 个元素是: %d"%(a.shape,type(a),a[2]))
3. #print("张量 X_data 的形状是:%s,维度是：%d"%(X_data.shape,X_data.ndim))
```

输出为：

向量a的shape是：(4,)，向量的类型<class 'numpy.ndarray'>，是向量a的第3个元素是：3

3. 矩　阵

矩阵（Matrix）：矩阵是一个二维数组，其中的每一个元素由两个索引来决定 A_{ij}，矩阵通常用加粗斜体的大写字母表示，例如：***X***。可以将矩阵看作是一个二维的数据表，矩阵的每一行表示一个对象，每一列表示一个特征。在 Python 中的定义如下。

```
1. a=np.array([[1,2,3],[4,5,6],[7,8,9]])
2. print("向量 a 的 shape 是：%s,向量的类型%s,是向量 a 的第 3 个元素是：%r"%(a.shape,type(a),a[2]))
```

输出为：

向量a的shape是：(4,),向量的类型<class 'numpy.ndarray'>,是向量a的第3个元素是：3

4. 张　量

张量（Tensor）：超过二维的数组，一般来说，一个数组中的元素分布在若干维坐标的规则网格中，被称为张量。如果一个张量是三维数组，那么就需要三个索引来决定元素的位置 $A_{i,j,k}$，张量通常用加粗的大写字母表示，例如：X。

```
1. A=np.array([[1,2,3,3],[4,5,6,3],[4,5,6,8]])
2. B=np.array([[[1,2,3],[4,5,6]],[[7,8,9],[10,11,12]],[[7,8,9],[10,11,15]]])
3. print("张量 A 的 shape 是：%s,张量的类型%s,是张量 A 的第 3 个元素是：%r"%(A.shape,type(A),A[1]))
4. print("张量 B 的 shape 是：%s,张量的类型%s,是张量 B 的第 3 个元素是：%r"%(B.shape,type(B),B[1][1]))
```

运行结果：

张量A的shape是：(3, 4),张量的类型<class 'numpy.ndarray'>,是张量A的第3个元素是：array([4, 5, 6, 3])
张量B的shape是：(3, 2, 3),张量的类型<class 'numpy.ndarray'>,是张量B的第3个元素是：array([10, 11, 12])

5. 张量的轴、阶和形状

张量的形状（Shape）就是张量的阶，加上每个阶的维度（每个阶的元素数目）；张量都可以通过 Numpy 来定义、操作。因此把 Numpy 数学函数库里面的数组用好，就可以搞定机器学习里面的数据结构。

6. 标量——0D（阶）张量

仅包含一个数字的张量叫作标量（scalar），既 0 阶张量或 0D 张量。标量的功能主要在于程序流程控制、设置参数值等。

下面创建一个 NumPy 标量：

```
1. X = np.array(5) # 创建 0D 张量，也就是标量
2. print("X 的值",X)
3. print("X 的阶",X.ndim) #ndim 属性显示张量轴的个数
4. print("X 的数据类型",X.dtype) # dtype 属性显示张量数据类型
5. print("X 的形状",X.shape) # shape 属性显示张量形状
```

运行结果：

```
X的值 5
X的阶 0
X的数据类型 int32
X的形状 ()
```

此处标量的形状为()，即标量的阶为 0。Numpy 中，不管是阶的索引，还是数组的索引，永远是从 0 开始的。

7. 向量——1D（阶）张量

由一组数字组成的数组叫作向量（Vector），也就是一阶张量，或称 1D 张量。一阶张量只有一个轴。

下面创建一个 NumPy 向量：

1. X = np.array([5,6,7,8,9]) #创建 1D 张量，也就是向量
2. print("X 的值",X)
3. print("X 的阶",X.ndim) #ndim 属性显示张量轴的个数
4. print("X 的形状",X.shape) # shape 属性显示张量形状

运行结果：

```
X的值 [5 6 7 8 9]
X的阶 1
X的形状 (5,)
```

8. 矩阵——2D（阶）张量

矩阵是一组一组向量的集合。矩阵中的各个元素横着、竖着、斜着都能构成不同的向量。而矩阵，也就是二阶张量，或称 2D 张量，其形状维(m, n)矩阵里面横向的元素称为"行"，纵向的元素称为"列"。

机器学习中常常会用到矩阵数据。影响房价的数据集中，使用 padans 的 read_csv()函数读入，经过 np.array()转换可以得到一个矩阵（X_train）也叫作 2D（阶）张量，形状为（样本，特征），第一个轴是样本轴，第二个轴是特征轴，如图 3.9 所示。

序号	地域	总价	房间数量	客厅数量	厨房数量	卫生间数量	楼层位置	总楼层	建筑面积	房屋结构	装修状况	电梯数	每层住户数
0	4	268.0	3	2	1	1	2	33	114.17	4	3	2	4
1	2	72.0	1	0	0	1	2	17	52.12	4	3	3	8
2	1	165.0	3	2	1	2	3	29	127.42	4	3	2	6
3	2	173.0	3	2	1	1	2	17	88.54	4	4	2	6
4	2	58.0	1	1	1	1	1	18	50.69	4	2	1	6

图 3.9 影响房价的数据集

本项目中 X_train 是一个 2D 矩阵，是 13 946 个样本数据的集合。X_train[0]代表的是 X_train 训练集的第一行数据，是一个 13 维向量（也是 1D 张量），也就是说，训练集的每行数据都包含 13 个特征。

9. 图像数据——3D（阶）张量

在矩阵的基础上增加一个维度，就形成了 3D 张量，例如现在需要预测北京的天气，包

括气温、风力、降水量，如图 3.10 所示。

图 3.10 图像数据

数据保存在 csv 文件中，如图 3.11 所示，包括日期和三个时间段的气温、风力和降水量的信息。

日期	01:00			06:00			12:00			18:00		
	气温	风力	降水量	气温	风力	降水量	气温	风力	降水量	气温	风力	降水量
2023.1.1	-20	2	0	-20	2	0	-20	2	0	-20	2	0
2023.1.2	-19	3	10	-19	3	10	-19	3	10	-19	3	10
2023.1.3	-18	4	0	-18	4	0	-18	4	0	-18	4	0
2023.1.4	-17	5	1	-17	5	1	-17	5	1	-17	5	1
2023.1.5	-16	6	2	-16	6	2	-16	6	2	-16	6	2

图 3.11 保存在 csv 文件中的数据

可以使用 3D（阶）张量来保存数据（样本，时间戳，特征），上表中保存了 5 天的数据，每天 4 个时段，每个时段 3 个指标数据，对应的 shape 是(5, 4, 3)。

导入包。

1. #导入包
2. import pandas as pd
3. import matplotlib.pyplot as plt
4. import numpy as np
5. #显示中文
6. plt.rcParams['font.sans-serif']=['SimHei']
7. plt.rcParams['axes.unicode_minus']=False

使用 pandas 读取数据。

1. df_weather=pd.read_csv("../input/weater.csv",encoding="gbk")
2. df_weather.head()

读取数据如图 3.12 所示。

序号	日期	气温	风力	降水量	气温.1	风力.1	降水量.1	气温.2	风力.2	降水量.2	气温.3	风力.3	降水量.3
0	2023.1.1	-20	2	0	-20	2	0	-20	2	0	-20	2	0
1	2023.1.2	-19	3	10	-19	3	10	-19	3	10	-19	3	10
2	2023.1.3	-18	4	0	-18	4	0	-18	4	0	-18	4	0
3	2023.1.4	-17	5	1	-17	5	1	-17	5	1	-17	5	1
4	2023.1.5	-16	6	2	-16	6	2	-16	6	2	-16	6	2

图 3.12　读取数据

使用 shape 显示 dataframe 的形状。

1. df_weather.shape

输出为(5, 13)，接下来需要删除日期列，然后再检测形状。

1. df_weather.drop("日期",axis=1,inplace=True)
2. df_weather.shape

输出为(5, 12)，输出数据如图 3.13 所示。

序号	气温	风力	降水量	气温.1	风力.1	降水量.1	气温.2	风力.2	降水量.2	气温.3	风力.3	降水量.3
0	-20	2	0	-20	2	0	-20	2	0	-20	2	0
1	-19	3	10	-19	3	10	-19	3	10	-19	3	10
2	-18	4	0	-18	4	0	-18	4	0	-18	4	0
3	-17	5	1	-17	5	1	-17	5	1	-17	5	1
4	-16	6	2	-16	6	2	-16	6	2	-16	6	2

图 3.13　输出数据

使用 reshape 函数将数据调整为(5, 4, 3)。

1. X_data_w=X_data_w.reshape(5,4,3)
2. X_data_w.shape

如果需要取出第 1 个样本，使用 X_data_w[0]，输出为：

$$\mathrm{array}([[-20,\ 2,\ 0],\\ [-20,\ 2,\ 0],\\ [-20,\ 2,\ 0],\\ [-20,\ 2,\ 0]],\ \mathrm{dtype=int64})$$

如果需要取出第 1 个样本的 01：00 时刻的温度、风力、降水量，可以使用 X_data_w[0, 0]，输入为：

$$\mathrm{array}([-20,\ 2,\ 0],\ \mathrm{dtype=int64})$$

在机器学习中，通常是按照批次（batch_size）处理数据，例如每次处理 32、64 或者 128

条样本。

10. 标量、向量、矩阵、张量之间的联系

综上所述，标量是0维空间中的一个点，向量是一维空间中的一条线，矩阵是二维空间的一个面，三维张量是三维空间中的一个体。也就是说，向量是由标量组成的，矩阵是向量组成的，张量是矩阵组成的。

例如读取影响房价数据代码：

```
1.  #导入包
2.  import pandas as pd
3.  import matplotlib.pyplot as plt
4.  import numpy as np
5.  #显示中文
6.  plt.rcParams['font.sans-serif']=['SimHei']
7.  plt.rcParams['axes.unicode_minus']=False
8.  df_data=pd.read_csv("../input/house_n.csv",encoding="gbk")
9.  df_data.head()
10. 
11. 
12. X_data=df_data
13. y_data=df_data["总价"]
14. X_data=np.array(X_data)
15. y_data=np.array(y_data)
16. print("张量 X_data 的形状是:%s,维度是： %d"%(X_data.shape,X_data.ndim))
17. print("张量 y_data 的形状是:%s,维度是： %d"%(y_data.shape,y_data.ndim))
18. print("张量 X_data 的形状是:%s,维度是： %d"%(X_data.shape,X_data.ndim))
19. print("张量 X_data[0]的形状是:%s,维度是： %d"%(X_data[0].shape,X_data[0].ndim))
```

运行结果：

```
张量X_data的形状是:(13946, 13),维度是: 2
张量y_data的形状是:(13946,),维度是: 1
张量X_data的形状是:(13946, 13),维度是: 2
张量X_data[0]的形状是:(13,),维度是: 1
```

11. 向量的运算

点积（Dot Product）又被称为数量积（Scalar Product）或者内积（Inner Product），是指接受在实数 R 上的两个向量并返回一个实数值标量的二元运算。

两个向量 $\boldsymbol{a}(\theta_0,\theta_1,\theta_2,\theta_3)$ 和 $\boldsymbol{b}(x_0,x_1,x_2,x_3)$ 的点积定义为

$$\boldsymbol{a}\cdot\boldsymbol{b}=\theta_0 x_0+\theta_1 x_1+\theta_2 x_2+\theta_3 x_3 \tag{3.34}$$

点积还可以写为：$\boldsymbol{a}\cdot\boldsymbol{b}=\boldsymbol{\theta}^\mathrm{T} X$

12. 矩阵的乘法

两个矩阵相乘,必须要满足前一个矩阵的列数等于后一个矩阵的行数,一个 $m \times p$ 的矩阵乘以一个 $p \times n$ 的矩阵会得到一个 $m \times n$ 的矩阵,运算规则如下:

$$A = \begin{bmatrix} a_0^1 & a_1^1 & a_2^1 \\ a_0^2 & a_1^2 & a_2^2 \end{bmatrix}, B = \begin{bmatrix} b_0^1 & b_1^1 \\ b_0^2 & b_1^2 \\ b_0^3 & b_1^3 \end{bmatrix}$$

$$C = AB = \begin{bmatrix} a_0^1 b_0^1 + a_1^1 b_0^2 + a_2^1 b_0^3 & a_0^1 b_1^1 + a_1^1 b_1^2 + a_2^1 b_1^3 \\ a_0^2 b_0^1 + a_1^2 b_0^2 + a_2^2 b_0^3 & a_0^2 b_1^1 + a_1^2 b_1^2 + a_2^2 b_1^3 \end{bmatrix}$$

工作任务

任务 1 加载房价数据

1. 导入数据加载的包

导入 numpy、pandas、matplotlib 三个包用来加载数据,同时对数据进行分析。

NumPy(Numerical Python)是 Python 语言的一个扩展程序库,支持大量的维度数组与矩阵运算,此外也针对数组运算提供大量的数学函数库。

```
1. #导入包
2. import pandas as pd
3. import matplotlib.pyplot as plt
4. import numpy as np
5. #显示中文
6. plt.rcParams['font.sans-serif']=['SimHei']
7. plt.rcParams['axes.unicode_minus']=False
```

2. 加载数据

使用 pandas 的 read_csv 方法打开数据集,使用 head() 函数查看前 5 条数据,同时可以使用 info() 函数查看数据的信息。

```
1. df_data=pd.read_csv("../input/house_n.csv",encoding="gbk")
2. df_data.head()
```

运行结果如图 3.14 所示。

序号	地域	总价	房间数量	客厅数量	厨房数量	卫生间数量	楼层位置	总楼层	建筑面积	房屋结构	装修状况	电梯数	每层住户数
0	4	268.0	3	2	1	1	2	33	114.17	4	3	2	4
1	2	72.0	1	0	0	1	2	17	52.12	4	3	3	8
2	1	165.0	3	2	1	2	3	29	127.42	4	3	2	6
3	2	173.0	3	2	1	1	2	17	88.54	4	4	2	6
4	2	58.0	1	1	1	1	1	18	50.69	4	2	1	6

图 3.14 加载数据运行结果

使用 info 函数查看数据的信息。

```
1.  df_data.info()
```

运行结果:

```
<class 'pandas.core.frame.DataFrame'>
RangeIndex: 13946 entries, 0 to 13945
Data columns (total 13 columns):
 #   Column    Non-Null Count  Dtype
---  ------    --------------  -----
 0   地域        13946 non-null  int64
 1   总价        13946 non-null  float64
 2   房间数量      13946 non-null  int64
 3   客厅数量      13946 non-null  int64
 4   厨房数量      13946 non-null  int64
 5   卫生间数量     13946 non-null  int64
 6   楼层位置      13946 non-null  int64
 7   总楼层       13946 non-null  int64
 8   建筑面积      13946 non-null  float64
 9   房屋结构      13946 non-null  int64
 10  装修状况      13946 non-null  int64
 11  电梯数       13946 non-null  int64
 12  每层住户数     13946 non-null  int64
dtypes: float64(2), int64(11)
memory usage: 1.4 MB
```

影响房价数据集共有 13 946 条样本数据，数据标签为总价，选取了 12 个特征，所有的数据没有空值，数据全部为数值类型。

任务 2 选择数据

本任务中的数据，经过了数据清洗，所以选择所有的特征作为模型训练的数据。

```
1.  title=["地域","总价","房间数量","客厅数量","厨房数量","卫生间数量",
2.      "楼层位置","总楼层","建筑面积","房屋结构","装修状况","电梯数","每层住户数"]
3.  df_data=df_data[title]
```

任务 3 房价数据特征分析

Seaborn 是一个比 Matplotlib 集成度更高的绘图库。

数据的特征分析，使用 Seaborn 计算特征之间的相关系数，然后使用 Seaborn 库提供的 heatmap 函数绘制热力图。

```
1.  import seaborn as sns
2.  plt.figure(figsize=(10,10))
3.  sns.heatmap(df_data.corr(),cmap='YlGnBu',annot=True)
4.  plt.show()
```

代码运行如图 3.15 所示。

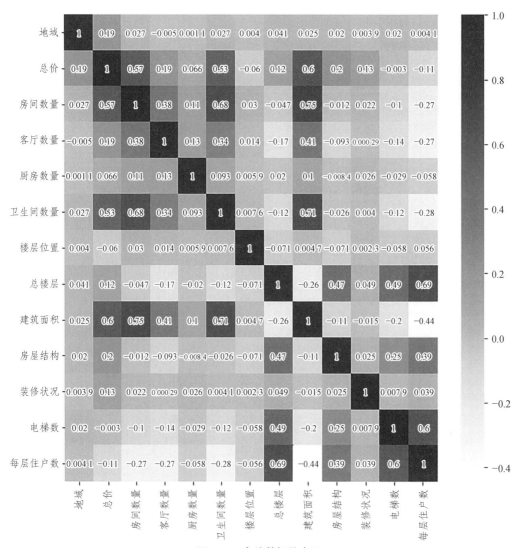

图 3.15 房价数据热力图

从图中可知：建筑面积、房间数量等特征是和房价正相关的；每层住户、楼层位置和房价是负相关的。可以借助相关性热力图分析哪些特征对标签的关系相关性强，哪些是正相关，哪些是负相关。

任务 4 房价数据的归一化处理

1. 获取特征数据集和标签数据集

首先，保留所有的特征，单独取出"总价"得到标签，然后再使用 np.array()和 reshape 函数将数据转为张量。

```
1.  # X_data=df_data["地域","房间数量","客厅数量","厨房数量","卫生间数量",
2.  #     "楼层位置","总楼层","建筑面积","房屋结构","装修状况","电梯数","每层住户数"]
3.  X_data=df_data
```

```
4. y_data=df_data["总价"]
5. X_data=np.array(X_data)
6. y_data=np.array(y_data)
7. print("张量 X_data 的形状是:%s,维度是：%d"%(X_data.shape,X_data.ndim))
8. print("张量 y_data 的形状是:%s,维度是：%d"%(y_data.shape,y_data.ndim))
```

输出如下：

```
张量X_data的形状是:(13946, 13),维度是：2
张量y_data的形状是:(13946,),维度是：1
```

使用 reshape 函数，将标签"总价"数据转化为矩阵。

```
1. y_data=y_data.reshape(-1,1)
2. print("张量 y_data 的形状是:%s,维度是：%d"%(y_data.shape,y_data.ndim))
```

2. 拆分训练集和测试集

使用 sklearn 的 model_selection 函数对 x_data 和 y_data 按照 80%的训练集、20%的测试集进行拆分得到训练集和测试集。

```
1. from sklearn.model_selection import train_test_split
2. X_train,X_test,y_train,y_test=train_test_split(X_data,y_data,test_size=0.2,random_state=0)
```

3. 归一化

在机器学习中，对数据做归一化后加快了梯度下降求最优解的速度，有可能提高精度。我们在这里使用线性归一化。

```
1. def scaler(train, test):  # 定义归一化函数，进行数据压缩
2.     # 数据的压缩
3.     #按照
4.     min = train.min(axis=0)  # 训练集最小值
5.     max = train.max(axis=0)  # 训练集最大值
6.     gap = max - min  # 最大值和最小值的差
7.     train -= min  # 所有数据减最小值
8.     train /= gap  # 所有数据除以大小值差
9.     test -= min  #把训练集最小值应用于测试集
10.    test /= gap  #把训练集大小值差应用于测试集
11.    return train, test  # 返回压缩后的数据
```

同时，定义了反归一化函数用于数据的复原，保存 y_min、y_max、y_gap、计算训练集最大/最小值以及它们的差，用于后面反归一化过程，同时保留一份原始的数据。

```
1. #反向归一化
2. def min_max_gap(train):  # 计算训练集最大，最小值以及他们的差，用于后面反归一化过程
3.     min = train.min(axis=0)  # 训练集最小值
4.     max = train.max(axis=0)  # 训练集最大值
5.     gap = max - min  # 最大值和最小值的差
6.     return min, max, gap
7.
8. y_min, y_max, y_gap = min_max_gap(y_train)
```

保留原始数据。

1. #保留一份原始数据
2. X_data_original=X_train.copy()

使用归一化函数对数据进行处理。

1. X_train,X_test = scaler(X_train,X_test) # 对特征归一化
2. y_train,y_test = scaler(y_train,y_test) # 对标签也归一化

添加一个 x_0 的值，x_0 的值全部为 1。

1. _train0=np.ones((len(X_train),1))
2. print("张量 X_trian 的形状是:%s,维度是：%d"%(X_train.shape,X_train.ndim))
3. X_train=np.append(X_train0,X_train,axis=1)
4. X_test0=np.ones((len(X_test),1))
5. X_test=np.append(X_test0,X_test,axis=1)
6. print("张量 X_data 的形状是:%s,维度是：%d"%(X_train.shape,X_train.ndim))

任务 5　定义房价多元损失函数

和简单线性回归一样，使用 MSE 作为损失函数。

$$\mathrm{MSE}=J(\theta)=\frac{1}{2m}\sum_{i=1}^{m}[h_\theta(x^{(i)})-y^{(i)}]^2 \tag{3.35}$$

在 Python 中我们使用 np.dot 来实现这个操作，即 X.dot(W.T)，这时得到 $[y'-y]$ shape 为 (len(x), 1)，然后进行计算 $[(y'-y)]^2$，最后使用 np.sum($[(y'-y)]^2$) 对矩阵中的值进行求和，得到损失值。实现代码如下：

1. def loss_function(X,y,w):
2. 　　y_hat=X.dot(w.T)
3. 　　loss=y_hat.reshape((len(y_hat)),1)-y
4. 　　cost=np.sum(loss**2)/(2*len(X))
5. 　　return cost

任务 6　定义房价多元梯度下降函数

上一任务定义了损失函数

$$J(\theta)=\frac{1}{2m}\sum_{i=1}^{m}(h_\theta(x^{(i)})-y^{(i)})^2 \tag{3.36}$$

多元线性模型的梯度函数为

$$\nabla\theta=\theta-\frac{\alpha}{m}X^{\mathrm{T}}(X\theta-Y) \tag{3.37}$$

这里分为 4 步骤实现。

第 1 步：实现 $X\theta$，y_hat = X.dot(w)。

在这里 X 的 shape 是(160, 4)，w 的 shape 是(4,)，进行 dot 运算后 y_hat 的 shape 是(160,)

第 2 步：实现 $(X\theta-Y)$。loss=y_hat.reshape((len(y_hat), 1)) – y

对 y_hat.reshape 后，y_hat 的 shape 是(160, 1)，y 的 shape 是(160, 1)，然后再和 y 进行减法得到 loss 的 shape 是(160, 1)。

第 3 步：实现 $\frac{1}{2m}X^T(X\theta-Y)$。derivative=X.T.dot(loss)/2(len(X))。

X 的 shape 为(160, 4)，对 X 做矩阵转置操作，X 的 shape 变为(4, 160)，然后和 loss(160, 1) 进行 dot 操作，可以得到一个 shape 为(4, 1)的矩阵，这个矩阵就是我们求的梯度矩阵（偏导矩阵）。

第 4 步：derivative_w=derivative_w.reshape(len(w))。

进行 derivative_w.reshape(4)操作，derivative_w 的 shape 变为(4,)，然后在进行 w=w-lr*derivative_w 得到更新后的 w 值。

代码如下：

```
1.  def gradient_descent(X,y,w,lr,iter):
2.      l_history=np.zeros(iter)
3.      w_history=np.zeros((iter,len(w)))
4.      for iter in range(iter):
5.          y_hat=X.dot(w)
6.          loss=y_hat.reshape((len(y_hat),1))-y
7.          derivative_w=X.T.dot(loss)/(2*len(X))
8.          derivative_a=derivative_w
9.          derivative_w=derivative_w.reshape(len(w))
10.         w=w-lr*derivative_w
11.         l_history[iter]=loss_function(X,y,w)
12.         w_history[iter]=w
13.         #print(X.shape,y_hat.shape,loss.shape,derivative_a.shape)
14.     return l_history,w_history
```

任务 7 训练房价预测模型

1. 初始化参数

对 iter、lr、weight 给一个初始值，同时计算当前值的损失值并输出。

```
1.  iter=100
2.  lr=0.15
3.  weight=np.array([1,1,1,1,1,1,1,1,1,1,1,1,1])# weitht[0]=bias
4.  print ('当前损失：',loss_function(X_train, y_train, weight))
5.  print(weight.shape)
```

2. 定义线性模型

主要包括两部分内容：调用梯度下降函数开始迭代运算，同时计算准确率。

```
1.  def linear_regression(X,y,weight,lr,iter):
2.     loss_history,weight_history=gradient_descent(X,y,weight,lr,iter)
3.     print("训练最终损失：",loss_history[-1])
4.     y_pred=X.dot(weight_history[-1])
5.     training_acc=100-np.mean(np.abs(y_pred-y))*100
6.     print("线性回归训练准确率:{:.2f}%".format(training_acc))
7.     return loss_history,weight_history
8.
9.  loss_history,weight_history=linear_regression(X_train,y_train,weight,lr,iter)
```

先计算预测值 y_pred 和实际值 y 的差值，并使用 np.abs() 求绝对值，然后使用 np.mean() 求全部距离的平均值，得到预测值 y_pred 和实际值 y 的"距离"，可以通过"距离"的远近作为模型的准确率。

3. 训练模型

调用模型函数运行。

```
1.  loss_history,weight_history=linear_regression(X_train,y_train,weight,lr,iter)
```

输出为：

训练最终损失： 0.004334018335124012
线性回归训练准确率:74.52%

任务 8　计算房价预测模型损失

使用 np.linspace() 函数，生成 x 坐标点，纵坐标为 loss_history，绘制损失曲线。

```
1.  line_x=np.linspace(0,iter,iter)
2.  sns.scatterplot(line_x,loss_history)
3.  plt.show()
```

输出结果如图 3.16 所示。

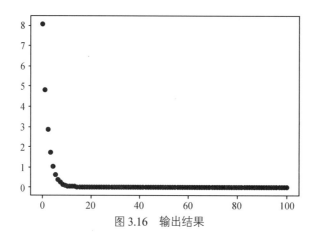

图 3.16　输出结果

任务 9　绘制房价预测拟合曲线

首先使用模型计算 x_test 数据的房价预测值,然后绘制实际房价和预测房价的曲线。

```
1.  x=np.arange(len(X_test))#生成 X 轴数据
2.  print(y_test.shape,y_pred.shape)
3.  df=np.append(y_test,y_hat,axis=1)#拼接生成 y 轴数据
4.  df=df.reshape(40,2)
5.  print(df.shape)
6.  w_d=pd.DataFrame(df,x,["实际值","预测值"])#生成 dataframe 数据
7.  plt.figure(figsize=(15,5))#设置图像大小
8.  sns.lineplot(data=w_d)#绘制折线图
9.  plt.show()
```

代码运行后,输出如图 3.17 所示。

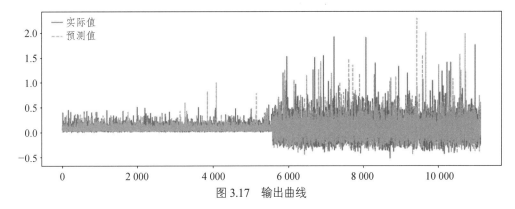

图 3.17　输出曲线

项目 4　使用 Scikit-learn 库实现多项式回归预测工资收入

项目导入

工资数据集中包含有收入、受教育程度、性别、年龄等字段，通过分析可知级别、年龄等都和收入呈现一种非线性关系，这时就需要使用多项式回归来预测收入，在实际工程项目中通常使用 Scikit-learn 库提供的函数来实现多项式回归。

知识目标

（1）了解什么是多项式回归。
（2）了解 Scikit-learn 库的基本用法。
（3）了解线性回归模型评价指标的意义。
（4）了解欠拟合、过拟合的意义。
（5）掌握 L1、L2 正则化的原理。
（6）掌握交叉验证的原理。

能力目标

（1）能使用 Scikit-learnn 库建立线性回归模型。
（2）能使用线性模型评价参数对模型进行评价。
（3）能使用管道完成模型的训练。
（4）能使用 Matplotlib 库绘制模型的拟合曲线。
（5）能使用 Polynomial Features 完成特征的构造。
（6）能使用 L1、L2 正则化参数抑制模型的过拟合。
（7）能使用交叉验证函数完成线性模型的超参数调优。

项目导学

什么情况下使用多项式回归

现在有一个员工的工资数据集，使用 padans 读取数据，并取出职位、级别、工资三个字段，显示如图 4.1 所示。

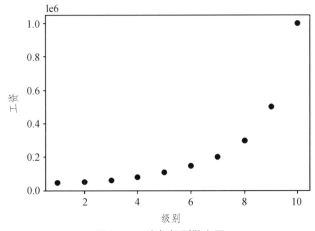

图 4.1　员工的工资数据集

使用 Matplotlib 绘制散点图，X 轴表示级别，Y 轴表示工资收入，如图 4.2 所示。

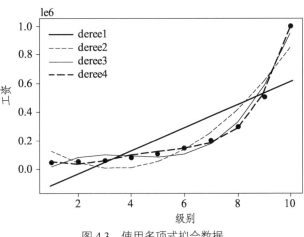

图 4.2　工资与级别散点图

可以看出工资收入和级别之间存在一种非线性的关系，这时如果还是使用一元或者多元线性回归就不能更好地拟合图中的数据点。在实际工作中遇到的很多问题中特征和标签之间都是非线性关系，这时可以在模型中添加 x^2 或者 x^3，拟合的效果就会好很多。

如图 4.3 所示，是分别使用 x^1、x^2、x^3、x^4 拟合的效果。对于这种非线性的数据就需要使用多项式回归来建立模型进行数据的预测。现实生活中呈线性关系的事物联系很少，绝大部分都是非线性的，所以需要建立多项式回归来更好地拟合数据。

图 4.3　使用多项式拟合数据

项目知识点

知识点 1 多项式回归

1. 多项式回归基本知识

在线性回归中,是寻找一条直线来尽可能地拟合数据,但是在大部分情况下并不满足简单的线性回归,例如图 4.4 所示的这种特殊的线性回归的情况。

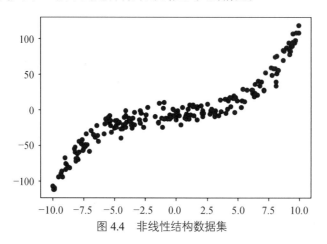

图 4.4 非线性结构数据集

观察该数据分布,发现无法用线性函数拟合,但是可以使用二次函数去拟合,也可以使用三次函数拟合。首先,二次函数的拟合要比一次函数(线性函数)好,次数上升后,拟合效果会更好。通俗地讲,在一元回归和多元回归中加入 x 的二次、三次,甚至是更高次项,直线方程就成为多项式方程,这种特殊的回归方法被称为多项式回归(polynomial regression),如图 4.5 所示。

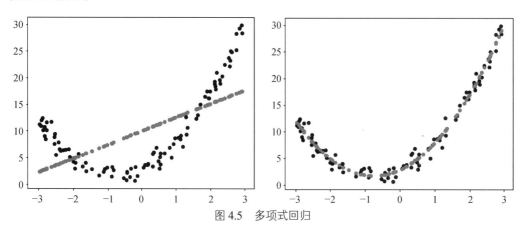

图 4.5 多项式回归

2. 多项式回归模型

多项式回归又分为多元多项式回归和一元多项式回归。一元多项式回归表示为

$$f(x_1) = \theta_0 + \theta_1 x_1 + \theta_2 x_1^2 + \theta_3 x_1^3 + \cdots + \theta_n x_1^n \tag{4.1}$$

多元线性回归方式（二元二次项）表示为

$$f(x_1, x_2) = \theta_0 + \theta_1 x_1 + \theta_2 x_2 + \theta_3 x_1^2 + \theta_4 x_2^2 + \theta_5 x_1 x_2 \qquad (4.2)$$

扩展到 n 个特征的二次项可得

$$f(x_1, x_2, \cdots, x_n) = \theta_0 + \sum_{i=1}^{n} \theta_i x_i + \sum_{i=1}^{n} \theta_{ij} x_i x_j \qquad (4.3)$$

在式（4.2）中，令转化成了多元线性回归，再使用向量简化可得

$$f(x) = \boldsymbol{\theta}^{\mathrm{T}} \boldsymbol{X} \qquad (4.4)$$

式中，$\boldsymbol{\theta}^{\mathrm{T}}$ 表示是特征的权重向量转置，$\boldsymbol{X}$ 表示特征向量或者是矩阵。

知识点 2　Scikit-learn 库

1. Scikit-learn 简介

Scikit-learn（也称为 sklearn）是针对 Python 编程语言的免费软件机器学习库，是一个简单高效的数据挖掘和数据分析工具。它基于 NumPy、SciPy 和 Matplotlib 库构建，实现了机器学习的分类、回归、聚类、降维、模型选择、预处理六大功能，同时它也是一个开源的、可商业使用的机器学习库。如图 4.6 所示为 Scikit-learn 算法选择路径。

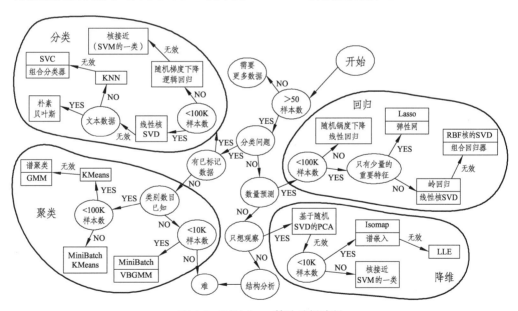

图 4.6　Scikit-learn 算法选择路径

2. 使用 Scikit-learn 建立线性模型

Sklearn 库中 linear_model 模块提供了多个线性模型：LinearRegression 普通线性回归、Ridge 岭回归、Lasso 回归及弹性网等。

在使用时可以先导入 linear_model 模块，然后定义 LinearRegression 模型再使用 fit 函数训练模型，最后使用 predict 函数进行预测，具体代码如下：

```
1.  from sklearn.linear_model import LinearRegression
2.  reg=LinearRegression()
3.  model=reg.fit(X_train,y_train)
4.  print(model)
5.  print(reg.coef_)
6.  print(reg.intercept_)
```

在代码中可以使用 coef 函数输出权重（weight）的值，使用 intercept 函数输出偏置（bias）的值。

知识点 3 PolynomialFeatures 方法

在多项式回归中需要在原有的特征基础上增加新的高次特征，例如有 a、b 两个特征，当最高项为二次时特征为 $1, a, b, ab, a^2, b^2$。通常使用 PolynomialFeatures 构造高次项特征。

PolynomialFeatures 方法主要用于构造高次项，有 3 个常用参数：

① degree：控制多项式的次数。

② interaction_only：默认为"False"，如果指定为"True"，则不会有特征自己和自己结合的项。

③ include_bias：默认为"True"，那么结果中就会有 0 次幂项，即全为 1 这一列。

如下代码所示，使用 PolynomialFeatures 生成了一次和二次多项式。

```
1.  #一次
2.  ploy_reg1=PolynomialFeatures(degree=1)
3.  x1=ploy_reg1.fit_transform(x.reshape(-1,1))
4.  lr1=LinearRegression()
5.  lr1.fit(x1,y)
6.  #二次多项式
7.  ploy_reg2=PolynomialFeatures(degree=2)
8.  x2=ploy_reg2.fit_transform(x.reshape(-1,1))
9.  lr2=LinearRegression()
10. lr2.fit(x2,y)
11. x1.shape,x2.shape
```

代码运行后输出，x1 和 x2 形状分别为 (10, 2) 和 (10, 3)。

知识点 4 使用 Pipeline 机制

Pipeline 是指管道、流水线，顾名思义就是让机器学习像流水线作业一样，将任务分为多个步骤来细线。管道中前几步是转换器（Transformer），输入特征的数据集经过转换器的处理后，输出的结果作为下一步的输入，最后一步的估计器（Estimator）对数据进行分类。每一步的数据输入结构用元组（"名称"，步骤）来表示。例如使用 PolynomialFeatures 进行特征构造时，代码如下：

```
1. x=x.reshape(-1,1)
2. polynomial_reg1 = PolynomialFeatures(degree=1)
3. lr1=LinearRegression()
4. lr1.fit(x,y)
```

在使用 PolynomialFeatures 进行特征构造时，通常会和管道（Pipeline）结合使用，通过管道机制实现对全部步骤的流式化封装和管理。下例中创建一个函数，传入 degree 参数，使用管道完成从特征构造、数据归一化到模型建立的整个过程。

```
1. def PolynomialRegression(degree):
2.     return Pipeline([#构建 pipline
3.         ("poly",PolynomialFeatures(degree=degree)),#构建 polynomialFeatures
4.         ("lin_reg",LinearRegression())#构建线性回归
5.     ])
```

函数定义完毕后可以调用代码：

```
1. lr3=PolynomialRegression(3)
2. lr3.fit(x,y)
3. lr4=PolynomialRegression(4)
4. lr4.fit(x,y)
```

通过调用函数可以生成 3 次方和 4 次方的多项式，并建立模型 lr3 和 lr4。

知识点 5　LinearRegression 模型预测及误差

模型训练完毕后，需要去评价 LinearRegression 模型的好坏，评价线性回归的指标有：均方误差（Mean Squared Error，MSE）、均方根误差（Root Mean Squared Error，RMSE）、平均绝对值误差（Mean Absolute Error，MAE）以及 R 方方法（R Squared），其中 scikit-learn 中使用的是 R Squared 方法。

1. 均方误差 MSE

MSE 表示预测值与实际值之差平方的期望值，取值越小，模型准确度越高。假设建立了两个模型，一个模型使用了 10 个样本，另一个模型使用了 500 个样本，很难判断两个模型哪个更好。先计算模型的实际值和预测值的差 $h_\theta(x^{(i)}) - y^{(i)}$，再将差值平方，除以 m 就可以去除样本数量的影响：

$$\text{MSE} = J(\theta) = \frac{1}{2m}\sum_{i=1}^{m}[h_\theta(x^{(i)}) - y^{(i)}]^2 \quad (4.5)$$

2. 均方根误差 RMSE

RMSE 又叫标准误差，是均方误差的算术平方根。该结果与实际数据的数量级一样，取值越小，模型准确度越高。MSE 对预测值和实际值做了平方，这样会改变量纲。例如预测的值和实际值的单位是万元，MSE 计算出来的是万元的平方，对于这个值难以解释它的含义。所以为了消除量纲的影响，可以对这个 MSE 开方。

$$\text{RMSE} = \sqrt{\frac{1}{2m}\sum_{i=1}^{m}[h_\theta(x^{(i)}) - y^{(i)}]^2} \quad (4.6)$$

例如在房价预测模型中，每平方单位是万元，预测结果单位也是万元。那么差值的平方单位应该是千万级别，这时不太好描述自己做的模型效果，于是对 MSE 开方，这时误差的结果就跟数据是一个级别的，再描述模型可以表述为模型的误差是多少万元。

通过公式可以看到 MSE 和 RMSE 二者是呈正相关的，MSE 值大，RMSE 值也大。

3. 平均绝对误差

绝对误差的平均值，能反映预测值误差的实际情况，取值越小，模型准确度越高。RMSE 为了避免误差出现正负抵消的情况，采用计算差值的平方。MAE 也可以起到同样效果，就是计算差值的绝对值。

$$\text{MAE} = \frac{1}{2m}\sum_{i=1}^{m}\left|h_\theta(x^{(i)}) - y^{(i)}\right| \quad (4.7)$$

上面三个模型解决了样本数量 m 和量纲的影响。但是它们都存在一个相同的问题：当量纲不同时，难以衡量模型效果好坏。

4. 线性回归决定系数 R Square

例如模型在一份房价数据集上预测得到的误差 RMSE 是 5 万元，在另一份学生成绩数据集上得到误差 RMES 是 10 分。凭这两个值，很难知道模型到底在哪个数据集上效果好。

R^2 决定系数（Coefficient of Determination），也称为判定系数或者称拟合优度，用来表征回归方程中自变量对因变量的解释程度，或者用来说明方程对观测值的拟合程度，也可用 R2_score 表示。

如果单纯用残差平方和会受到因变量和自变量绝对值大小的影响，不利于在不同模型之间进行相对比较，而用拟合优度就可以解决这个问题。例如一个模型中的因变量为 10 000, 20 000, ⋯，而另一个模型中因变量为 1, 2, ⋯，这两个模型中第一个模型的残差平方和可能会很大，而另一个会很小，但是这不能说明第一个模型就比第二个模型差。

$$R^2 = 1 - \frac{\sum_{i=1}^{m}[h_\theta(x^{(i)}) - y^{(i)}]^2}{\sum_{i=1}^{m}(\bar{y} - y^{(i)})^2} = 1 - \frac{\text{MSE}}{\text{Var}} \quad (4.8)$$

分子是均方误差，分母是方差，都能直接计算得到，从而快速计算出 R2_score 值。R2_score 可以通俗地理解为使用均值作为误差基准，看预测误差是否大于或者小于均值基准误差。

5. R2_score 的值

第 1 种情况：R2_score=1，即分子为 0，意味着样本中预测值和真实值完全相等，没有任何误差。也就是说我们建立的模型完美拟合了所有真实数据，是效果最好的模型，R2_score

值也达到了最大。但通常模型不会这么完美，总会有误差存在。当误差很小的时候，分子小于分母，模型会趋近 1，仍然是好的模型，随着误差越来越大，R2_score 也会离最大值 1 越来越远，直到出现第 2 种情况。

第 2 种情况：R2_score = 0，此时分子等于分母，样本的每项预测值都等于均值。也就是说我们训练出来的模型和前面说的均值模型完全一样，相当于直接让模型的预测值全取均值。当误差越来越大的时候就出现了第 3 种情况。

第 3 种情况：R2_score < 0，此时分子大于分母，训练模型产生的误差比使用均值产生的还要大，也就是训练模型反而不如直接去均值效果好。出现这种情况，通常是模型本身不是线性关系的，而我们错误使用了线性模型，导致误差很大。

知识点 6　过拟合、欠拟合

欠拟合是指模型学习能力较弱，无法学习到样本数据中的一般规律，因此导致模型泛化能力较弱。而过拟合则恰好相反，是指模型学习能力太强，以至于将样本数据中的个别特点也当成了一般规律。

一个假设在训练数据上不能获得更好地拟合，并且在测试数据集上也不能很好地拟合数据，此时认为这个假设出现了欠拟合的现象（模型过于简单）。

如图 4.7 所示，机器学习到的天鹅特征太少，导致区分标准太粗糙，不能准确识别出天鹅。

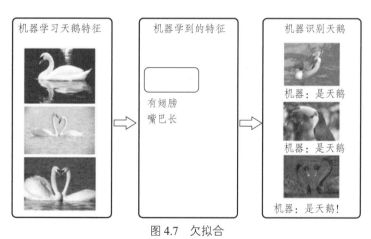

图 4.7　欠拟合

首先使用随机函数生成 200 个 x 点，生成三次方和二次方项的 y 点。

1. x=np.random.uniform(-10,10,size=200)
2. X=x.reshape(-1,1)
3. y=0.1*x**3+0.1*x**2+x+2+np.random.normal(-8,8,size=200)
4. sns.scatterplot(x,y)
5. plt.show()

生成数据图表如图 4.8 所示。

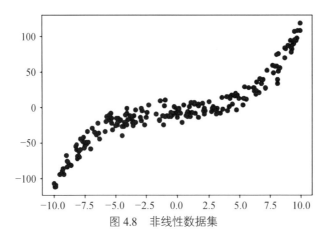

图 4.8　非线性数据集

使用 sklearn 建立线性回归。

1. #使用线性回归
2. from sklearn.linear_model import LinearRegression
3. reg=LinearRegression()
4. reg.fit(x_train,y_train)
5. reg.score(x_train,y_train),reg.score(x_test,y_test),
6. y_pre=reg.predict(X)
7. #sns.scatterplot(x,y)
8. #sns.lineplot(x,y_pre)
9. plt.scatter(x,y)
10. plt.plot(x,y_pre,color='r')
11. plt.show()

得到拟合曲线如图 4.9 所示。

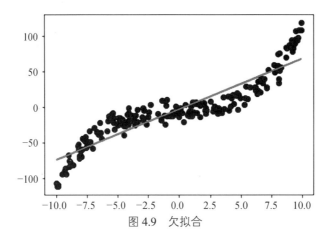

图 4.9　欠拟合

一个假设在训练数据上能够获得比其他假设更好地拟合，但是在测试数据集上却不能很好地拟合数据，此时认为这个假设出现了过拟合的现象（模型过于复杂）。

如图 4.10 所示，机器已经基本能区别天鹅和其他动物，很不巧已有的天鹅图片全是白天鹅的，于是机器经过学习后，会认为天鹅的羽毛都是白色的，以致认为黑天鹅不是天鹅，这时模型就出现了过拟合现象。

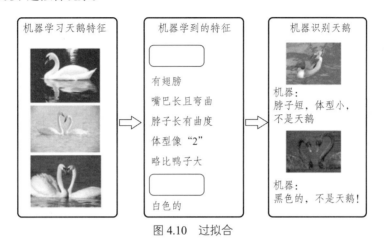

图 4.10 过拟合

过拟合和欠拟合可以如图 4.11 所示，会有两根拟合曲线。

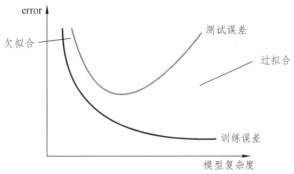

图 4.11 过拟合与欠拟合

对于训练数据集来说，模型越复杂，模型准确率越高。因为模型越复杂，从数据集中学习的"信息"越多，对训练数据集的拟合就越好，相应的模型准确率就越高[4]。

对于测试数据集，在模型很简单的时候，模型的准确率也比较低。随着模型逐渐变复杂，测试数据集的准确率在逐渐提升，提升到一定程度后，如果模型继续变复杂，那么模型准确率将会进行下降（欠拟合→正合适→过拟合）。

过拟合现象，如果有特别多的特征，假设函数曲线可以对原始数据拟合得非常好（$J(\theta) \approx 0$），这时模型丧失了一般性，从而导致对新给的待预测样本，预测效果差。

下面是一个过拟合和欠拟合实例，利用 sklearn 建立多项式回归模型。

1. poly10_reg=PolynomialRegression(10)
2. poly10_reg.fit(x_train,y_train)
3. y10_pre=poly10_reg.predict(X)
4. mean_squared_error(y10_pre,y)

5. plt.scatter(x,y)
6. plt.plot(np.sort(x),y10_pre[np.argsort(x)],color='r')
7. plt.show()

代码运行如图 4.12 所示。

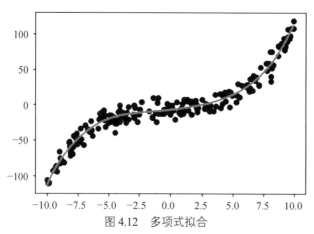

图 4.12　多项式拟合

输出模型的 R2 值：

1. poly10_reg.score(x_train,y_train),poly10_reg.score(x_test,y_test)
2. (0.9688650035408384, 0.9669435724780319)

这时如果继续增加多项式的次数：

1. poly20_reg=PolynomialRegression(20)
2. poly20_reg.fit(x_train,y_train)
3. y20_pre=poly20_reg.predict(X)
4. mean_squared_error(y20_pre,y)
5. poly20_reg.score(x_train,y_train),poly20_reg.score(x_test,y_test)
6. (0.9702235300141263, 0.9651888317408706)

可以看到 R2 的值在继续优化。再继续增加多项式的次数：

1. # dgree=100
2. poly100_reg=PolynomialRegression(50)
3. poly100_reg.fit(x_train,y_train)
4. y100_pre=poly100_reg.predict(X)
5. mean_squared_error(y100_pre,y)
6. poly100_reg.score(x_train,y_train),poly100_reg.score(x_test,y_test)
7. (0.9483884472749826, 0.7530910055856316)

这时可以看到 R2 不增加反而下降了，其中测试集的 R2 值下降更多，出现了过拟合现象。将拟合图像输出，如图 4.13 所示，可以看出随着多项式次数的增加，模型尽量地去拟合每一个点，导致模型失去一般性，也就是泛化能力变得很差。

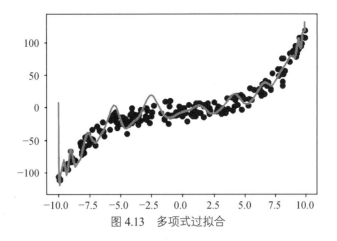

图 4.13 多项式过拟合

知识点 7 L1、L2 正则化

1. L1、L2 正则化的概念

对于多项式模型，回归的阶数越高，模型会越复杂，这时就会出现过拟合现象，如图 4.14 所示。

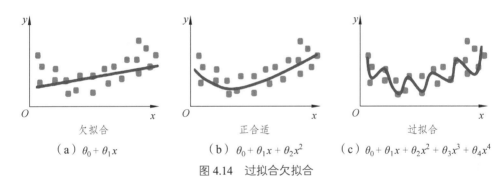

（a）$\theta_0 + \theta_1 x$　　　　（b）$\theta_0 + \theta_1 x + \theta_2 x^2$　　　　（c）$\theta_0 + \theta_1 x + \theta_2 x^2 + \theta_3 x^3 + \theta_4 x^4$

图 4.14 过拟合欠拟合

出现过拟合的原因是高次项的值对预测值的影响过大。这时需要尽量减少高次项对特征的影响，可以在损失函数后面加上惩罚项。惩罚项是指对损失函数中的某些参数做一些限制，如 L1 和 L2 正则化项。

L1 正则化是指权值向量中各个元素的绝对值之和，损失函数通常表示为

$$J(\theta) = \frac{1}{2m}\sum_{i=1}^{m}(y_i - y_i')^2 + \frac{\lambda}{2m}\sum_{j=1}^{n}|\theta_j| \tag{4.9}$$

使用 L1 正则化项，会让模型参数 θ 稀疏化，也就是让模型参数向量里为 0 的元素尽可能多。

L2 正则化是指权值向量中各个元素的平方和，损失函数表达为：

$$J(\theta) = \frac{1}{2m}\sum_{i=1}^{m}(y_i - y_i')^2 + \frac{\lambda}{2m}\sum_{j=1}^{n}\theta_j^2 \tag{4.10}$$

使用 L2 正则化项，则是让模型参数尽可能小，但不会为 0，即尽可能让每一个特征对预测值都有一些小的贡献[5]。

2. L1 正则化的应用：Lasso 回归

Lasso 回归模型是加了 L1 正则项的线性回归模型。L1 是一个带惩罚系数 λ 的 w 向量（L1 范数的含义为向量 w 每个元素绝对值的和）。

它通过构造一个惩罚函数得到一个较为精炼的模型，使得它压缩一些回归系数，即强制系数绝对值之和小于某个固定值，同时设定一些回归系数为零。

下面代码演示了一个 Lasso 的实例，首先定义一个函数，传入参数 degree 和 alpha，其中 alpha 表示惩罚系数。

```
1.  def PolynomialLasso(degree,alpha=1):
2.      return Pipeline([#构建 pipline
3.          ("poly",PolynomialFeatures(degree=degree)),#构建 polynomialFeatures
4.          ("std_scaler",StandardScaler()),#构建归一化 stanarscaler
5.          ("lin_reg",Lasso(alpha=alpha))#构建线性回归
6.      ])
```

代码运行后输出 R2 值，可以看出虽然多项式的次数为 50，但是，测试集和训练集的 R2 值相差不大。

```
1.  la50=PolynomialLasso(50)
2.  la50.fit(x_train,y_train)
3.  y_la50_pre=la50.predict(X)
4.  mean_squared_error(y_la50_pre,y)
5.  la50.score(x_train,y_train),la50.score(x_test,y_test)
6.  (0.9675190007824483, 0.9677130167329214)
```

输出模型的权重

```
1.  la50.named_steps["lin_reg"].coef_
```

输出结果（见图 4.15）可以看出，有多个特征的权重被设置为 0，这样避免了过拟合现象的发生。

```
array([ 0.        ,  7.352725  ,  1.64239165, 29.711957  ,  0.        ,
        6.71099038,  0.        ,  0.20363798,  0.        ,  0.        ,
        0.        ,  0.        ,  0.        ,  0.        ,  0.        ,
        0.        ,  0.        ,  0.        ,  0.        ,  0.        ,
        0.        ,  0.        ,  0.        ,  0.        ,  0.        ,
        0.        ,  0.        ,  0.        ,  0.        ,  0.        ,
        0.        ,  0.        ,  0.        ,  0.        ,  0.        ,
        0.        ,  0.        ,  0.        ,  0.        ,  0.        ,
        0.        ])
```

图 4.15 Lasso 模型输出结果

3. L2 正则化的应用：Rigde 岭回归

岭回归就是使用 L2 正则化的回归模型。正则化的目的是防止过拟合，使曲线尽量平滑，所以在 $J(\theta)$ 后面加了个 $\frac{\lambda}{2m}\sum_{j=1}^{n}\theta_j^2$，其中的 λ 就是 sklearn 中岭回归库 ridge 里的 alpha。

可以从 sklearn 中导入岭回归函数：

1. sklearn.linear_model.Ridge(alpha=1.0, fit_intercept=True, normalize=False, copyX=True, maxiter=None, tol=0.001, solver='auto', random_state=None)

参数含义如下：

① alpha：正则化强度；必须是正浮点数。

② copy X：boolean，可选，默认为 True。如果为 True，将复制 X，否则，它可能被覆盖。

③ fit_intercept：boolean 是否计算此模型的截距。如果设置为 False，则不会在计算中使用截距。

④ maxiter：int，可选参数，共轭梯度求解器的最大迭代次数。对于 sparse、cg 和 lsqr 求解器，默认值由 scipy、sparse、linalg 确定。对于 sag 求解器，默认值为 1 000。

⑤ normalize：boolean，可选，默认为 False，如果为 True，则回归 X 将在回归之前被归一化。当 fit_intercept 设置为 False 时，将忽略此参数。当回归量归一化时，注意到这使得超参数学习更加健壮。

⑥ solver：用于计算的求解方法，常用的值有{auto, svd, cholesky, lsqr, sparse_cgsag}

⑦ tol：float 解的精度。

⑧ random_state：伪随机数生成器的种子，当混洗数据时使用。仅用于 sag 求解器。

其中 λ 称为正则化参数，如果 λ 选取过大，会把所有参数 θ 全部最小化，造成欠拟合，如果 λ 选取过小，会导致对过拟合问题解决不当，使用时可以使用交叉验证选择一个合适的 λ 值。

岭回归与 Lasso 回归最大的区别在于岭回归引入的是 L2 范数惩罚项，Lasso 回归引入的是 L1 范数惩罚项。Lasso 回归使得模型中的许多 θ 均变成 0，这点要优于岭回归，因为岭回归是要所有的 θ 均存在，这样 Lasso 回归计算量将远远小于 Rigde 岭回归，如图 4.16 所示。

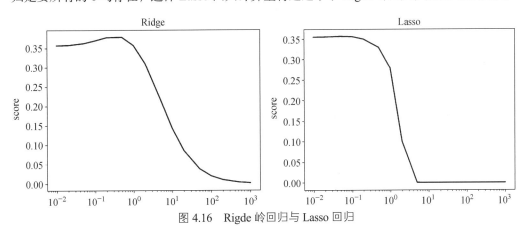

图 4.16 Rigde 岭回归与 Lasso 回归

可以看到，Lasso 回归最终会趋于一条直线，原因就在于大多 θ 值已经均为 0；而岭回归却有一定平滑度，这是因为所有的 θ 值均存在。Rigde 回归的实例代码如下：

```
1. #使用线性回归
2. from sklearn.linear_model import Ridge,Lasso
3.
4. def PolynomialRidge(degree,alpha=1):
```

```
5.    return Pipeline([#构建 pipline
6.      ("poly",PolynomialFeatures(degree=degree)),#构建 polynomialFeatures
7.      ("std_scaler",StandardScaler()),#构建归一化 stanarscaler
8.      ("lin_reg",Ridge(alpha=alpha))#构建线性回归
9.    ])
10. ri50=PolynomialRidge(50)
11. ri50.fit(x_train,y_train)
12. y_ri50_pre=ri50.predict(X)
13. mean_squared_error(y_ri50_pre,y)
14. 
15. ri50.named_steps["lin_reg"].coef_
```

输出特征的权重，如图 4.17 所示，所有的特征都有权重。

```
array([ 0.00000000e+00,  1.23847486e+01,  4.38586563e+00,  1.71157318e+01,
       -1.97065696e+00,  1.14853049e+01, -1.36592523e+00,  6.32920158e+00,
        3.25709948e-02,  2.70456596e+00,  8.77391095e-01,  4.44860105e-01,
        1.11184224e+00, -8.20584605e-01,  9.54506417e-01, -1.42692913e+00,
        6.12755498e-01, -1.62036510e+00,  2.26543104e-01, -1.56676591e+00,
       -1.24342957e-01, -1.37375922e+00, -4.01684524e-01, -1.11013362e+00,
       -5.92813003e-01, -8.19576610e-01, -6.99414997e-01, -5.29639436e-01,
       -7.30387324e-01, -2.57417210e-01, -6.97532253e-01, -1.31377649e-02,
       -6.13102178e-01,  1.97540964e-01, -4.88500079e-01,  3.72027311e-01,
       -3.33679749e-01,  5.09785985e-01, -1.56955078e-01,  6.11642887e-01,
        3.49633859e-02,  6.79297194e-01,  2.36816241e-01,  7.14974904e-01,
        4.44594389e-01,  7.21182201e-01,  6.55328375e-01,  7.00531200e-01,
        8.66889092e-01,  6.55619074e-01,  1.07781025e+00])
```

图 4.17 Rigde 岭回归模型权重

绘制拟合图像：

```
1. plt.scatter(x,y)
2. plt.plot(np.sort(x),y_ri50_pre[np.argsort(x)],color='r')
3. plt.show()
```

输出如图 4.18 所示。

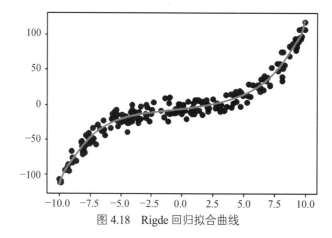

图 4.18 Rigde 回归拟合曲线

知识点 8　交叉验证

交叉验证是机器学习常用的一种方法，使用时将全部样本划分成 k 个大小相等的样本子集；依次遍历这 k 个子集，每次把当前子集作为验证集，其余所有样本作为训练集，进行模型的训练和评估；最后把 k 次评估指标的平均值作为最终的评估指标。在实际实验中，k 通常取 10。例如这里取 $k=10$，如图 4.19 所示。

先将原数据集分成 10 份，再分别将其中的一份作为测试集，剩下的 9 份作为训练集，此时训练集就变成了 $k \times D$（D 表示每一份中包含的数据样本数）。

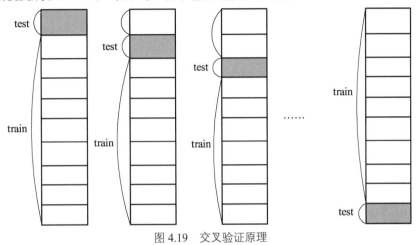

图 4.19　交叉验证原理

最后计算 k 次求得的分类率的平均值，作为该模型或者假设函数的真实分类率，可以使用 cross_val_score 方法完成交叉验证，用法如下。

cross_val_score 参数设置为：

1. sklearn.model_selection.cross_val_score（estimator，X，y=None，groups=None，scoring=None，cv='warn'，n_jobs=None，verbose=0，fit_params=None，pre_dispatch='2*n_jobs'，error_score='raise-deprecating'）

各参数含义如下：

① estimator：需要使用交叉验证的算法。

② X：输入样本数据。

③ y：样本标签。

④ groups：将数据集分割为训练/测试集时使用的样本的组标签。

⑤ scoring：交叉验证最重要的就是它的验证方式，选择不同的评价方法，会产生不同的评价结果。具体可用评价指标，官方已给出详细解释。

⑥ cv：交叉验证折数或可迭代的次数。

⑦ n_jobs：同时工作的 CPU 个数（-1 代表全部）。

⑧ verbose：详细程度。

⑨ fit_params：传递给估计器（验证算法）的拟合方法的参数。

⑩ pre_dispatch：控制并行执行期间调度的作业数量。减少这个数量对于避免在 CPU 发送更多作业时 CPU 内存消耗的扩大是有用的。

知识点 9　模型的保存和加载

机器学习的模型训练完毕后，需要保存模型，并在使用时加载模型，可以使用 pickle 或 joblib 库将模型保存为二进制或压缩文件。pickle 和 joblib 库都具有很高的压缩效率和加载速度，适合保存中小型的机器学习模型。但是，由于 pickle 和 joblib 是 Python 自带的库，跨语言使用比较困难。

```
1. import joblib
2. # 训练好的模型对象
3. model = ...
4. # 将模型保存为文件
5. joblib.dump(model, 'model.pkl')
6. # 从文件中加载模型
7. model = joblib.load('model.pkl')
```

模型保存的格式有多种，可以保存为 JSON、HDF5、PMML。JSON 是字符串格式，这种方式适用于一些轻量级模型。将模型保存为 JSON 格式的代码如下：

```
1. import json
2. 
3. # 训练好的模型对象
4. model = ...
5. # 将模型参数转换为 JSON 格式字符串
6. model_json = model.to_json()
7. # 将 JSON 字符串保存到文件
8. with open('model.json', 'w') as file:
9.     json.dump(model_json, file)
10. # 从文件中加载模型
11. with open('model.json', 'r') as file:
12.     model_json = json.load(file)
13. 
14. model = model_from_json(model_json))
```

对于一些大型和复杂的模型，可以使用 h5py 或 Keras 库将模型保存为 HDF5 格式文件。这种方式不仅可以保存模型参数，还可以保留模型的结构信息，同时它还是一种跨平台的二进制格式，可以很方便地在不同的机器上使用相同的模型。将模型保存为 HDF5 格式的代码如下：

```
1. import h5py
2. 
3. # 训练好的模型对象
4. model = ...
5. 
6. # 将模型保存为 HDF5 格式文件
```

```
7.  model.save_weights('model.h5')
8.
9.  # 从文件中加载模型
10. model = create_model()
11. model.load_weights('model.h5')
```

如果需要在不同的机器学习平台中使用同一个模型，可以将模型保存为 Predictive Model Markup Language（PMML）格式文件。PMML 可以描述和交换机器学习模型和数据，是跨平台和跨语言的。将模型保存为 PMML 格式的代码如下：

```
1.  from sklearn2pmml import sklearn2pmml
2.
3.  # 训练好的模型对象
4.  model = ...
5.
6.  # 将模型保存为 PMML 格式文件
7.  sklearn2pmml(model, 'model.pmml')
8.
9.  # 从文件中加载模型
10. from sklearn_pmml import PMMLPipeline
11.
12. model = PMMLPipeline.from_pmml('model.pmml')
```

将模型保存为 PMML 格式时需要使用第三方库，而且保存和加载过程也比较复杂。因此，只有在需要在不同的机器学习平台上使用同一个模型时才会考虑使用此方法。

工作任务

在竞争激烈的市场竞争中，预测职位的薪酬对于企业的人力资源和人才职能至关重要，可以优化薪酬政策吸引人才。本任务以企业现有的招聘数据集建立一个薪酬预测模型，为企业管理者和应聘者提供一个薪酬预测依据。

任务 1　薪酬预测数据集处理

项目数据集包括两个 csv 文件：train_features.csv 文件保存 7 个特征数据，train_salaries.csv 保存薪酬数据（标签）。两个文件通过 jobId 进行关联。使用 pd.read_csv 函数打开数据集，打开特征数据代码如下：

```
1.  # 导入包
2.  import pandas as pd
3.  import matplotlib.pyplot as plt
4.  import numpy as np
```

```
5.  #显示中文
6.  plt.rcParams['font.sans-serif']=['SimHei']
7.  plt.rcParams['axes.unicode_minus']=False
8.  #打开数据集
9.  df_train=pd.read_csv("./train_features.csv",nrows=20000)
10. df_train.head()
```

代码运行结果显示特征数据集的前 5 行数据，如图 4.20 所示。

	jobId	companyId	jobType	degree	major	industry	yearsExperience	milesFromMetropolis
0	JOB1362684407687	COMP37	CFO	MASTERS	MATH	HEALTH	10	83
1	JOB1362684407688	COMP19	CEO	HIGH_SCHOOL	NONE	WEB	3	73
2	JOB1362684407689	COMP52	VICE_PRESIDENT	DOCTORAL	PHYSICS	HEALTH	10	38
3	JOB1362684407690	COMP38	MANAGER	DOCTORAL	CHEMISTRY	AUTO	8	17
4	JOB1362684407691	COMP7	VICE_PRESIDENT	BACHELORS	PHYSICS	FINANCE	8	16

图 4.20 薪酬预测特征数据集

数据集中的特征的含义如下所示：

① jobId：应聘人员的 ID。

② companyId：公司 ID。

③ degree：申请人学历，包括高中（HIGH_SCHOOL）、无学历（NONE）、学士（BACHELORS）、博士（DOCTORAL）、硕士（MASTERS）。

④ major：学位专业，包括无（NONE）、化学（CHEMISTRY）、文学（LITERATURE）、工学（ENGINEERING）、商务（BUSINESS）、物理学（PHYSICS）、计算机（COMPSCI）、生物学（BIOLOGY）、数学（MATH）。

⑤ jobType：应聘的职位。

⑥ Industry：Job ID 的分类行业，如石油、汽车、健康、金融等。

⑦ yearsExpericenc：职位所需的工作经验（年）。

⑧ Milesfrom Metropoli：工作地点距离最近的城市的距离。

⑨ salray 工资：薪资，单位为千元。

使用 pd.read_csv 函数打开 train_salaries.csv 文件代码如下：

```
1.  df_salary=pd.read_csv("./train_salaries.csv")
2.  df_salary.head()
```

运行代码后显示薪酬的前 5 行数据如图 4.21 所示。

	jobId	salary
0	JOB1362684407687	130
1	JOB1362684407688	101
2	JOB1362684407689	137
3	JOB1362684407690	142
4	JOB1362684407691	163

图 4.21 薪酬数据集

任务 2　数据集的检查与处理

读取数据集后需要检查数据集是否有空，查看数据的类型，同时将两个数据集合并。首先使用 info 方法分别数据集，代码如下：

1. #薪酬预测特征数据集信息
2. df_train.info()
3. #查看薪资数据集
4. df_salary.info()

代码运行后，通过输出信息可以看出，薪酬预测特征数据集有 20 000 条数据，薪资数据集有 1 000 000 条数据，结果如图 4.22 所示。

```
<class 'pandas.core.frame.DataFrame'>
RangeIndex: 20000 entries, 0 to 19999
Data columns (total 8 columns):
 #   Column              Non-Null Count   Dtype
---  ------              --------------   -----
 0   jobId               20000 non-null   object
 1   companyId           20000 non-null   object
 2   jobType             20000 non-null   object
 3   degree              20000 non-null   object
 4   major               20000 non-null   object
 5   industry            20000 non-null   object
 6   yearsExperience     20000 non-null   int64
 7   milesFromMetropolis 20000 non-null   int64
dtypes: int64(2), object(6)
memory usage: 1.2+ MB
```

```
<class 'pandas.core.frame.DataFrame'>
RangeIndex: 1000000 entries, 0 to 999999
Data columns (total 2 columns):
 #   Column   Non-Null Count     Dtype
---  ------   --------------     -----
 0   jobId    1000000 non-null   object
 1   salary   1000000 non-null   int64
dtypes: int64(1), object(1)
memory usage: 15.3+ MB
```

图 4.22　数据集详细信息

使用检查 isnull 方法检查薪酬预测特征数据集是否有缺失，代码如下：

1. df_train.isnull().sum()

运行代码后输出数据检查的结果，可以看出所有的特征字段没有缺失值，如图 4.23 所示。

```
jobId                  0
companyId              0
jobType                0
degree                 0
major                  0
industry               0
yearsExperience        0
milesFromMetropolis    0
dtype: int64
```

图 4.23　薪酬预测特征数据集检查结果

最后使用 merge 方法以 "jobId" 为关键字，按照 "inner" 方式，将 df_train 特征数据（特征）和 df_salary 薪酬数据（标签）中主键一致的行保留，将列合并，检查合并后的数据集，代码如下：

1. #合并数据集
2. df_data=pd.merge(df_train,df_salary,on="jobId",how='inner')
3. df_data.head()

4. #检查合并后的数据是否有空值
5. df_data.isnull().sum()

运行代码后,输出合并后的结果,如图 4.24 所示。

	jobId	companyId	jobType	degree	major	industry	yearsExperience	milesFromMetropolis	salary
0	JOB1362684407687	COMP37	CFO	MASTERS	MATH	HEALTH	10	83	130
1	JOB1362684407688	COMP19	CEO	HIGH_SCHOOL	NONE	WEB	3	73	101
2	JOB1362684407689	COMP52	VICE_PRESIDENT	DOCTORAL	PHYSICS	HEALTH	10	38	137
3	JOB1362684407690	COMP38	MANAGER	DOCTORAL	CHEMISTRY	AUTO	8	17	142
4	JOB1362684407691	COMP7	VICE_PRESIDENT	BACHELORS	PHYSICS	FINANCE	8	16	163

图 4.24　数据集合并结果

合并后的数据还需要使用 isnull 进行检查,判断是否有缺失的值,结果如图 4.25 所示。

```
jobId                  0
companyId              0
jobType                0
degree                 0
major                  0
industry               0
yearsExperience        0
milesFromMetropolis    0
salary                 0
dtype: int64
```

图 4.25　合并后数据集检查结果

由于薪资的特殊性,还需要检查数据集中是否有 "salary" 为 0 的情况。使用 len 方法检查,输出结果为 0,表示数据集中没有薪资为 0 的样本,然后输出数据集的 shape 为(20 000,9),代码如下:

1. #检查薪水为 0 的数据
2. len(df_data[df_data['salary']==0])
3. df_data = df_data[df_data.salary!= 0]

任务 3　数据集 object 类型数据处理

首先使用 reset_index 对合并后的数据集的索引进行重置,并将重置的索引列从数据集中删除,然后使用 unnique 检查数据的重复性,代码如下:

1. #索引重置
2. df_data.reset_index(drop = True).head()
3. #检查数据的重复性
4. df_data.nunique()

运行代码后,可以看出:20 000 条数据样本来自 63 家公司;这些公司在 7 个不同行业中,共有 8 种工作类型;应聘人员包括 5 个学历层次,来自 9 个大类专业;工作经验值类型有 25 类;应聘人员的住址和公司的距离有 100 类;薪资有 241 个类型。如图 4.26 所示。

```
jobId                20000
companyId               63
jobType                  8
degree                   5
major                    9
industry                 7
yearsExperience         25
milesFromMetropolis    100
salary                 241
dtype: int64
```

图 4.26　合并后数据集重复项检查

接下来需要对数据样本做重复性检查，同时查看特征的类型，方便后续进行处理。这里使用 duplicated 方法检查样本的重复性，然后使用 dtypes 检测特征的类型，代码如下：

```
1.  #数据检查重复值
2.  df_data.duplicated().any()
3.  #检查特征的类型
4.  df_data.dtypes
```

运行代码后，首先输出"False"，表示样本没有重复，然后输出特征的类型，可以看出有 6 列数据是 object 类型，如图 4.27 所示。

```
jobId                   object
companyId               object
jobType                 object
degree                  object
major                   object
industry                object
yearsExperience          int64
milesFromMetropolis      int64
salary                   int64
dtype: object
```

图 4.27　数据集的类型

使用 dtypes 查看特征的类型后，需要对 object 类型的数据进行 one-hot（独热编码），但是在做 one-hot 编码前需要将"jobId"和"companyId"删除，这是因为这两个特征字段表示的是一个索引值，代码如下：

```
1.  #删除几个 ID  Company ID, Job ID, Company ID
2.  df_data=df_data.drop("jobId",axis=1)
3.  df_data=df_data.drop("companyId",axis=1)
4.  df_data.head()
```

运行代码后，显示删除后的数据集，如图 4.28 所示。

	jobType	degree	major	industry	yearsExperience	milesFromMetropolis	salary
0	CFO	MASTERS	MATH	HEALTH	10	83	130
1	CEO	HIGH_SCHOOL	NONE	WEB	3	73	101
2	VICE_PRESIDENT	DOCTORAL	PHYSICS	HEALTH	10	38	137
3	MANAGER	DOCTORAL	CHEMISTRY	AUTO	8	17	142
4	VICE_PRESIDENT	BACHELORS	PHYSICS	FINANCE	8	16	163

图 4.28 删除后的数据集

使用 get_dummies 对数据集中的 object 字段进行 one-hot 编码，代码如下所示：

1. df_data = pd.get_dummies(df_data)
2. df_data.head()

运行代码后输出 one-hot 编码的数据集，这时数据集的 shape 为(5, 32)，结果如图 4.29 所示。

	yearsExperience	milesFromMetropolis	salary	jobType_CEO	jobType_CFO	jobType_CTO	jobType_JANITOR	jobType_JUNIOR	jobType_MANAGER	jobType_S
0	10	83	130	0	1	0	0	0	0	0
1	3	73	101	1	0	0	0	0	0	0
2	10	38	137	0	0	0	0	0	0	0
3	8	17	142	0	0	0	0	0	1	0
4	8	16	163	0	0	0	0	0	0	0

5 rows × 32 columns

图 4.29 one-hot 后的数据集

使用 info 方法，输出 one-hot 编码的数据集字段，如图 4.30 所示。

```
<class 'pandas.core.frame.DataFrame'>
Int64Index: 20000 entries, 0 to 19999
Data columns (total 32 columns):
 #   Column                  Non-Null Count  Dtype         16  major_BIOLOGY           20000 non-null  uint8
---  ------                  --------------  -----         17  major_BUSINESS          20000 non-null  uint8
 0   yearsExperience         20000 non-null  int64         18  major_CHEMISTRY         20000 non-null  uint8
 1   milesFromMetropolis     20000 non-null  int64         19  major_COMPSCI           20000 non-null  uint8
 2   salary                  20000 non-null  int64         20  major_ENGINEERING       20000 non-null  uint8
 3   jobType_CEO             20000 non-null  uint8         21  major_LITERATURE        20000 non-null  uint8
 4   jobType_CFO             20000 non-null  uint8         22  major_MATH              20000 non-null  uint8
 5   jobType_CTO             20000 non-null  uint8         23  major_NONE              20000 non-null  uint8
 6   jobType_JANITOR         20000 non-null  uint8         24  major_PHYSICS           20000 non-null  uint8
 7   jobType_JUNIOR          20000 non-null  uint8         25  industry_AUTO           20000 non-null  uint8
 8   jobType_MANAGER         20000 non-null  uint8         26  industry_EDUCATION      20000 non-null  uint8
 9   jobType_SENIOR          20000 non-null  uint8         27  industry_FINANCE        20000 non-null  uint8
 10  jobType_VICE_PRESIDENT  20000 non-null  uint8         28  industry_HEALTH         20000 non-null  uint8
 11  degree_BACHELORS        20000 non-null  uint8         29  industry_OIL            20000 non-null  uint8
 12  degree_DOCTORAL         20000 non-null  uint8         30  industry_SERVICE        20000 non-null  uint8
 13  degree_HIGH_SCHOOL      20000 non-null  uint8         31  industry_WEB            20000 non-null  uint8
 14  degree_MASTERS          20000 non-null  uint8         dtypes: int64(3), uint8(29)
 15  degree_NONE             20000 non-null  uint8         memory usage: 1.2 MB
```

图 4.30 one-hot 后的数据集类型

任务 4 数据集的预处理

1. 数据相关性分析

特征与标签的相关性分析是特征工程的重要步骤。本项目使用 corr 函数对特征之间的相关性进行分析，代码如下：

```
1. #求相关系数并输出
2. df_data_corr = df_data.corr()
3. df_data_corr
4. #使用热力图现实性相关性
5. import seaborn as sns
6. plt.subplots(figsize = (40, 30))
7. sns.heatmap(df_data_corr, cmap = 'BuGn', linewidth = 0.005, annot = True)
8. plt.show()
```

运行代码后首先输出特征之间的相关系数,结果如图 4.31 所示。

	yearsExperience	milesFromMetropolis	salary
yearsExperience	1.000000	-0.008755	0.374719
milesFromMetropolis	-0.008755	1.000000	-0.302360
salary	0.374719	-0.302360	1.000000
jobType_CEO	-0.006509	-0.010731	0.286930
jobType_CFO	0.007476	-0.005507	0.194231
jobType_CTO	-0.005536	-0.004217	0.192219
jobType_JANITOR	0.003790	0.010813	-0.447989
jobType_JUNIOR	-0.000147	0.003689	-0.190563
jobType_MANAGER	-0.010193	0.000899	-0.008175
jobType_SENIOR	0.002621	0.009400	-0.108330
jobType_VICE_PRESIDENT	0.008380	-0.004679	0.088300
degree_BACHELORS	-0.000038	-0.019051	0.114173
degree_DOCTORAL	0.003899	0.004095	0.236462
degree_HIGH_SCHOOL	-0.008730	0.007648	-0.205494
degree_MASTERS	0.003308	0.002869	0.169434
degree_NONE	0.002313	0.003149	-0.256779
major_BIOLOGY	-0.001542	-0.006025	0.068575
major_BUSINESS	0.003022	-0.011106	0.131420
major_CHEMISTRY	-0.001319	0.001421	0.093397
major_COMPSCI	-0.001492	-0.003312	0.099203
major_ENGINEERING	0.005667	0.004316	0.138637
major_LITERATURE	0.001112	-0.012735	0.054795
major_MATH	-0.003852	0.001974	0.112536
major_NONE	-0.004539	0.008426	-0.372286
major_PHYSICS	0.008258	0.007302	0.095966
industry_AUTO	-0.008815	-0.010839	-0.068123
industry_EDUCATION	0.013635	-0.001280	-0.177157
industry_FINANCE	-0.002355	0.005080	0.151693
industry_HEALTH	-0.002974	-0.007157	0.003091
industry_OIL	0.000901	0.013207	0.162263
industry_SERVICE	-0.006195	-0.002990	-0.128049
industry_WEB	0.005760	0.004013	0.056094

32 rows × 32 columns

图 4.31 corr 相关系数

通过相关性分析,可以得到经验(yearsExperience)与薪资(salary)的相关性最高,jobType 特征如首席财务官(jobType_CFO)、首席技术官(jobType_CTO)和首席执行官(jobType_CEO)也与薪资(salary)有很高的相关性。此外学历特征(degree)博士学位(degree_DOCTORAL)与更高的工资相关。

2. 生成训练集和测试集

使用 drop 函数将 "salary" 特征删除,生成 X 和 y,将数据拆分为训练集(80%)和测试集(20%),最后输出测试集和验证集的形状,代码如下:

```
1. #生成 X 和 y
2. y=np.array(df_data["salary"])
3. X=np.array(df_data.drop("salary",axis=1))
4. #拆分数据集
5. from sklearn.model_selection import train_test_split
6. x_train, x_test, y_train, y_test = train_test_split(X, y, test_size=0.20, random_state=40)
7. #输出 shape
8. print("Nmber of training samples:",x_train.shape[0])
9. print("Nmber of test samples :", x_test.shape[0])
```

代码运行后输出 x_train 和 x_test 分别为 159999 和 40000。

任务5　使用简单线性回归预测薪资

1. 建立简单线性回归模型

首先使用简单线性回归搭建薪资预测模型，并训练输出 MSE 和 R-square，最后绘制拟合曲线，代码如下：

```
1.  #导入 sklearn 库
2.  from sklearn.pipeline import Pipeline
3.  from sklearn.preprocessing import StandardScaler,PolynomialFeatures
4.  from sklearn.linear_model import LinearRegression
5.  #建立简单线性模型
6.  lr = LinearRegression()
7.  #训练模型
8.  lr.fit(x_train, y_train)
9.  #使用模型预测
10. y_hat = lr.predict(x_test)
11. print("The first 5 predictied salaries: ", y_hat[0:5])
```

运行代码后输出使用模型预测的前 5 名应聘人员的工资："The first 5 predictied salaries：[136.01080322 170.28039551 54.55615234 46.45739746 127.53503418]"。

模型训练完毕后可以使用 lr.coef_ 和 lr.intercept_ 分别输出模型的权重和偏置量，代码如下：

```
1.  #输出 weight、和 bias
2.  print("The Slope is: ", lr.coef_)
3.  print("The Intercept is: ", lr.intercept_)
```

运行代码后，输出模型的参数，包含权重参数 31 个，偏置量 1 个，如图 4.32 所示。

```
The Slope is:  [ 2.01415027e+00 -3.99426154e-01  1.62638701e+11  1.62638701e+11
  1.62638701e+11  1.62638701e+11  1.62638701e+11  1.62638701e+11
  1.62638701e+11  1.62638701e+11  2.42038990e+11  2.42038991e+11
  2.42038990e+11  2.42038990e+11  2.42038990e+11 -5.09901421e+10
 -5.09901421e+10 -5.09901421e+10 -5.09901421e+10 -5.09901421e+10
 -5.09901421e+10 -5.09901421e+10 -5.09901421e+10 -5.09901421e+10
  7.66323281e+10  7.66323281e+10  7.66323281e+10  7.66323281e+10
  7.66323281e+10  7.66323281e+10  7.66323281e+10]
The Intercept is:  -430319877564.33826
```

图 4.32　简单线性模型参数

计算 MSE 和 R_square 首先需要使用模型对数据进行预测，代码如下：

```
1.  #预测 test 值
2.  y_hat=lr.predict(x_test) #Predicting the training data
3.  y_hat
```

运行代码后，输出预测值 y_hat，如图 4.33 所示。

```
array([136.01080322, 170.28039551,  54.55615234, ...,  87.85461426,
       149.52197266, 114.67028809])
```

图 4.33　输出预测值

接下来导入 mean_squared_error 计算 MSE，代码如下：

```
1.  #计算 MSE
2.  from sklearn.metrics import mean_squared_error
3.  mse = mean_squared_error(y_test, y_hat)
4.  print("Mean Squared Error is: ", mse)
5.  #计算 score
6.  print('The R-square is: ', lr.score(X,y))
```

运行代码后输出简单线性模型 MSE 值，如图 4.34 所示。

```
Mean Squared Error is:  389.81173535072367
The R-square is:  0.7429970614968049
```

图 4.34　简单线性模型的 MSE

2. 绘制拟合曲线

上一步已经建立模型并使用模型得到了预测值 y_hat，这时通常需要使用可视化函数绘制出实际标签值和预测值，得到实际值和预测值之间的分布，代码如下：

```
1.  #定义分布绘制函数
2.  def DistributionPlot(RedFunction, BlueFunction, RedName, BlueName, Title):
3.      width = 10
4.      height = 8
5.      plt.figure(figsize=(width, height))
6.
7.      ax1 = sns.distplot(RedFunction, hist=False, color="r",label=RedName)
8.      ax2 = sns.distplot(BlueFunction, hist=False, color="b",label=BlueName)
9.
10.     plt.title(Title)
11.     plt.xlabel('Salary')
12.     plt.ylabel('Mean Values')
13.     ax=plt.gca()
14.     ax.legend()
15.     plt.show()
16.     plt.close()
```

17.
18. #调用函数绘制分布图
19. Title = 'Distribution Plot of Actual Values vs. Predicted Values with Training Data'
20. DistributionPlot(y_train, y_hat, "Actual Values (Train)", "Predicted Values (Train)", Title)

绘制分布图功能通过函数 DistributionPlot 实现，调用函数时传入 5 个参数：RedFunction（标签值）、BlueFunction（预测值）、RedName（图例 1 名称）、BlueName（图例 2 名称）、Title（分布图的标题）。运行代码后数据标签值和实际值的分布如图 4.35 所示，可以看出预测值与实际值的平均值几乎相同，略高于真实值。

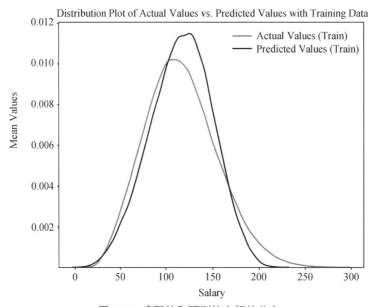

图 4.35　实际值和预测值之间的分布

绘制测试集的分布曲线，与训练集类似，首先计算测试集的预测值 y_hat_test，然后调用绘制函数，代码如下：

1. #计算测试数据集的预测值
2. y_hat_test = lr.predict(x_test)
3. print("First 5 predictios: ", y_hat_test[0:5])
4. #绘制分布图
5. Title = 'Distribution Plot of Actual Values vs. Predicted Values with Testing Data'
6. DistributionPlot(y_test, y_hat_test, "Actual Values (Test)", "Predicted Values (Test)", Title)

运行代码后输出测试集与真实值的分布，可以看出测试集合的预测值和真实值的平均值几乎相同，也是略高于实际值，如图 4.36 所示。

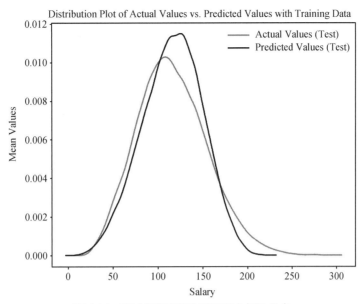

图 4.36　测试集实际值和预测值之间的分布

任务 6　使用多项式回归预测薪资

使用简单线性回归搭建薪资预测模型，训练输出 MSE 和 R-square，绘制拟合曲线，代码如下：

```
1.  #进行特征增益
2.  p = PolynomialFeatures(2)
3.  #生成特征的二次项
4.  x_train_p = p.fit_transform(x_train)
5.  x_test_p = p.fit_transform(x_test)
6.  print(p)
7.  #建立简单线性模型
8.  poly = LinearRegression()
9.  poly.fit(x_train_p, y_train)
10. #使用多项式回归预测
11. y_hat_ptrain = poly.predict(x_train_p)
12. print("First 5 salary Predictions on training data: ", y_hat_ptrain[0:5])
13. #调用函数绘制分布图
14. Title = 'Distribution Plot of Actual Values vs. Predicted Values'
15. DistributionPlot(y_train, y_hat_ptrain, "Actual Values (Train)", "Predicted Values (Train)", Title)
```

代码分为三个部分，首先使用 PolynomialFeatures 对特征进行增益，使用 fit 方法生成特征的二次项，然后建立多项式模型并预测值，最后使用模型分布绘制函数绘制标签值和预测值的分布图，如图 4.37 所示。

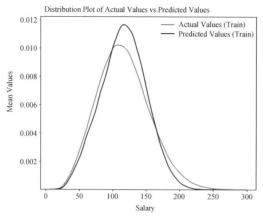

图 4.37 多项式回归测试集实际值和预测值之间的分布

任务 7　使用岭回归预测薪资

岭回归是加了正则化。使用岭回归预测薪资，代码如下：

```
1. #建立岭回归模型
2. rg = Ridge(alpha = 1.0)
3. rg.fit(x_train_p, y_train)
4. rg.score(x_test_p, y_test)
5. #生成预测值
6. y_hat_rtrain = rg.predict(x_train_p)
7. print("First 5 Salary Predictions on training data: ", y_hat_rtrain[0:5])
8. print("First 5 Actual Training Values: ", y_train[0:5].values)
9. #绘制分布曲线
10. Title = 'Distribution Plot of Actual Values vs. Predicted Values'
11. DistributionPlot(y_train, y_hat_rtrain, "Actual Values (Train)", "Predicted Values (Train)", Title)
```

代码分为三部分，第一部分建立岭回归模型，第二部分生成预测值，第三部分调用函数绘制分布曲线，运行代码后如图 4.38 所示。

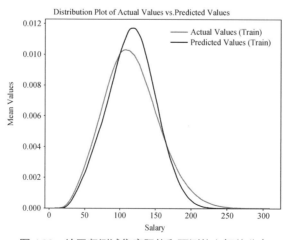

图 4.38　岭回归测试集实际值和预测值之间的分布

本项目使用了简单线性回归、二次多项式回归和岭回归，并分别绘制了分布图，还可以通过 MSE 和 R-square 的值来判断选择哪个模型，代码如下：

```
1.  print("MSE for Linear Regression: ", mse.round())
2.  print('The R-square is: ', lr.score(X,y))
3.  print("MSE for Polynomial Regressor: ", mean_squared_error(y_test, y_hat_ptest).round())
4.  print('Test Data R-square: ', poly.score(x_test_p, y_test))
5.  print("MSE for Ridge Regressor: ", mean_squared_error(y_test, y_hat_rtest).round())
6.  print('Test Data R-square: ', rg.score(x_test_p, y_test))
```

代码运行后分别输出 Linear Regression、Polynomial Regressor、Ridge Regressor 的 MSE 和 R-square，可以看出 Polynomial Regressor 的 MSE 最小，R-square 值最大，所以本任务选择使用二次多项式回归，如图 4.39 所示。

```
MSE for Linear Regression:  390.0
The R-square is:  0.7429970614968049
MSE for Polynomial Regressor:  359.0
Test Data R-square:  0.7616746879440635
MSE for Ridge Regressor:  359.0
Test Data R-square:  0.7616744436754256
```

图 4.39　三种回归模型的 MSE 和 R_square 对比

任务 8　建立预测薪资模型并保存

确定使用多项式回归作为项目的模型后，接下来需要建立自动化管道（pipe），通过自动化管道完成模型的训练和预测的过程，同时保存模型，代码如下：

```
1.  #建立管道
2.  input = [('scale', StandardScaler()), ('transformation', PolynomialFeatures(include_bias = False)),
3.          ('model', LinearRegression())] #We do not need a bias column where all polynomial powers are 0
4.  pipe = Pipeline(input)
5.  #输出管道
6.  pipe
```

代码中使用 pipe 函数建立一个管道对象，并将管道的信息输出，运行代码后输出如图 4.40 所示。

```
Pipeline(steps=[('scale', StandardScaler()),
                ('transformation', PolynomialFeatures(include_bias=False)),
                ('model', LinearRegression())])
```

图 4.40　使用管道建立多项式模型

模型建立后需要训练模型，对模型进行测试并保存模型，代码如下：

```
1.  #训练模型
2.  #Fit Pipeline to data
3.  poly_model = pipe.fit(X,y)
4.  #使用模型预测
5.  y_hat_pipe = pipe.predict(X)
6.  y_hat_pipe[0:5]
7.  #保存模型
8.  import joblib
9.  filename = 'Salary_Prediction_PolynomialModel.pkl'
10. joblib.dump(poly_model, filename)
```

代码中使用 joblib 库用于保存模型，其具有很高的压缩效率和加载速度，适合保存中小型的机器学习模型。但是由于 pickle 和 joblib 是 Python 自带的库，跨语言使用比较困难，代码运行后会在当前工程目录下生成一个.pkl 的模型文件。

任务 9 加载预测薪资模型预测薪资

模型训练完毕后，需要加载模型并对新的数据进行预测，使用 joblib.load 方法加载数据，代码如下：

```
1. #加载模型
2. load_model = joblib.load(filename)
3. #测试模型加载是否成功
4. result = load_model.score(x_test, y_test)
5. print(result)
```

需要预测的数据保存在 test_features.csv 中，读取文件代码如下：

```
1. test_features_df=pd.read_csv("./test_features.csv")
2. test_features_df_orginal = pd.DataFrame(test_features_df)
3. test_features_df.head()
```

运行代码后，输出 test_features.csv 的前 5 行数据，其中的 salary 字段为空，需要使用模型进行预测，如图 4.41 所示。

	jobId	companyId	jobType	degree	major	industry	yearsExperience	milesFromMetropolis	salary
0	JOB1362685407687	COMP33	MANAGER	HIGH_SCHOOL	NONE	HEALTH	22	73	NaN
1	JOB1362685407688	COMP13	JUNIOR	NONE	NONE	AUTO	20	47	NaN
2	JOB1362685407689	COMP10	CTO	MASTERS	BIOLOGY	HEALTH	17	9	NaN
3	JOB1362685407690	COMP21	MANAGER	HIGH_SCHOOL	NONE	OIL	14	96	NaN
4	JOB1362685407691	COMP36	JUNIOR	DOCTORAL	BIOLOGY	OIL	10	44	NaN

图 4.41 预测数据集

接下来需要将预测数据集的 jobId、companyId、salary 三个字段删除，代码如下：

```
1. test_features_df = test_features_df.drop('jobId', axis = 1)
2. test_features_df = test_features_df.drop('companyId', axis = 1)
3. test_features_df = test_features_df.drop('salary', axis = 1)
```

预测数据的格式需要和训练模型的数据格式保持一致，需要对预测数据集中的 object 类型做 one-hot 编码，并检测数据的完整性，如果有缺失数据需要进行填充处理，代码如下：

```
1. #one-hot 编码
2. test_features_df = pd.get_dummies(test_features_df)
3. test_features_df.head()
4. #检测数据的完整性
5. test_features_df.isnull().sum()
```

数据检测完毕，调用模型进行预测，输出前 5 个样本的预测值，代码如下：

```
1. predictions = load_model.predict(test_features_df)
2. predictions[0:5]
```

最后将预测值写入 csv 文件并保存，在目录下生成 prediction.csv 文件。这个文件就是薪资预测的结果文件，公司或者企业的人力资源部门可以以此为参考进行人员的招聘工作，代码如下：

```
1. #写入 dataframe 并保存为 csv 文件
2. test_features_df_orginal["salary"]=predictions
3. test_features_df_orginal.head()
4. test_features_df_orginal.to_csv("prediction.csv", index=False)
```

任务 10 薪资预测模型特征重要性分析

模型建立后通常需要对模型进行解释，找到最有用的预测因子来获取有用信息、商业价值。比如在预测糖尿病时，哪些人体指标是最有影响力的；在预测超市大卖场的营业额时，是降低运输成本更重要、货品的货架摆放位置更重要还是促销更重要。在预测结果不理想需要再次做特征优化时，也可能需要对特征的重要性进行分析。在本项目中通过特征重要性分析使得企业人力资源部门可以重点关注应聘人员的任职条件提高招聘效率。

机器学习中特征的重要性分析能够在一定程度上辅助对特征进行筛选，从而使得模型的健壮性更好。完成模型特征的重要性判断，需要使用随机森林（Random Forest Regressor）模型，首先建立一个 Random Forest Regressor，然后训练模型，最后以图形化的方式输出特征的重要性的数据，代码如下：

```
1. #导入包建立随机森林模型
2. from sklearn.ensemble import RandomForestRegressor, GradientBoostingRegressor
3. rf = RandomForestRegressor(n_estimators = 60, max_depth = 25,
4.                            min_samples_split = 20, n_jobs = 2,
5.                            max_features = 30)
6. #训练模型
```

```
7.  rf.fit(x_train, y_train)
8.  target = test_features_df_orginal['salary']
9.  #输出特征重要性
10. print("feature importance plotting...
11. rf.fit(test_features_df, target)
12. feature_importances = pd.Series(rf.feature_importances_, index=test_features_df.columns)
13. print(feature_importances)
14. feature_importances.sort_values(inplace=True)
15. feature_importances.plot(kind='barh', figsize=(25,24))
```

运行代码后，按照重要程度从高到低输出特征，如图 4.42 所示。

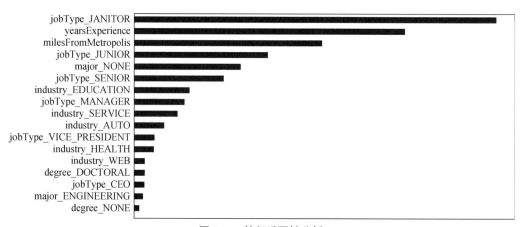

图 4.42　特征重要性分析

可以看出，yearsExperience、jobType、degree 字段与薪资的相关性排在前三位。同时二阶多项式变换在线性回归模型上的应用给出了 353 的最小 MSE 和 76%的最大准确性。当提供有关经验（年）、距大都市里程、工作类型、学位和专业的信息时，该模型可以提供最准确的结果。

项目 5 使用逻辑回归实现心脏病患者分类

项目导入

心脏病是人类健康的"头号杀手",全世界 1/3 的人口死亡是因心脏病引起的。在我国每年有几十万人死于心脏病。如果可以通过提取病人相关的体测指标,通过数据挖掘方式来分析不同特征对于心脏病的影响,将对预防心脏病起到至关重要的作用。本项目数据集包含 303 条心脏病检查患者的体测数据,共有 14 个特征,可以建立逻辑回归模型实现心脏病患者的分类预测。

知识目标

(1)了解什么是逻辑项式回归。
(2)了解逻辑回归的损失函数的原理。
(3)了解逻辑回归梯度下降的原理。
(4)掌握决策边界的原理。
(5)掌握 Sklearn 中 LogiticRegression 函数用法。

能力目标

(1)能使用 Sklearn 库建立逻辑回归模型。
(2)能使混淆矩阵对逻辑回归模型进行评价。
(3)能使用管道完成逻辑回归模型的训练。
(4)能使绘制决策边界。

项目导学

逻辑回归

前面几个任务使用线性回归预测了房价和广告收入,这时预测的值都是连续值,所以这类问题都是回归问题。但是现实生活中有很多时候需要预测的不是连续值,例如在线平台搜集了很多用户交易记录，这些记录中有正常交易和欺诈性的交易。这时可以建立一个模型，使用这个模型去判断交易是否带有欺诈性，再例如医院可以判断一个肿瘤是良性的还是恶性，邮件服务商可以判断某一封邮件是否是垃圾邮件。

以上这些问题预测的都不是连续值：是一封垃圾邮件，或者不是；是带有欺诈性的交易，或者不是；是一个恶性肿瘤或者不是。这类问题都是分类问题，预测的是一个二值的变量，或者为0，或者为1。这些都是二分类问题。当然逻辑回归也可以完成多分类的问题，这时可以把逻辑回归的输出看成一个离散的值。

项目知识点

知识点1 逻辑回归

现在有这样一个任务，需要根据患者是否有胸部疼痛来判断患者是否有心脏病。如图5.1所示，横轴表示患者是否有胸部疼痛，纵轴表示是否有心脏病。注意，纵轴只有两个取值，即1（有心脏病）和0（无心脏病）。

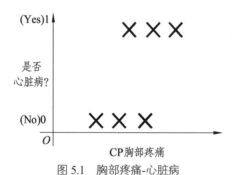

图 5.1　胸部疼痛-心脏病

通过之前的学习，已经知道对于以上数据集可以使用线性回归来处理，实际上就是用一条直线去拟合这些数据如图5.2所示。

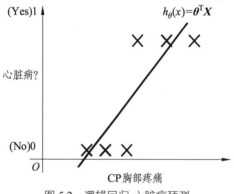

图 5.2　逻辑回归-心脏病预测

可以先使用线性回归去拟合，然后设定一个阈值0.5，小于阈值的是0（不是心脏病），大于阈值是1（是心脏病），如图5.3所示。

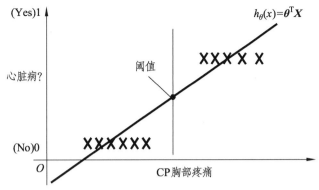

图 5.3　使用阈值实现心脏病预测

逻辑代码为：

1. if $h_\theta(x) \geqslant 0.5$, predict"y=1"
2. if $h_\theta(x) < 0.5$, predict"y=0"

上面的例子似乎很好解决了心脏病的预测问题，但是这种模型有一个最大问题就是对噪声很敏感（健壮性不够），如果增加两个训练样本，按照线性回归+阈值的思路，使用线性回归会得到一条直线，然后设置阈值为 0.5，如图 5.4 所示。

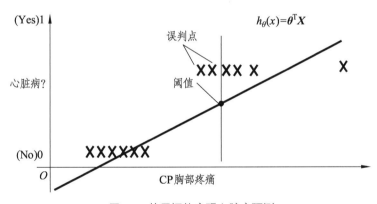

图 5.4　使用阈值实现心脏病预测

这时会产生两个误判点，这时如果再使用 0.5 来做阈值来预测是否是心脏病就不合适了。

如何解决这个问题呢？上面的例子中，可以使用概率来作为判断恶性肿瘤的依据。概率的值在 0～1，需要使用一个函数将 $h_\theta(x)$ 的值转换到 0～1 之间，然后使用这个值作为判断是否是恶性肿瘤的依据。

这里使用 sigmoid 函数将一个（$-\infty,+\infty$）之内的实数值变换到区间 0～1，单调增，定义域是（$-\infty,+\infty$），值域是（0,1），函数表示为

$$y = \frac{1}{1+e^{-x}} \tag{5.1}$$

函数的图像如图 5.5 所示。

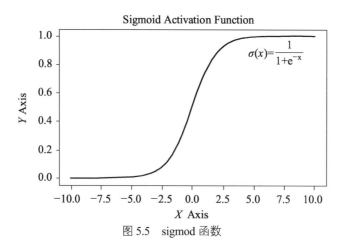

图 5.5　sigmod 函数

e^x 是一个指数函数，它的图像如图 5.6 所示：

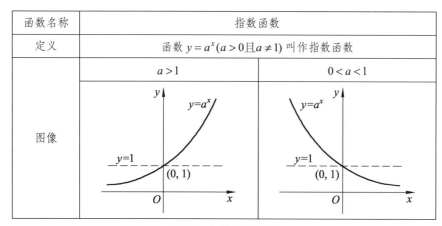

图 5.6　指数函数图形

将使用 $h_\theta(x)$ 替换 x，就可以将线性回归的值变换到 $0 \sim 1$，即

$$h_\theta(x) = g(\boldsymbol{\theta}^\mathrm{T}\boldsymbol{X}) = \frac{1}{1+\mathrm{e}^{-\boldsymbol{\theta}^\mathrm{T}\boldsymbol{X}}} \tag{5.2}$$

式中

$$\boldsymbol{\theta}^\mathrm{T}\boldsymbol{X} = \sum_{i=1}^{n}\theta_i x_i = \theta_0 x_0 + \theta_1 x_1 + \cdots + \theta_{n-1}x_{n-1} + \theta_n x_n$$

在 jupyter notebook 中可以使用如下代码实现 sigmoid 函数。

```
1.  #定义 sigmoid 函数
2.  def sigmoid(z):
3.      return(1 / (1 + np.exp(-z)))
```

这个函数有一个特殊的点就是 $h_\theta(x) = 0.5$ 这个点，这时 $\boldsymbol{\theta}^\mathrm{T}\boldsymbol{X}$ 的值为 0；如果 $\boldsymbol{\theta}^\mathrm{T}\boldsymbol{X}$ 的值大于 0，概率就大于 0.5；如果 $\boldsymbol{\theta}^\mathrm{T}\boldsymbol{X}$ 的值小于 0，概率就小于 0.5。

对于分类任务需要分成两种情况：

$$\begin{cases} P(y=1|x:\theta) = h_\theta(x) \\ P(y=0|x:\theta) = 1 - h_\theta(x) \end{cases} \tag{5.3}$$

上式中 $P(y|x)$ 表示的是"在 x 发生的条件下，y 发生的概率"；$P(y=1|x)$ 表示"在 x 发生或有意义的条件下，$y=1$ 的概率"；$P(y=1|x:\theta)$ 表示在给定的 x 和 θ 值的条件下 $y=1$ 的概率。这时需要找到一组 θ 值，使得 $\boldsymbol{\theta}^\mathrm{T}\boldsymbol{X}$ 的值最大限度地接近 1。

上式是分成正样本和负样本来实现的，但是如果分成两个部分计算时会有问题，所以进行整合。对于二分类问题，整合后可以得到

$$P(y|x:\theta) = h_\theta(x)^y [1 - h_\theta(x)]^{1-y} \tag{5.4}$$

知识点 2　逻辑回归损失函数

现在已经知道逻辑回归模型是如何估算出概率的，但是要如何训练呢？逻辑回归中对于每一组样本点可以训练出一组 θ，使得模型对正样本的实例做出高概率的估算（$y=1$），对负样本的实例做出低概率的估算（$y=0$）。

从可视化的视角来理解，这组 θ 就可以确定一个判定边界，需要定义一个函数来衡量这些判定边界是好还是坏，在线性回归中使用了 MSE 作为损失函数。如果逻辑回归使用线性回归的损失函数，会得到如图 5.7 所示的一个曲线，这个曲线是非凸函数，所以逻辑回归不能使用 MSE 作为损失函数。

$$J(\theta) = \frac{1}{2n} \sum_{i=1}^{n} (y_i - y_i')^2 \tag{5.5}$$

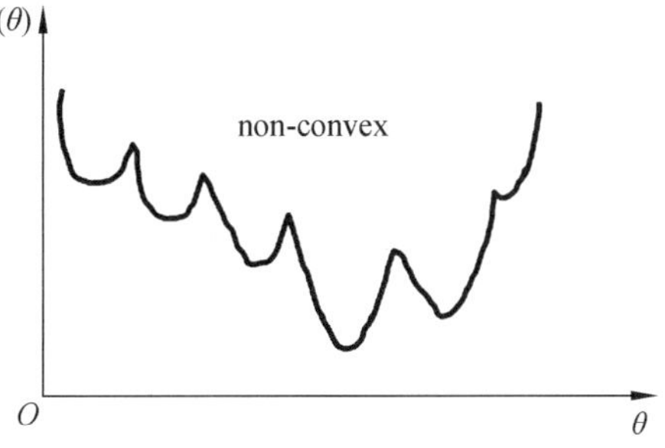

图 5.7　MSE 图形

逻辑回归使用对数函数来计算模型的损失，对数函数的图像如图 5.8 所示。

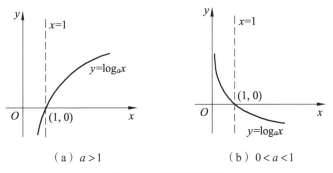

（a）$a > 1$　　　　　　　　（b）$0 < a < 1$

图 5.8　对数函数图形

逻辑回归的损失函数如下所示：

$$Cost(h_\theta(x), y) = \begin{cases} -\log(h_\theta(x)) &, y = 1 \\ -\log(1 - h_\theta(x)) &, y = 0 \end{cases} \quad (5.6)$$

当 $y=1$，$h_\theta(x)$ 是一个概率，预测值 $h_\theta(x) = 0.01$，这种情况就是在正样本的情况下，模型预测成了负样本，这时 $-\log(h_\theta(x))$ 是一个很大的值，表示误差很大，如图 5.9 所示。

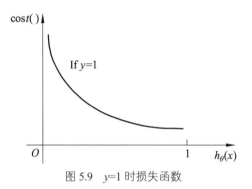

图 5.9　$y=1$ 时损失函数

当 $y=0$，$h_\theta(x)$ 是一个概率，$h_\theta(x) = 0.99$，这种情况就是在负样本的情况下，模型预测成了正样本，这时 $-\log[1 - h_\theta(x)]$ 是一个很大的值，表示误差很大，如图 5.10 所示。

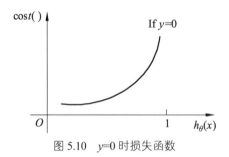

图 5.10　$y=0$ 时损失函数

在使用时通常将两个函数合并得到逻辑回归的损失函数——互熵损失函数。

$$J(\theta) = \frac{1}{m} \sum_{i=1}^{m} Cost[h_\theta(x), y]$$

$$J(\theta) = -\frac{1}{m} \left\{ \sum_{i=1}^{m} y^i \log[h_\theta(x^i)] + (1 - y^i) \log[1 - h_\theta(x^i)] \right\} \quad (5.7)$$

上面的式子是求第 1 个样本到第 m 个样本的损失和，还要加上正则化项 L2，则

$$J(\theta) = -\frac{1}{m} \left[\sum_{i=1}^{m} y^i \log(h_\theta(x^i)) + (1 - y^i) \log(1 - h_\theta(x^i)) \right] + \frac{\lambda}{2m} \sum_{j=1}^{n} \theta_j^2 \quad (5.8)$$

在 jupyter notebook 可以使用如下代码实现 $J(\theta)$ 损失函数，在代码中需要接收三个参数：theta（θ）值、X 特征集、y 标签集，最后返回当前的损失。

1. #定义损失函数
2. def costFunction(theta, X, y):

```
3.    m = y.size
4.    h = sigmoid(X.dot(theta))
5.    J = -1*(1/m)*(np.log(h).T.dot(y)+np.log(1-h).T.dot(1-y))
6.    if np.isnan(J[0]):
7.        return(np.inf)
8.    return(J[0])
```

知识点 3　逻辑回归梯度下降函数

得到对数损失函数后，对损失函数做梯度下降求偏导数可得

$$\frac{\partial}{\partial \theta_j} J(\theta) = \frac{1}{m} \sum_{i=1}^{m} [h_\theta(x^i) - y^i] x_j^{(i)} \tag{5.9}$$

其中

$$h_\theta(x) = g(\boldsymbol{\theta}^T \boldsymbol{X}) = \frac{1}{1+e^{-\boldsymbol{\theta}^T \boldsymbol{X}}} \tag{5.10}$$

继续对公式做向量，可得向量化的梯度

$$\frac{\partial}{\partial \theta_j} J(\theta) = \frac{1}{m} \boldsymbol{X}^T [g(\boldsymbol{X\theta}) - y] \tag{5.11}$$

设置学习率为 α，则 θ_j 参数更新的公式如下

$$\nabla \theta_j = \theta_j - \alpha \frac{\partial}{\partial \theta_j} J_\theta = \theta_j - \alpha \frac{1}{m} \boldsymbol{X}^T [g(\boldsymbol{X\theta}) - y] \tag{5.12}$$

在 jupyter notebook 中定义 gradient 函数实现求解梯度的功能，函数接收 3 个参数，并求出当前的梯度，代码如下：

```
1.   #求解梯度
2.   def gradient(theta, X, y):
3.       m = y.size
4.       h = sigmoid(X.dot(theta.reshape(-1,1)))
5.       grad =(1/m)*X.T.dot(h-y)
6.       return(grad.flatten())
```

可以使用代码调用损失函数和求解梯度函数，这时需要定义 θ，然后初始化得到 initial_theta，再调用损失函数和求解梯度函数。

```
1.   initial_theta = np.zeros(X.shape[1])
2.   cost = costFunction(initial_theta, X, y)
3.   grad = gradient(initial_theta, X, y)
4.   print('Cost: \n', cost)
5.   print('Grad: \n', grad)
```

运行上面的代码后会输出两组值，第一组输出损失 cost，第二组输出当前的梯度向量 grad。

知识点 4　逻辑回归决策边界（Decision boundary）

1. 线性判定边界

图 5.11 所示是一个典型的二分类问题，可以找到一条直线，把两类点分开。先做一个线性回归 $h_\theta(x) = \theta_0 + \theta_1 x_1 + \theta_2 x_2$，当 $\theta_0 + \theta_1 x_1 + \theta_2 x_2 = 0$ 时可以得到一条直线 $-3 + x_1 + x_2 = 0$。

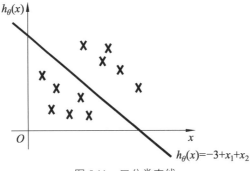

图 5.11　二分类直线

如何使用这条直线分割两类点，把 $h_\theta(x)$ 外面包裹一个 sigmoid 函数，$h_\theta(x) = g(\theta_0 + \theta_1 x_1 + \theta_2 x_2)$，这时直线上方的点（$-3 + x_1 + x_2 > 0$）的概率都大于 0.5，为正样本，直线下方点（$-3 + x_1 + x_2 < 0$）的概率都小于 0.5，为负样本。

$-3 + x_1 + x_2 = 0$ 这条直线就是要找的判定边界，由于是线性的，所以叫线性判定边界。

2. 线性判定边界代码实现

首先从 datal.txt 文本文件中读取数据，需要指定 delimiter 参数，该参数表示文本文件数据的分割符号，在第 9 行代码中调用函数并传递分隔符，代码如下：

```
1.  #读入数据
2.  def loaddata(file, delimeter):
3.      data = np.loadtxt(file, delimiter=delimeter)
4.      print('Dimensions: ',data.shape)
5.      print(data[1:6,:])
6.      return(data)
7.
8.  #调用函数读入文本文件数据
9.  data = loaddata('data1.txt', ',')
```

定义函数实现绘制样本图像，可以实现代码的复用，需要传入数据集、X 轴 Y 轴标签的名称、正负样本的图例等参数，代码如下：

```
1.  #绘制样本图像
2.  def plotData(data, label_x, label_y, label_pos, label_neg, axes=None):
3.      # 获得正负样本的下标(即哪些是正样本，哪些是负样本)
4.      neg = data[:,2] == 0
5.      pos = data[:,2] == 1
```

```
6.    if axes == None:
7.        axes = plt.gca()
8.    axes.scatter(data[pos][:,0], data[pos][:,1], marker='+', c='k', s=60, linewidth=2, label=label_pos)
9.    axes.scatter(data[neg][:,0], data[neg][:,1], c='y', s=60, label=label_neg)
10.   axes.set_xlabel(label_x)
11.   axes.set_ylabel(label_y)
12.   axes.legend(frameon= True, fancybox = True);
```

生成 X 轴、Y 轴的表格坐标，并调用函数，可得到可视化数据。

```
1. #生成 x 和 y 轴数据
2. X = np.c_[np.ones((data.shape[0],1)), data[:,0:2]]
3. y = np.c_[data[:,2]]
4.
5. plotData(data, '语文', '数学', '合格', '不合格')
```

代码运行后，将语文和数据的成绩输出，并用不同的颜色表示总成绩合格和不合格，输出图像如图 5.12 所示。

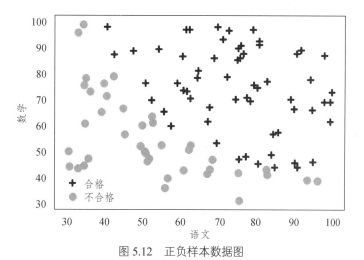

图 5.12　正负样本数据图

绘制决策边界，首先使用 meshgrid 函数生成一个 X、Y 的坐标，这里使用 contour 绘制等高线，显示数据的决策边界，代码如下：

```
1. #绘制决策边界
2. plt.scatter(45, 85, s=60, c='r', marker='v', label='(45, 85)')
3. plotData(data, '语文', '数学', '合格', '不合格')
4. x1_min, x1_max = X[:,1].min(), X[:,1].max(),
5. x2_min, x2_max = X[:,2].min(), X[:,2].max(),
6. xx1, xx2 = np.meshgrid(np.linspace(x1_min, x1_max), np.linspace(x2_min, x2_max))
7. h = sigmoid(np.c_[np.ones((xx1.ravel().shape[0],1)), xx1.ravel(), xx2.ravel()].dot(res.x))
```

```
8.  h = h.reshape(xx1.shape)
9.  plt.contour(xx1, xx2, h, [0.7], linewidths=1, colors='b');
```

代码运行效果如图 5.13 所示。

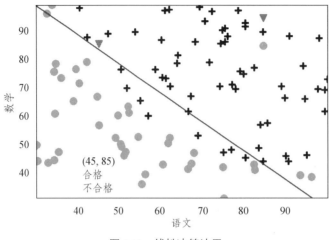

图 5.13　线性决策边界

知识点 5　逻辑回归非线性判定决策边界

1. 非线性判定边界

要区分如下这些点，我们就需要用到多项式，可以定义一个多项式 $h_\theta(x) = g(\theta_0 + \theta_1 x_1 + \theta_2 x_2 + \theta_3 x_1^2 + \theta_4 x_2^2)$，如果取一组 $\theta = [-1,0,0,1,1]$，可以得到 $h_\theta(x) = g(x_1^2 + x_2^2 - 1)$。当 $x_1^2 + x_2^2 - 1 = 0$，就是一个圆形。在圆内样本使用 sigmoid 函数后概率值小于 0.5 的点，在圆外样本是使用 sigmoid 后概率大于 0.5 的点。这时 $x_1^2 + x_2^2 - 1 = 0$ 就是一个非线性判定边界，如图 5.14 所示。

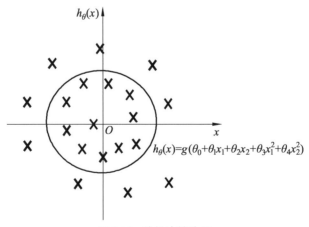

图 5.14　线性决策边界

通过上面的例子可以看出，逻辑回归就是去寻找判定边界，如果是高维的多项式，可以实现复杂的决策边界。

如图 5.15 所示，横坐标表示样本的一个特征，纵坐标表示样本的另一个特征，使用不同的颜色表示不同类型样本，γ 表示正则化系数。图 5.15（a）表示使用正则化对决策边界进行了抑制，图 5.15（b）没有使用正则化可以实现复杂的决策边界。

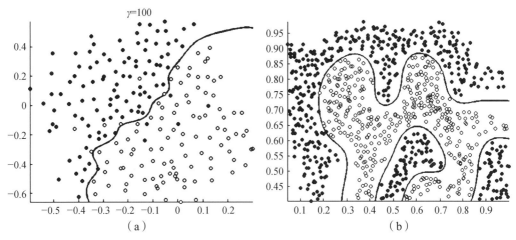

图 5.15　线性决策边界

2. 非线性决策边界代码实现

加载 data2.txt 数据集，使用切片操作取出前两列数据，然后调函数实现数据可视化，代码如下：

1. #加载数据
2. data2 = loaddata('data2.txt', ',')
3. #使用切片操作取数据
4. y = np.c_[data2[:,2]]
5. X = data2[:,0:2]
6. #调用函数实现数据可视化
7. plotData(data2, '特征 1', '特征 2', 'y = 1', 'y = 0')

代码运行效果如图 5.16 所示。

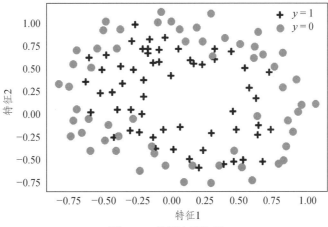

图 5.16　线性决策边界

从特征图中可以看出，两类样本之间是非线性关系，所以需要对特征进行增强映射。这里使用多项式，最高项数为 6 次，代码如下：

```
1.  #做一下特征映射，生成多项式特征，最高的次数为6
2.  poly = PolynomialFeatures(6)
3.  XX = poly.fit_transform(data2[:,0:2])
4.  XX.shape
5.  #损失函数
6.  def costFunctionReg(theta, reg, *args):
7.      m = y.size
8.      h = sigmoid(XX.dot(theta))
9.      J = -1*(1/m)*(np.log(h).T.dot(y)+np.log(1-h).T.dot(1-y)) + (reg/(2*m))*np.sum(np.square(theta[1:]))
10.     if np.isnan(J[0]):
11.         return(np.inf)
12.     return(J[0])
13. 
14. #求解梯度
15. def gradientReg(theta, reg, *args):
16.     m = y.size
17.     h = sigmoid(XX.dot(theta.reshape(-1,1)))
18.     grad = (1/m)*XX.T.dot(h-y) + (reg/m)*np.r_[[[0]],theta[1:].reshape(-1,1)]
19.     return(grad.flatten())
20. #计算损失
21. initial_theta = np.zeros(XX.shape[1])
22. costFunctionReg(initial_theta, 1, XX, y)
```

数据增强完毕后，需要绘制决策边界，对模型使用正则化，绘制正则化系数为 0 和正则化系数为 1 时的决策边界，代码如下：

```
1.  fig, axes = plt.subplots(1,3, sharey = True, figsize=(17,5))
2.  # 决策边界，咱们分别来看看正则化系数 lambda 太大、太小分别会出现什么情况
3.  # Lambda = 0 : 就是没有正则化，这样的话，就过拟合咯
4.  # Lambda = 1 : 这才是正确的打开方式
5.  # Lambda = 100 : 正则化项太激进，导致基本就没拟合出决策边界
6.  for i, C in enumerate([0, 1, 100]):
7.      # 最优化 costFunctionReg
8.      res2 = minimize(costFunctionReg, initial_theta, args=(C, XX, y), method=None, jac=gradientReg, options={'maxiter':3000})
9.      # 准确率
10.     accuracy = 100*sum(predict(res2.x, XX) == y.ravel())/y.size
```

```
11.    # 对 X,y 的散列绘图
12.    plotData(data2, 'Microchip Test 1', 'Microchip Test 2', 'y = 1', 'y = 0', axes.flatten()[i])
13.
14.    # 画出决策边界
15.    x1_min, x1_max = X[:,0].min(), X[:,0].max(),
16.    x2_min, x2_max = X[:,1].min(), X[:,1].max(),
17.    xx1, xx2 = np.meshgrid(np.linspace(x1_min, x1_max), np.linspace(x2_min, x2_max))
18.    h = sigmoid(poly.fit_transform(np.c_[xx1.ravel(), xx2.ravel()]).dot(res2.x))
19.    h = h.reshape(xx1.shape)
20.    axes.flatten()[i].contour(xx1, xx2, h, [0.5], linewidths=1, colors='g');
21.    axes.flatten()[i].set_title('Train accuracy {}% with Lambda = {}'.format(np.round(accuracy, decimals=2), C))
```

运行结果如图 5.17 所示，图 5.17（a）中没有使用正则化系数，可以得到 91.53% 的训练精度，图 5.17（b）中设置正则化系数 $\gamma=1$，可以得到 83.5% 的训练精度。但是从图中可以看出，图 5.17（a）中存在过拟合的现象。

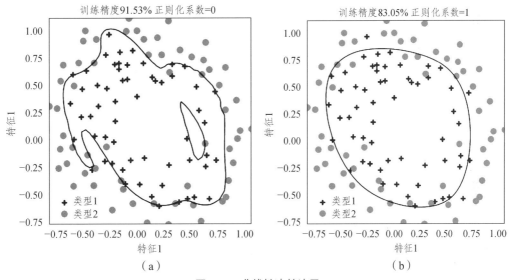

图 5.17 非线性决策边界

知识点 6　Sklearn 库 LogiticRegression 函数

1. LogiticRegression 函数用法

逻辑回归由于存在易于实现、解释性好以及容易扩展等优点，被广泛应用于点击率预估（CTR）、计算广告（CA）及推荐系统（RS）等任务中。对于逻辑回归问题，通常使用 sklearn 库 LogiticRegression 函数来建立模型，函数的语法代码如下：

```
1.    LogisticRegression(C=1.0, class_weight=None, dual=False,
2.        fit_intercept=True,intercept_scaling=1, max_iter=100,
3.        multi_class='ovr', n_jobs=1,penalty='l2', random_state=None,
4.        solver='liblinear', tol=0.0001,verbose=0, warm_start=False)
```

2. LogiticRegression 函数参数说明

LogiticRegression 函数共有 13 个参数，常用的参数说明如下：

① penalty：惩罚项，str 类型，可选参数为 L1 和 L2，默认为 L2。用于指定惩罚项中使用的规范。newton-cg、sag 和 lbfgs 求解算法只支持 L2 规范。

② dual：对偶或原始方法，bool 类型，默认为 False。对偶方法只用在求解线性多核（liblinear）的 L2 惩罚项上。当样本数量>样本特征的时候，dual 通常设置为 False。

③ tol：停止求解的标准，float 类型，默认为 1e-4。就是求解到多少的时候停止，认为已经求出最优解。

④ C：正则化系数 λ 的倒数，float 类型，默认为 1.0。必须是正浮点型数。像 SVM 一样，越小的数值表示正则化越强。

⑤ fit_intercept：是否存在截距或偏差，bool 类型，默认为 True。

⑥ intercept_scaling：仅在正则化项为 "liblinear"，且 fit_intercept 设置为 True 时有用，float 类型，默认为 1。

⑦ max_iter：算法收敛最大迭代次数，int 类型，默认为 100。仅在正则化优化算法为 newton-cg、sag 和 lbfgs 才有用，算法收敛的最大迭代次数。

⑧ class_weight：用于标示分类模型中各种类型的权重，可以是一个字典或者 balanced 字符串，默认为不输入，也就是不考虑权重，即为 None。如果选择输入的话，可以选择 balanced 让类库自己计算类型权重，或者自己输入各个类型的权重。

那么 class_weight 有什么作用呢？在分类模型中，经常会遇到两类问题，第一种是误分类的代价很高。比如对合法用户和非法用户进行分类，将非法用户分类为合法用户的代价很高，通常情况宁愿将合法用户分类为非法用户，这时可以人工再甄别，但是却不愿将非法用户分类为合法用户。这时，可以适当提高非法用户的权重。

第二种是样本是高度失衡的，比如有合法用户和非法用户的二元样本数据 10 000 条，里面合法用户有 9 995 条，非法用户只有 5 条，如果不考虑权重，则可以将所有的测试集都预测为合法用户，这样预测准确率理论上有 99.95%，但是却没有任何意义。这时，可以选择 balanced，让类库自动提高非法用户样本的权重。提高了某种分类的权重，相比不考虑权重，会有更多的样本分类划分到高权重的类别，从而可以解决上面两类问题。

3. LogiticRegression 的方法和属性

LogiticRegression 有三个常用的方法，具体参数和用法如下：

① fit（X, y, sample_weight=None）：拟合模型，用来训练 LR 分类器，其中 X 是训练样本，y 是对应的标记向量。

② predict（X）：用来预测样本，也就是分类，X 是测试集，返回 array。

③ score(X, y, sample_weight=None)：返回给定测试集合的平均准确率(mean accuracy)，浮点型数值。对于多个分类返回，则返回每个类别的准确率组成的哈希矩阵。

4. LogiticRegression 的属性

LogiticRegression 的属性有两个，coef_用于输出特征的 weight 值，intercept_用于输出模型的 bias 偏置量。

① coef_：coef_ndarray 形状为（1，n_features）或（n_classes，n_features），决策函数中的特征系数。

② intercept_：intercept_ndarray 形状为（1，）或（n_classes，），拦截（也称为偏差）添加到决策函数中。如果 fit_intercept 设置为 False，则截距设置为零。当给定问题是二元问题时，intercept_ 的形状为（1，）。特别是当 multi_class='multinomial'时，intercept_对应结果 1（真），-intercept_对应结果 0（假）。

知识点 7　混淆矩阵

逻辑回归是一个分类模型，通常使用混淆矩阵评估分类模型的性能。混淆矩阵通常是一个 2×2 的矩阵，其中行表示实际标签的类别，列表示模型预测的类别，用于展示分类模型预测结果和实际标签之间的对应关系。

1. 混淆矩阵的绘制

在机器学习领域，混淆矩阵（Confusion Matrix），又称为可能性矩阵或错误矩阵。混淆矩阵是可视化工具，特别用于监督学习，在图像精度评价中，主要用于比较分类结果和实际测得值，可以把分类结果的精度显示在一个混淆矩阵里面。

例如对 100 张照片进行学习分类，其中猫 50 张，狗 30 张，兔 20 张，共三个种类。在算法学习过程中需要对每次的迭代分类结果进行精度评估，用到混淆矩阵这一工具。每次迭代后列出当前各类别分类状态的混淆矩阵。

第一轮迭代后混淆矩阵为如图 5.18 所示。

		实验预测分类		
		猫	狗	兔
真实分类	猫	30	7	3
	狗	15	22	3
	兔	5	1	14

图 5.18　混淆矩阵 1

第二轮迭代后混淆矩阵为如图 5.19 所示。

		实验预测分类		
		猫	狗	兔
真实分类	猫	37	2	1
	狗	11	28	2
	兔	2	0	17

图 5.19　混淆矩阵 2

第三轮迭代后混淆矩阵为如图 5.20 所示。

		实验预测分类		
		猫	狗	兔
真实分类	猫	50	0	0
	狗	0	30	0
	兔	0	0	20

图 5.20 混淆矩阵 3

这里每一行的数目之和是该类别的真实数量，比如第一行的总和为 50，代表猫真实存在 50 个，对角线的值代表模型预测正确，而其他的位置代表预测错误，这样的一个混淆矩阵能够很快地帮助我们分析每个类别的误分类情况，从而帮助我们分析调整。

混淆矩阵是用来总结一个分类器结果的矩阵。对于 k 元分类，其实它就是一个 $k \times k$ 的表格，用来记录分类器的预测结果。对于最常见的二元分类来说，它的混淆矩阵是 2×2 的，如图 5.21 所示。

	预测值=0	预测值=1
真实值=0	TP（真正）	FN（假负）
真实值=1	FP（假正）	TN（真负）

图 5.21 混淆矩阵

① TP（True Positive）真正：将正类预测为正类数，真实为 0，预测也为 0。
② FN（False Negative）假负：将正类预测为负类数，真实为 0，预测为 1。
③ FP（False Positive）假正：将负类预测为正类数，真实为 1，预测为 0。
④ TN（True Negative）真负：将负类预测为负类数，真实为 1，预测也为 1。
本项目中使用预测模型对测试集进行预测绘制混淆矩阵如图 5.22 所示。

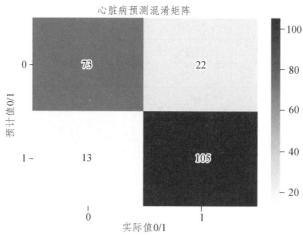

图 5.22 心脏病预测混淆矩阵

图中，TN 代表有 73 人真实没患心脏病，模型预测 73 人也没患心脏病；FP 代表有 22 人没患心脏病，模型却预测 22 人患了心脏病；FN 代表有 13 人患了心脏病，模型却预测 13 人没患心脏病；TP 代表有 105 人患了心脏病，模型预测 105 人患了心脏病。

2. 混淆矩阵的评价指标

混淆矩阵可以帮助计算出各种评估指标，常用的评价指标有正确率/准确率（Accuracy）、精确率（Precision）、召回率（Recall）等。

1）正确率/准确率（Accuracy）

正确率是被正确分类的样本比例或数量，准确率的定义是预测正确的结果占总样本的百分比，其公式如下：

$$\text{Accuracy} = \frac{TP + TN}{TP + FP + TN + FN} \tag{5.13}$$

虽然准确率可以判断总的正确率，但是在样本不平衡的情况下，并不能作为很好的指标来衡量结果。比如在一个总样本中，正样本占90%，负样本占10%，样本是严重不平衡的。对于这种情况，只需要将全部样本预测为正样本即可得到90%的高准确率，但实际上并没有很用心地分类。这说明：样本不平衡的问题，导致得到的高准确率含有很大的水分，即如果样本不平衡，准确率就会失效。正因如此，也就衍生出了其他两种指标：精确率和召回率。

2）精确率（Precision）

精确率（精密性/精度/查准率）是对"真阳性率"预测的评估。即，预测为阳性的数据（分母 TP+FP）中，实际对了多少（分子 TP）。本任务中指准确预测出患了心脏病人数的比例，表示被分为正例的示例中实际为正例的比例。

公式为

$$\text{Precision} = \frac{TP}{TP + FP} \tag{5.14}$$

3）召回率（Recall）

召回率又叫查全率，是针对原样本而言的，它的含义是在实际为正的样本中被预测为正样本的概率。查全率关心的是"预测出正例的保证性"即从正例中挑选出正例的问题。即，实际为阳性 P（分母 TP+FN），其中预测正确的比例（分子 TP），公式为

$$\text{Recall} = \frac{TP}{TP + FN} \tag{5.15}$$

以网贷违约率为例，相对于好用户，更关心坏用户，且不能错放过任何一个坏用户。因为过多地将坏用户当成好用户，可能发生的违约金额会远超过好用户偿还的借贷利息金额，造成严重偿失。召回率越高，代表实际坏用户被预测出来的概率越高。

理想情况下，精确率和召回率两者都越高越好。然而事实上这两者在某些情况下是矛盾的，精确率高时召回率低，精确率低时召回率高。

4）使用混淆矩阵的好处

以图 5.23 所示 10 000 个人的假设样本为例，预测某种癌症。

	预测值	预测值
真实值	9 990	0
真实值	10	0

图 5.23　假设样本

计算

$$\text{Accuracy} = \frac{9\,990}{9\,990 + 10} = 99.9\%$$

$$\text{Precision} = \frac{0}{0 + 0}$$

$$\text{Recall} = \frac{0}{10 + 0} = 0$$

这种癌症本身的发病率只有 0.1%，即使不训练模型而直接认定所有人都是健康人，这样的预测的准确率也能达到 99.9%，但是精确率和召回率为 0，所以这个模型是个无效的模型。

5）F1 分数

二分类算法中通常使用准确率和召回率来评价二分类模型的分析效果。但是这两个值是存在冲突的，当 Precision 高的时，Recall 就低，反之亦然。当这两个指标发生冲突时，很难在模型之间进行比较。比如，有如图 5.24 所示两个模型 A、B，A 模型的召回率高于 B 模型，但是 B 模型的准确率高于 A 模型，A 和 B 这两个模型的综合性能，哪一个更优呢？

	准确率	召回率
A	80%	90%
B	90%	80%

图 5.24 AB 模型准确率和召回率对比

这时会将 Precision 和 Recall 结合成一个指标：F1 分数。特别是在需要使用一个简单的办法对比两个分类器时。F1 分数是 Precision 与 Recall 的调和平均数（harmonic mean）。

$$F1 = \frac{2TP}{2TP + FP + FN} \tag{5.16}$$

6）ROC 图形

根据学习器的预测结果对样例进行排序，按此顺序逐个把样本作为正例进行预测，每次计算出两个重要量的值，分别以它们为横、纵坐标作图，就得到了"ROC 曲线"，ROC 曲线的纵轴是"真正例率"（True Positive Rate，TPR），横轴是"假正例率"（False PositiveRate，FPR）。

$$\begin{cases} \text{真正例率：TPR} = \dfrac{TP}{TP + FN} \\ \text{假正例率：FPR} = \dfrac{FP}{FP + TN} \end{cases} \tag{5.17}$$

ROC 曲线有个很好的特性：当测试集中的正负样本的分布变化的时候，ROC 曲线能够保持不变。在实际的数据集中经常会出现类不平衡（dass imbalance）现象，即负样本比正样本多很多（或者相反）。

7）AUC 的值

AUC（area under curve）是指 ROC 曲线下的面积。AUC 值越大的分类器，正确率越高。

① AUC=1，为完美分类器，采用这个预测模型时，不管设定什么阈值都能得出完美预测。绝大多数预测的场合，不存在完美分类器。

② 0.5<AUC<1，优于随机猜测。这个分类器（模型）妥善设定阈值的话，能有预测价值。

③ AUC=0.5，跟随机猜测一样（如丢铜板），模型没有预测价值。

④ AUC<0.5，比随机猜测还差；但只要总是反预测而行，就优于随机猜测，因此不存在AUC<0.5 的情况。

工作任务

任务 1　加载心脏病患者数据集

心脏病或者数据集包括年龄（age）、血压（trestbps）、胸部疼痛类型（cp）等 13 个字段。status 字段表示是否患病，有两个值，buff 表示健康，sick 表示患病，可以将该字段作为数据集的标签，其他字段作为特征。在 jupyter notebook 中导入包，读取数据的代码如下：

1. #导入包
2. import numpy as np
3. import pandas as pd
4. import seaborn as sns
5. import matplotlib.pyplot as plt
6. #显示中文
7. plt.rcParams['font.sans-serif']=['SimHei']
8. plt.rcParams['axes.unicode_minus']=False
9. #显示前 5 行数据
10. df_heart=pd.read_csv('../input/heart.csv')
11. df_heart.head()
12. #显示数据的信息
13. df_heart.info()

程序运行后，输出特征的类型，可以看出所有特征值都是数值型的，结果如图 5.25 所示。

```
<class 'pandas.core.frame.DataFrame'>
RangeIndex: 303 entries, 0 to 302
Data columns (total 14 columns):
 #   Column    Non-Null Count  Dtype
---  ------    --------------  -----
 0   age       303 non-null    int64
 1   sex       303 non-null    int64
 2   cp        303 non-null    int64
 3   trestbps  303 non-null    int64
 4   chol      303 non-null    int64
 5   fbs       303 non-null    int64
 6   restecg   303 non-null    int64
 7   thalach   303 non-null    int64
 8   exang     303 non-null    int64
 9   oldpeak   303 non-null    float64
 10  slope     303 non-null    int64
 11  ca        303 non-null    int64
 12  thal      303 non-null    int64
 13  target    303 non-null    int64
dtypes: float64(1), int64(13)
memory usage: 33.3 KB
```

图 5.25　心脏病数据集类型

数据集共有 303 条样本，12 个特征和一个标签，特征没有缺失值。数据集特征对应的含义如表 5.1 所示。

表 5.1 数据集特征对应的含义

字段名	类型	描述
age	STRING	对象的年龄
sex	STRING	对象的性别，取值为 female 或 male
cp	STRING	胸部疼痛类型，痛感由重到轻依次为 typical、atypical、non-anginal 及 asymptomatic
trestbps	STRING	血压
chol	STRING	胆固醇
fbs	STRING	空腹血糖，如果血糖含量大于 120 mg/dl，则取值为 true，否则取值为 false
restecg	STRING	心电图结果是否有 T 波，由轻到重依次为 norm 和 hyp
thalach	STRING	最大心跳数
exang	STRING	是否有心绞痛，true 表示有心绞痛，false 表示没有心绞痛
oldpeak	STRING	运动相对于休息的 ST Depression，即 ST 段压值
slope	STRING	心电图 ST Segment 的倾斜度，程度取值包括 down、flat 及 up
ca	STRING	透视检查发现的血管数
thal	STRING	病发种类，由轻到重依次为 norm、fix 及 rev
status	STRING	是否患病，buff 表示健康，sick 表示患病

任务 2　心脏病数据分析

1. 数据相关性分析

读取完数据后，需要对特征进行分析，找出特征和标签之间的关系，使用 seaborn 的 heatmap 绘制关系系数热力图，代码如下：

```
1. plt.figure(figsize=(10,10))
2. sns.heatmap(df_heart.corr(),cmap='YlGnBu',annot=True)
3. plt.show()
```

代码运行结果如图 5.26 所示，可以看出，心脏病和 cp（心绞痛类型）、thalach（最大心率）、exang（运动引起的心绞痛）、oldpeak（ST 段抑制）几个特征之间有较强的相关性，相关系数超过 0.4；心脏病和 age（年龄）、sex（性别）、slope（运动高峰的心电图）、ca（主要血管数）、thal（地中海贫血的血液疾病）几个特征存在一定的相关性；心脏病和 chol（胆固醇）、fbs（空腹血糖）之间的相关性较弱。

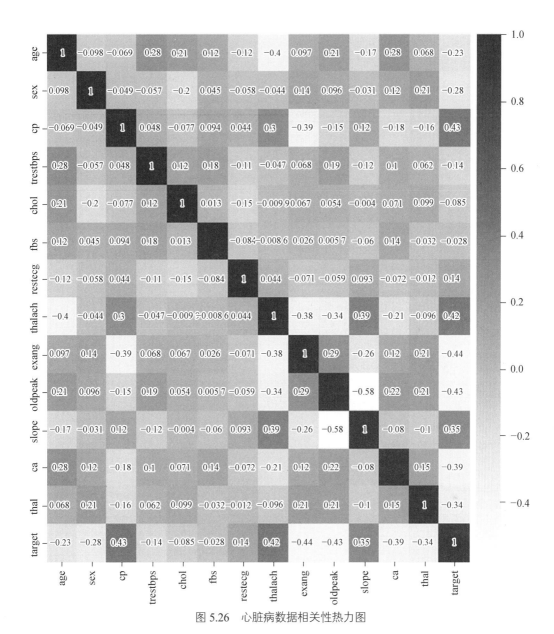

图 5.26 心脏病数据相关性热力图

2. 绘制血压年龄散点图

从相关系数热力图中可以看出，心脏病（targer）和血压（cp）、最大心率（thalach）的相关系数分别为 0.43 和 0.42。绘制散点图可视化展示 targer、cp、thalach 三者之间的关系，代码如下：

1. df_heart_target=df_data[['age','thalach','target']]
2. markers={'心脏病患者':'s','健康':'x'}
3. sns.scatterplot(x='age',y='thalach',hue='target',style='target',data=df_heart_target)
4. plt.legend(title='年龄-血压-心脏病', labels=['心脏病患者', '健康'])
5. plt.show()

程序运行结果，如图 5.27 所示。

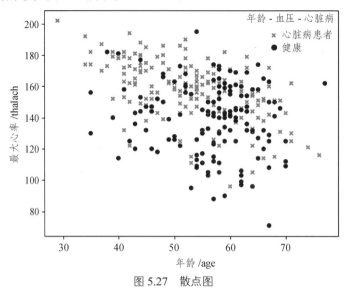

图 5.27 散点图

任务 3 非连续性数据处理

数据集中 cp、slope、thal 3 个字段是类型特征，可以使用代码统计四个字段的值。

1. df=df_data[['cp','thal','slope']]
2. df.apply(pd.value_counts)

代码运行后输出如图 5.28 所示，可以看到 cp、thal 的值有 4 种类型，slope 有 3 种类型，每个种类有多个样本。

	cp	thal	slope
0	143	2	21.0
1	50	18	140.0
2	87	166	142.0
3	23	117	NaN

图 5.28 类型字段的取值

将数据集分为特征集合（features）和标签集合（targets），代码如下：

1. features = df_data.drop(columns=['target'])
2. targets = df_data['target']

运行代码后，返回 features 和 targets，然后需要对性别（sex）、胸部疼痛类型（cp）、空腹血压（fbs）、心绞痛（exang）、心电图（slope）、并发症（thal）、是否有 T 波（restecg）、血管数（ca）8 个字段进行处理，将特征的值变为 object 类型，便于使用 get_dummies 函数对类型特征进行 one-hot 编码，代码如下：

1. # 将离散型数据，转换成字符串表示# sex
2. features.loc[features['sex']==0,'sex'] = 'female'

3. features.loc[features['sex']==1,'sex'] = 'male'
4. # cp 胸部疼痛类型
5. features.loc[features['cp'] == 1,'cp'] = 'typical'
6. features.loc[features['cp'] == 2,'cp'] = 'atypical'
7. features.loc[features['cp'] == 3,'cp'] = 'non-anginal'
8. features.loc[features['cp'] == 4,'cp'] = 'asymptomatic'
9. # fbs 血压
10. features.loc[features['fbs'] == 1,'fbs'] = 'true'
11. features.loc[features['fbs'] == 0,'fbs'] = 'false'
12. # exang 心绞痛
13. features.loc[features['exang'] == 1,'exang'] = 'true'
14. features.loc[features['exang'] == 0,'exang'] = 'false'
15. # slope 心电图
16. features.loc[features['slope'] == 1,'slope'] = 'true'
17. features.loc[features['slope'] == 2,'slope'] = 'true'
18. features.loc[features['slope'] == 3,'slope'] = 'true'
19. '# thal 并发症
20. features.loc[features['thal'] == 3,'thal'] = 'normal'
21. features.loc[features['thal'] == 3,'thal'] = 'fixed'
22. features.loc[features['thal'] == 3,'thal'] = 'reversable'
23. # restecg 是否有 T 波
24. # 0：普通，1：ST-T 波异常，2：可能左心室肥大
25. features.loc[features['restecg'] == 0,'restecg'] = 'normal'
26. features.loc[features['restecg'] == 1,'restecg'] = 'ST-T abnormal'
27. features.loc[features['restecg'] == 2,'restecg'] = 'Left ventricular hypertrophy'# ca
28. features['ca'].astype("object")# thal
29. features.thal.astype("object")
30. features.head()

运行代码后，转换后的特征数据集，将 8 个字段的数据由 int 类型转化为 object 类型，输出如图 5.29 所示。

	age	sex	cp	trestbps	chol	fbs	restecg	thalach	exang	oldpeak	slope	ca	thal
0	63	male	non-anginal	145	233	true	normal	150	false	2.3	0	0	1
1	37	male	atypical	130	250	false	ST-T abnormal	187	false	3.5	0	0	2
2	41	female	typical	130	204	false	normal	172	false	1.4	true	0	2
3	56	male	typical	120	236	false	ST-T abnormal	178	false	0.8	true	0	2
4	57	female	0	120	354	false	ST-T abnormal	163	true	0.6	true	0	2

图 5.29 特征类型转换

使用 get_dummies 对转换完的特征进行 one-hot 编码，代码如下：

1. features = pd.get_dummies(features)
2. features

运行代码，输出 one-hot 编码后的结果得到一个 303 行 25 列的数据集，如图 5.30 所示。

	age	trestbps	chol	thalach	oldpeak	ca	sex_female	sex_male	cp_0	cp_atypical	...	restecg_ST-T abnormal	restecg_normal	exang_false	exang_true	slope_0	sl
0	63	145	233	150	2.3	0	0	1	0	0	...	0	0	1	1	0	1
1	37	130	250	187	3.5	0	0	1	0	1	...	1	0	1	0	0	1
2	41	130	204	172	1.4	0	1	0	0	0	...	0	1	1	0	0	0
3	56	120	236	178	0.8	0	0	1	0	0	...	1	0	1	0	0	0
4	57	120	354	163	0.6	0	1	0	1	0	...	1	0	0	1	0	0
...	...	...	...	...	...	...	...	...	...	...	...	...	...	...	...	...	...
298	57	140	241	123	0.2	0	0	1	1	0	...	0	1	0	1	0	0
299	45	110	264	132	1.2	0	0	1	0	0	...	1	0	1	0	0	0
300	68	144	193	141	3.4	2	0	1	1	0	...	0	1	1	0	0	0
301	57	130	131	115	1.2	1	0	1	1	0	...	0	1	0	1	0	0
302	57	130	236	174	0.0	1	1	0	0	1	...	0	1	1	0	0	0

303 rows × 25 columns

图 5.30　one-hot 编码结果

任务 4　建立预测心脏病逻辑回归模型

使用 values 函数得到数据集，输出特征数据集和标签数据集的 shape，然后使用 train_test_split 方法得到训练集和测试集，代码如下：

1. #导入相关包
2. from sklearn.model_selection import train_test_split
3. from sklearn.preprocessing import MinMaxScaler
4. from sklearn.neighbors import KNeighborsClassifier
5. from sklearn.model_selection import cross_val_score
6. from sklearn.metrics import precision_score,recall_score,f1_score
7. from sklearn.metrics import precision_recall_curve,roc_curve,average_precision_score,auc
8. from sklearn.preprocessing import StandardScaler
9. from sklearn.pipeline import Pipeline
10. #得到特征标签集合
11. X=features
12. y=targets.values
13. y=y.reshape(-1,1)
14. X.shape,y.shape
15. #拆分为训练集和测试集
16. X_train,X_test,y_train,y_test=train_test_split(X,y,test_size=0.2)
17.

使用管道函数建立流水线，将归一化操作和模型整合，再使用 fit 方法训练模型，代码如下：

1. #使用 pipe 建立 LogisticRegression 模型
2. from sklearn.linear_model import LogisticRegression

```
3.  input = [('scale', StandardScaler()),
4.           ('model', LogisticRegression(tol=1e-10))]
5.  pipe = Pipeline(input)
6.  #训练模型
7.  loc_model = pipe.fit(X_train,y_train)
```

模型训练完毕后，使用 predict 方法对测试集合进行预测，代码如下：

```
1.  y_hat_pipe = pipe.predict(X_train)
2.  y_hat_pipe[0:5]
```

任务 5　预测心脏病逻辑回归模型的性能分析

回归模型的性能分析需要使用混淆矩阵，通过它来计算准确率、精准率、召回率的性能指标，并绘制平均精准率和 AUC 的值，代码如下：

```
1.  #绘图函数
2.  def plotting(estimator,y_test):
3.      fig,axes = plt.subplots(1,2,figsize=(10,5))
4.      y_predict_proba = estimator.predict_proba(X_test)
5.      precisions,recalls,thretholds = precision_recall_curve(y_test,y_predict_proba[:,1])
6.      axes[0].plot(precisions,recalls)
7.      axes[0].set_title("平均精准率：%.2f"%average_precision_score(y_test,y_predict_proba[:,1]))
8.      axes[0].set_xlabel("召回率")
9.      axes[0].set_ylabel("精准率")
10.     fpr,tpr,thretholds = roc_curve(y_test,y_predict_proba[:,1])
11.     axes[1].plot(fpr,tpr)
12.     axes[1].set_title("AUC 值：%.2f"%auc(fpr,tpr))
13.     axes[1].set_xlabel("FPR")
14.     axes[1].set_ylabel("TPR")
15. #预测测试的值
16. y_predict = loc_model.predict(X_test)
17. # 精准率
18. print("精准率：",precision_score(y_test,y_predict))
19. # 召回率
20. print("召回率：",recall_score(y_test,y_predict))
21. # F1-Score
22. print("F1 得分：",f1_score(y_test,y_predict))
23. plotting(loc_model,y_test)
```

代码运行后，输出测试集的准确率、召回率和 F1 得分，同时以图形化的方式输出平均精准率和 AUC 的值，如图 5.31 所示。

精准率：0.7941176470588235
召回率：0.8709677419354839
F1 得分：0.8307692307692308

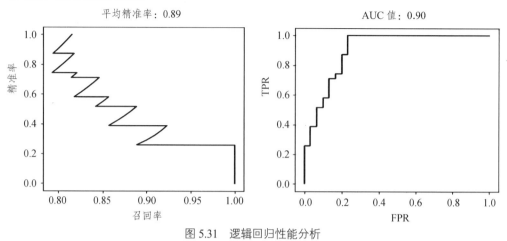

图 5.31　逻辑回归性能分析

得到了包含 21 个特征的数据集合，接下来需要将特征和标签取出来，并转化为张量。

任务 6　模型的读取与特征重要性分析

使用 joblib 的 dump 方法保存模型，使用 load_model 加载模型，代码如下：

```
1.  #保存模型
2.  import joblib
3.  #File with predicted salary values
4.  filename = 'Heart_Prediction_Model.pkl'
5.  joblib.dump(poly_model, filename)
6.  #加载模型
7.  load_model = joblib.load(filename)
8.  #Model Result
9.  result = load_model.predict(X_test)
10. result[0:5]
```

特征的重要性分析，需要建立一个随机森林分类模型对模型的特征进行分析，然后再按照重要性进行排序显示，代码如下：

```
1.  # 建立随机森林分类器
2.  from sklearn.ensemble import RandomForestClassifier
3.  rf = RandomForestClassifier(n_estimators=100)
4.  rf.fit(X_train,y_train)
5.  plotting(rf,y_test)
6.  #输出特征
7.  importances = pd.Series(data=rf.feature_importances_,index=features.columns).sort_values(ascending=False)
8.  sns.barplot(y=importances.index,x=importances.values,orient='h')
```

运行代码后，输出特征的重要性，如图 5.32 所示，可以看出血压 ST 段压值、血压、透视检查发现的血管数、并发症排在前四位，临床诊断的医生可以重点关注病人的这些检测数据，继而发现心脏病患者。

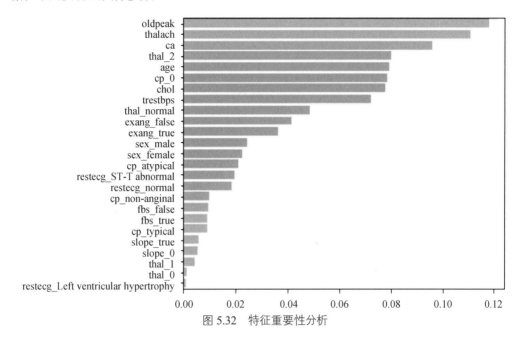

图 5.32 特征重要性分析

对特征完成 one-hot 编码得到了包含 21 个特征的数据集合，现在需要将特征和标签取出来，并转化为张量。

首先使用 drop 函数将 traget 字段从数据集中删除，得到特征（X）集合。从数据集中取出 target 作为标签（y），使用 values 函数将数据转为 ndarray 对象，再使用 reshape 函数将标签（y）转化为 2D 张量，最后将特征（X）集合标签（y）拆分为训练集（train）和测试集（test）。得到训练集和测试集后，使用 sklearn 中 MinMaxScaler 函数对数据集做归一化处理，代码如下：

1. #导入包
2. from sklearn.model_selection import train_test_split
3. #获得特征(X)集合标签(y)
4. X=df_heart.drop(['target'],axis=1)
5. y=df_heart.target.values
6. y=y.reshape(-1,1)
7. X.shape,y.shape
8. #拆分数据
9. X_train,X_test,y_train,y_test=train_test_split(X,y,test_size=0.2)
10. from sklearn.preprocessing import MinMaxScaler
11. #数据归一化
12. scaler=MinMaxScaler()

```
13.  X_train=scaler.fit_transform(X_train)
14.  X_test=scaler.fit_transform(X_test)
```

任务 7　心脏病逻辑回归模型 sigmoid 函数和梯度下降函数

1. 定义 sigmoid 函数

逻辑回归首先会计算得到一个值，然后使用 sigmoid 函数将一个连续的值映射到 0～1 的一个概率，然后再和阈值进行比较，判断是否属于某一类，实现二分类问题。定义 sigmoid 函数的代码如下：

```
1.  def sigmoid(z):
2.      y_hat=1/(1+np.exp(-z))
3.      return y_hat
```

代码中的 z 是 $\boldsymbol{\theta}^T \boldsymbol{X}$，表示一个连续的值，通过 sigmoid 函数转化为一个概率。

2. 定义损失函数

使用对数损失函数作为逻辑回归的损失函数，需要传入 X（训练集和测试集）、y（训练集标签和测试集标签）、w（$\boldsymbol{\theta}$ 权重）、b（偏置量），最后将 cost 返回，代码如下：

```
1.  def loss_function(X,y,w,b):
2.      y_hat=sigmoid(np.dot(X,w)+b)
3.      loss=-(y*np.log(y_hat)+(1-y)*np.log(1-y_hat))
4.      cost=np.sum(loss)/X.shape[0]
5.      return cost
```

3. 定义梯度下降函数

首先定义 l_history、w_history、b_history 分别保存 loss（损失）、w（权重）、b（偏置）的历史值，然后定义循环，开始迭代，每做一次迭代得到当前梯度（derivative_w 和 derivative_b），并更新 w 和 b 后，将得到的 l、w 和 b 的值保存到历史记录中，最后将历史记录值返回。

```
1.  def gradient_descent(X,y,w,b,lr,iter):
2.      l_history=np.zeros(iter)
3.      w_history=np.zeros((iter,w.shape[0],w.shape[1]))
4.      b_history=np.zeros(iter)
5.      for i in range(iter):
6.          y_hat=sigmoid(np.dot(X,w)+b)
7.          loss=-(y*np.log(y_hat)+(1-y)*np.log(1-y_hat))
8.          derivative_w=np.dot(X.T,((y_hat-y)))/X.shape[0]
9.          derivative_b=np.sum(y_hat-y)/X.shape[0]
10.         w=w-lr*derivative_w
11.         b=b-lr*derivative_b
```

```
12.     l_history[i]=loss_function(X,y,w,b)
13.     print("轮次",i+1,"当前轮次训练集损失:",l_history[i])
14.     w_history[i]=w
15.     b_history[i]=b
16.   return l_history,w_history,b_history
```

任务 8 心脏病逻辑回归模型

1. 预测函数

使用梯度下降函数得到最优的 w 和 b 之后，需要对样本数据使用逻辑回归模型进行预测，计算模型的准确率（traning_acc）。先使用 sigmod 计算出每个病人患心脏病的概率，然后和阈值 0.5 进行比较，如果大于 0.5 设置 y_hat[i, 0]的值为 0，否则为 1，其中 y_hat 表示使用模型预测的 y 值，i 表示第 i 个病人，代码如下：

```
1.  def predict(X,w,b):
2.    z=np.dot(X,w)+b
3.    y_hat=sigmoid(z)
4.    y_pred=np.zeros((y_hat.shape[0],1))
5.    for i in range(y_hat.shape[0]):
6.      if y_hat[i,0]<0.5:
7.        y_pred[i,0]=0
8.      else:
9.        y_pred[i,0]=1
10.   return y_pred
```

2. 建立模型

通过定义函数建立模型训练函数，首先调用 gradient_descent 函数得到 l_history、w_history、b_history，再将 w_history[-1]，b_history[-1]传递给的预测函数（predict）求出使用模型预测的样本病人的 y 值（y_pred），最后计算 traning_acc，代码如下：

```
1.  def logitic_regression(X,y,w,b,lr,iter):
2.    l_history,w_history,b_history=gradient_descent(X,y,w,b,lr,iter)
3.    print("训练最终损失:", l_history[-1]) # 打印最终损失
4.    y_pred = predict(X,w_history[-1],b_history[-1]) # 进行预测
5.    traning_acc = 100 - np.mean(np.abs(y_pred - y_train))*100 # 计算准确率
6.    print("逻辑回归训练准确率: {:.2f}%".format(traning_acc)) # 打印准确率
7.    return l_history, w_history, b_history # 返回训练历史记录
```

3. 运行模型

使用 full 函数初始化 weight 权重的值为 0.1，设置 bias、alpha、iterraions 的值，调用模型训练函数训练模型，代码如下：

1. dimension=X.shape[1]
2. weight=np.full((dimension,1),0.1)
3. bias=0
4. alpha=0.5
5. iterations=500
6. loss_history, weight_history, bias_history = logitic_regression(X_train,y_train,weight,bias,alpha,iterations)

4. 测试模型

使用预测函数 predict 预测训练集病人的 y 值，计算准确率并输出，代码如下：

1. y_pred = predict(X_test,weight_history[-1],bias_history[-1]) # 进行预测
2. traning_acc = 100 - np.mean(np.abs(y_pred - y_test))*100 # 计算准确率
3. print("逻辑回归测试准确率: {:.2f}%".format(traning_acc)) # 打印准确率

代码运行后输出："逻辑回归测试准确率：84.62%。"

5. 绘制训练集和测试集的损失曲线

该训练模型保存了 weight 和 bias 的历史值，可以使用它们计算损失。

1. loss_history_test = np.zeros(iterations) # 初始化历史损失
2. for i in range(iterations): # 求训练过程中不同参数带来的测试集损失
3.   loss_history_test[i] = loss_function(X_test,y_test,
4.   weight_history[i],bias_history[i])
5. index = np.arange(0,iterations,1)
6. plt.plot(index, loss_history,c='blue',linestyle='solid')# train
7. plt.plot(index, loss_history_test,c='red',linestyle='dashed')#test
8. plt.legend(["训练集损失", "测试集损失"])
9. plt.xlabel("迭代次数")
10. plt.ylabel("损失")
11. plt.show() # 同时显示显示训练集和测试集损失曲线

代码运行后输出测试集和训练集的损失图像，如图 5.33 所示。

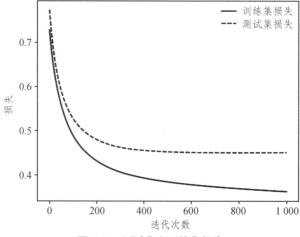

图 5.33　测试集和训练集损失

可以看出训练的损失和测试集的损失之间还有一定的差值，可以根据输出的图像调整 alpha、iterations 重新训练模型达到预期的效果。

任务 9　使用 sklearn 实现心脏病逻辑回归模型

在实际工作中通常使用 sklearn 库的方法直接调用模型，下面的代码是直接调用 sklearn 库的 LogiticRegression 函数实现逻辑回归，然后使用 score()函数来计算准确率、训练集 score 分数，代码如下：

```
1. lfrom sklearn.linear_model import LogisticRegression
2. lr=LogisticRegression()
3. lr.fit(X_train,y_train)
4. print("Sklearn 逻辑回归测试准确率{:.2f}%".format(lr.score(X_test,y_test)*100))
```

代码运行输出：Sklearn 逻辑回归测试准确率为 85.25%，计算 score 分数代码如下：

```
1. lr.score(X_test,y_test)
```

输出 score 分数为 0.8524590163934426。

项目 6　使用聚类算法完成图像背景分割

项目导入

在人工智能图像处理中经常需要将图片的前景物体和背景物体进行分离，可以使用聚类算法完成这项功能。使用聚类算法将图像的中像素点进行分类，颜色相似的像素点分成一个簇，然后将相同簇的像素点输出，其他的像素点设置为白色或者黑色这时就可以完成前景和背景的分离。本项目使用聚类算法将菊花和蓝色的背景分离。

知识目标

（1）了解什么是聚类算法。
（2）了解聚类算法的应用场景。
（3）了解有监督学习、无监督学习、半监督学习的特点。
（4）掌握 K-means 算法的原理。
（5）掌握 DBSCAN 的原理。
（6）掌握 K-means 和 DBSCAN 的优缺点及用途。

能力目标

（1）能使用 sklearn 库建立聚类模型。
（2）能编写代码完成聚类模型的评价。

项目导学

聚类算法

聚类是数据挖掘中的概念，就是按照某个特定标准（如距离）把一个数据集分割成不同的类或簇，使得同一个簇内的数据对象的相似性尽可能大，同时不在同一个簇中的数据对象的差异性也尽可能地大。也即聚类后同一类的数据尽可能聚集到一起，不同类数据尽量分离。

聚类算法是一种机器学习方法,它的目的是将一组数据分成不同的群组,每个群组内的数据具有相似的特征,而不同群组之间的数据则有明显的差别。聚类算法可以帮助我们在大量的数据中发现规律和模式,从而更好地理解数据,为进一步地分析和决策提供支持。

聚类算法的应用非常广泛,以下是一些典型的应用场景:

(1)市场细分:在市场营销中,聚类算法可以将消费者分成不同的群组,从而更好地了解不同群体的购买意愿、偏好等,为制定更精准的营销策略提供支持。

(2)图像分割:在计算机视觉领域,聚类算法可以将图像中的像素分成不同的群组,从而实现图像分割,为图像处理和分析提供基础,如图 6.1 所示。

原始图像　　　　　　　　K=2 时 RGB 通通分割结果

K=3 时 RGB 通通分割结果　　　　　K=4 时 RGB 通通分割结果

图 6.1　聚类图像分割

(3)异常检测:在数据分析中,聚类算法可以帮助我们发现异常数据,即与其他数据明显不同的数据点,从而在数据清洗和预处理中发挥重要作用。

(4)社交网络分析:在社交网络分析中,聚类算法可以将用户分成不同的群组,从而更好地了解用户之间的关系和互动,为社交网络的优化和管理提供支持。

(5)医疗诊断:在医疗领域,聚类算法可以将患者分成不同的群组,从而更好地了解不同群体的病情特征和治疗效果,为临床诊断和治疗提供支持[6]。

项目知识点

知识点 1　有监督学习和无监督学习

机器学习按照模型类型分为监督学习模型、无监督学习模型两大类。有监督学习通常是利用带有专家标注的标签的训练数据,学习一个从输入变量 X 到输入变量 Y 的函数映射,$x = f(x)$。训练数据通常是(n, x, y)的形式,其中 n 代表训练样本的大小,x 和 y 分别是变量 X 和 Y 的样本值。

有监督学习可以被分为两类:① 分类问题,即预测某一样本所属的类别(离散的),如判断性别、是否健康等;② 回归问题,即预测某一样本所对应的实数输出(连续的),如预测某一地区人的平均身高。除此之外，集成学习也是一种有监督学习，它是将多个不同的相对较弱的机器学习模型的预测组合起来，用来预测新的样本。

无监督学习问题处理的是只有输入变量 X 没有相应输出变量的训练数据。它利用没有专家标注训练数据，对数据的结构建模。无监督学习也可以分为两类：聚类和降维。

聚类是将相似的样本划分为一个簇（cluster），与分类问题不同，聚类问题预先并不知道类别，自然训练数据也没有类别的标签。降维指减少数据的维度同时保证不丢失有意义的信息。利用特征选择方法和特征提取方法，可以达到降维的效果。特征选择是指选择原始变量的子集。特征提取是将数据从高纬度转换到低纬度。常用的主成分分析算法就是特征提取的方法。

知识点 2　聚类与分类的区别

Clustering（聚类）是把相似的东西分到一组。聚类的时候，并不关心某一类是什么，聚类算法通常只需要知道如何计算相似度就可以开始工作，因此 clustering 通常并不需要使用训练数据进行学习，这在 Machine Learning 中被称作 unsupervised learning（无监督学习）。

对于 Classification（分类）通常需要告诉它"这个东西被分为某某类"这样一些例子，理想情况下，Classifier 会从它得到的训练集中进行"学习"，从而具备对未知数据进行分类的能力，这种提供训练数据的过程通常叫作 supervised learning（监督学习）。

常用的聚类算法是 K-means 聚类算法。K-means 算法中的 k 代表类簇个数，means 代表类簇内数据对象的均值（这种均值是一种对类簇中心的描述），因此，K-means 算法又称为 K 均值算法。K-means 算法是一种基于划分的聚类算法，以距离作为数据对象间相似性度量的标准，即数据对象间的距离越小，则它们的相似性越高，越可能在同一个类簇。

DBSCAN 聚类算法（Density-Based Spatial Clustering of Applications with Noise，具有噪声的基于密度的聚类方法）是一种基于密度的空间聚类算法。该算法将具有足够密度的区域划分为簇，并在具有噪声的空间数据库中发现任意形状的簇，它将簇定义为密度相连的点的最大集合。

知识点 3　K-means 聚类算法的实现

1. 聚类中的簇和质心

K-means 算法中的 k 表示聚类中簇的个数，means 代表取每一个聚类中数据值的均值作为该簇的中心，或者称为质心，即用每一个聚类的质心对该簇进行描述。

簇通常用 k 表示聚类最终要得到簇个数。代码中使用 n_clusters 制定簇的个数，需要提前指定质心。簇的中心是一个簇所有样本点的中心，通常取各维度向量平均值。

2. K-means 算法步骤

先从样本集中随机选取 k 个样本作为簇的质心，并计算所有样本与这 k 个质心的距离。对于每一个样本，将其划分到与其距离最近的质心所在的簇中，再对新的簇计算各个簇的新的质心。

具体步骤分为 4 步，如图 6.2 所示：
① 读取原始数据。
② 指定 k 的值 $k=3$，计算每个质心到点的距离，划分点到簇。
③ 按照簇重新计算质心，计算每个点到质心的距离，重新划分簇。
④ 重复计算质心更新簇，迭代计算完毕所有的样本点的距离，当样本的距离划分情况基本不变时，说明已经得到最优解，返回结果。

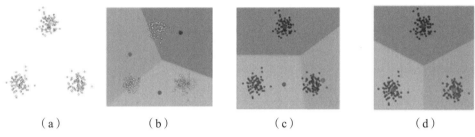

（a）　　　　（b）　　　　（c）　　　　（d）

图 6.2　K-means 算法步骤

在 K-means 算法中需要计算簇中的点到质心的距离，常用的计算方法有欧几里得距离和余弦相似度，但是在计算之前需要将数据做标准化处理。

K-means 算法中，使用优化目标函数可以找到更好的簇，并避免局部最优解，从而找到全局最优。K-means 的优化目标函数为

$$\min \sum_{i=1}^{K} \sum_{x \in C_i} \mathrm{dist}(C_i, x)^2 \tag{6.1}$$

式中包含两层，第一层为 k 个簇，第二层为每个簇中每个值到质心的距离；$\mathrm{dist}(C_i, x)^2$ 表示 C_i 簇中的点 x 到质心的距离；$\sum_{x \in C_i} \mathrm{dist}(C_i, x)^2$ 表示簇中所有点到质心距离的和；$\min \sum_{i=1}^{K} \sum_{x \in C_i} \mathrm{dist}(C_i, x)^2$ 表示求出所有簇中每个点到质心的距离和，然后取最小的值。

对于该目标函数，其实就是在计算每个类中的样本点距离类中心点的距离。一般来说中心点都会选择类内样本点的中心点，可以简单理解为该目标函数最终目的就是在最小化类内方差。

知识点 4　使用 sklearn make_blobs 生成聚类数据

1. make_blobs 用法

make_blobs 是 sklearn.datasets 中的一个函数，主要产生聚类数据集，既可以产生一个数据集和相应的标签，又可以使用它生成各种数据。函数有 7 个参数。

```
1.    make_blobs(n_samples = 100,n_features = 2 , * ,
2.        centers = None , cluster_std = 1.0 ,
3.        center_box = (-10.0, 10.0) , shuffle = True ,
4.        random_state = None , return_centers = False)
```

参数的用法如下：

① n_samples：表示数据样本点个数，默认值 100。
② n_features：表示数据的维度，默认值是 2。
③ centers：产生数据的中心点，默认值 3。
④ cluster_std：数据集的标准差，浮点数或者浮点数序列，默认值 1.0。
⑤ center_box：中心确定之后的数据边界，默认值（-10.0，10.0）。
⑥ shuffle：洗乱，默认值是 True。
⑦ random_state：官网解释是随机生成器的种子。

返回值 data，data_flag = make_blobs( )。返回的 data 就是样本集，data 是一个 n_features 列的数组，data 的总元素为 n_samples。即一个坐标轴代表样本的一个特征，返回的 data_flag 就是每个样本的标记。

2. 使用 make_blobs 生成数据集

首先定义簇心和数据的方差，然后 make_blobsk( )生成二维的数据集，返回 X、y，X 表示数据集，y 表示对应的簇编号，代码如下：

```
1.  #导入包
2.  from sklearn.datasets import make_blobs
3.  #簇的中心点
4.  blok_centers=np.array(
5.      [[0.2,2.3],
6.      [-1.5,2.3],
7.      [-2.8,1.8],
8.      [-2.8,2.8],
9.      [-2.8,1.3]])
10. #定义簇的方差
11. blok_std=np.array([0.4,0.3,0.1,0.1,0.1])
12. #生成簇数据，并返回 X，y
13. X,y=make_blobs(n_samples=2000,centers=blok_centers,
14.         cluster_std=blok_std,random_state=7)
15. #输出数据的 shape
16. X.shape,y.shape
```

代码运行后输出（(2 000，2），(2 000，)），表示生成了 2 000 个数据，分布属于 5 个簇。可以定义函数将数据绘制出来，代码如下：

```
1.  #定义了函数绘制簇的点
2.  def plot_clusters(X,y=None):
3.      plt.figure(figsize=(10,5))
4.      plt.scatter(X[:,0],X[:,1],c=y,s=1)
5.      plt.xlabel("x1")
6.      plt.ylabel("x2")
```

7. plt.show()
8. #绘制数据
9. plot_clusters(X)

运行代码后可以看到，生成了 2 000 个数据点，并按照簇的中心点和方差生成了 5 个簇的数据点，效果如图 6.3 所示。

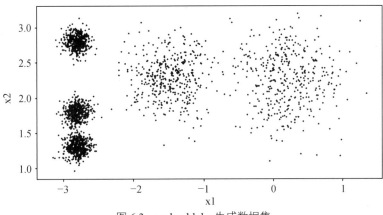

图 6.3 make_blobs 生成数据集

知识点 5 使用 sklearn 建立 kmeans 模型

使用 sklearn 建立 kmeans 模型，首先要定义簇 k 的值，然后使用 KMeans 函数建立 kmeans 模型，代码如下：

1. #导入表
2. from sklearn.cluster import KMeans
3. #设置簇的值
4. k=5
5. #建立 kmenas 模型
6. kmeans=KMeans(n_clusters=k,random_state=42)
7. y_pred=kmeans.fit_predict(X)

得到 kmenas 模型后，可以使用 fit_predict 得到预测结果，使用 labels_得到属性预测结果，使用 cluster_centers_得到实际中心点，代码如下：

1. kmeans.labels_,kmeans.cluster_centers_

代码运行后返回 5 个簇的中心点。

1. array([4, 0, 1, ..., 2, 1, 0]),
2. array([[-2.80389616, 1.80117999],
3.   [0.20876306, 2.25551336],
4.   [-2.79290307, 2.79641063],
5.   [-1.46679593, 2.28585348],
6.   [-2.80037642, 1.30082566]])

使用 pridect 函数预测新样本的所属簇，同时计算样本点到质心的距离。

1. #生成新的样本
2. X_new=np.array([[0,2],[3,2],[-3,3],[-3,2.5]])
3. kmeans.predict(X_new)
4. #计算样本到质心的距离
5. kmeans.transform(X_new)

运行代码后返回样本所属的簇，同时返回到质心的距离，因为因 k=5 所以会得到 shape 为（4，5）的一个矩阵，这个矩阵就是到 5 个质心的距离。

1. #返回样本的簇
2. array([1, 1, 2, 2])
3. #得到样本到质心的距离
4. array([[2.81093633, 0.32995317, 2.9042344 , 1.49439034, 2.88633901],
5.   [5.80730058, 2.80290755, 5.84739223, 4.4759332 , 5.84236351],
6.   [1.21475352, 3.29399768, 0.29040966, 1.69136631, 1.71086031],
7.   [0.72581411, 3.21806371, 0.36159148, 1.54808703, 1.21567622]])

知识点 6　绘制 kmeans 模型的决策边界

为了更好地展示 K-means 算法的效果，可以使用 contourf 函数绘制模型的决策边界。首先定义 plot_data 函数显示所有的数据点，代码如下：

1. #展示所有数据
2. def plot_data(X):
3.   plt.plot(X[:,0],X[:,1],'k.',markersize=2)

然后定义函数 plot_centroids 显示中心点，代码如下：

1. #展示中心点
2. def plot_centroids(centroids,crircle_color='w',cross_color='k'):
3.   plt.scatter(centroids[:,0],centroids[:,1],marker='o',s=30,linewidths=8,color=crircle_color,zorder=10,alpha=0.9)
4.   plt.scatter(centroids[:,0],centroids[:,1],marker='x',s=50,linewidths=8,color=crircle_color,zorder=11,alpha=1)

然后定义函数 plot_decision_boundaries 绘制决策边界，代码如下：

1. #绘制决策边界
2. def plot_decision_boundaries(clusterer,X,resolution=1000,show_centroids=True,show_xlabels=True,show_ylabels=True):
3.   #获取坐标棋盘
4.   mins=X.min(axis=0)-0.1
5.   maxs=X.max(axis=0)+0.1
6.   xx,yy=np.meshgrid(np.linspace(mins[0],maxs[0],resolution),
7.   np.linspace(mins[1],maxs[1],resolution))

8. Z=clusterer.predict(np.c_[xx.ravel(),yy.ravel()])
9. Z=Z.reshape(xx.shape)
10. print(xx.shape,yy.shape,Z.shape)
11. #绘制等高线
12. plt.contourf(Z,extent=(mins[0],maxs[0],mins[1],maxs[1]),cmap='Pastel2') #Pastel2
13. plt.contour(Z,extent=(mins[0],maxs[0],mins[1],maxs[1]),linewidths=1,colors='k')
14. plot_data(X)
15. plot_centroids(clusterer.cluster_centers_)
16. plt.xlabel("x1")
17. plt.ylabel("x2")
18. plt.tick_params(labelbottom='off')
19. plt.tick_params(labelleft='off')

最后调用决策边界函数绘制决策边界，代码如下：

1. #调用函数绘制决策边界
2. plt.figure(figsize=(15,5))
3. plot_decision_boundaries(kmeans,X)
4. plt.show()

运行代码后，绘制出了 5 个簇的点所在的区域，并绘制出了每个簇的中心如图 6.4 所示。

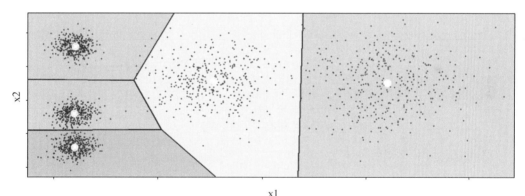

图 6.4　kmeans 决策边界

知识点 7　绘制 kmeans 模型的 Inertia 评估标准

1. 使用 Inertia 评估标准确定最大簇 K 的拐点

Kmeans 算法的目标是确保"簇内差异小，簇外差异大"，当聚类模型训练完毕之后，需要对模型进行评估，kmeans 中使用 Inertia 作为 kmeans 模型评估的指标之一。Inertia 是簇内平方和（cluster sum of square），表示一个簇中所有样本点到质心的距离的平方和。

将一个数据集中的所有簇的簇内平方和相加，就得到了整体平方和（total cluster sum of square），又叫作 total inertia。Total Inertia 越小，代表着每个簇内样本越相似，聚类的效果就越好。因此优化 kmeans 模型，就是要求解出能让 Inertia 最小化的质心。

在实际使用中利用 Inertia 的值来查找最大簇 K 的拐点值，使用一个循环，分别计算出簇 K 的值为 1 到 9 时的 Inertia，代码如下：

1. #定义一个列表保存所有的模型
2. kmeans_pre=[KMeans(n_clusters=k).fit(X) for k in range(1,10)]
3. inerias=[model.inertia_ for model in kmeans_pre]
4. #输出 inerias 的值
5. inerias

代码运行完毕后会输出 Inertia 的 9 个值，然后绘制 Inertia 和 K 的关系图形，代码如下：

1. plt.figure(figsize=(8,4))
2. plt.plot(range(1,10),inerias,'bo-')
3. plt.axis([1,8,5,1300])
4. plt.show()

运行代码后，如图 6.5 所示，可以看出随着 K 值的增加 Inertia 减小，当 K<4 时候 Inertia 减小幅度很大，但是当 K>4 时 Inertia 减小幅度变小，所以 K=4 是一个拐点。

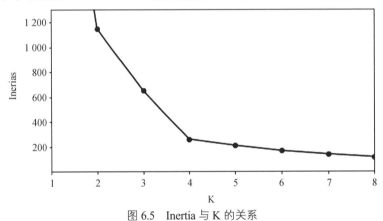

图 6.5　Inertia 与 K 的关系

2. Inertia 评估标准问题

从上例中可以看出，在质心不断变化不断迭代的过程中，总体平方和是越来越小的，当整体平方和最小的时候，质心就不再发生变化了，K-means 的求解过程，就变成了一个最优化问题。随着分的簇越多，Inertia 越小，这说明 Inertia 并不能作为衡量 K-means 的标准，有很多缺点。

首先，Inertia 是越小越好，是 0 最好，但是 Inertia 究竟有没有达到模型的极限没有明确的界定范围。同时 Inertia 的计算太容易受到特征数目的影响，数据维度很大的时候，Inertia 的计算量骤增，不适合用来重复性地评估模型计算。

其次，Inertia 对数据的分布有假设，它假设数据满足凸分布（即数据在二维平面图像上看起来是一个凸函数的样子），并且假设数据是各向同性的（isotropic），即数据的属性在不同方向上代表着相同的含义。但是现实中的数据往往不是这样。所以使用 Inertia 作为评估指标，只能用在一个数据分布比较规则的应用场合，对于一些细长簇、环形簇，或者不规则形状的数据分布时表现不佳。

知识点 8　绘制 kmeans 模型的轮廓系数 silhoutte_score 评估标准

使用 Inertia 估标 K-means 算法时存在局限性，这时可以使用另外一个评估标准轮廓系数（silhoutte_score），它使用簇内的稠密程度（簇内差异小）和簇间的离散程度（簇外差异大）来评估聚类的效果。

轮廓系数是对每个样本来定义的，能够同时衡量 ai 和 bi。

ai 是样本 i 到同簇其他样本的平均距离。ai 越小，说明样本 i 越应该被聚类到该簇。将 ai 称为样本 i 的簇内不相似度。

bi 是样本 i 到其他某簇 Cj 的所有样本的平均距离，称为样本 i 与簇 Cj 的不相似度。定义样本 i 的簇间不相似度 $bi = \min\{bi1, bi2, \cdots, bik\}$。

根据聚类的要求"簇内差异小，簇外差异大"，我们希望 b 永远大于 a，并且大得越多越好。单个样本的轮廓系数计算为

$$s(i) = \frac{b(i) - a(i)}{\max\{a(i), b(i)\}} \tag{6.2}$$

$s(i)$ 的取值有三种形式：

① $s(i)$ 接近 1，则说明样本 i 聚类合理；
② $s(i)$ 接近 –1，则说明样本 i 更应该分类到另外的簇；
③ 若 $s(i)$ 近似为 0，则说明样本 i 在两个簇的边界上。

在实际项目中，通常使用循环生成多个 kmeans 模型，然后使用 silhouette_score 函数计算轮廓系数，下面的代码是计算轮廓系数的过程。

```
1. #定义一个列表保存所有的模型
2. from sklearn.metrics import silhouette_score
3. kmeans_pre=[KMeans(n_clusters=k).fit(X) for k in range(1,10)]
4. #计算轮扣系数
5. silhouette_scores=[silhouette_score(X,model.labels_) for model in kmeans_pre[1:]]
6. #可视化
7. plt.figure(figsize=(8,4))
8. plt.plot(range(2,10),silhouette_scores,'bo-')
9. plt.show()
```

代码运行结果如图 6.6 所示。

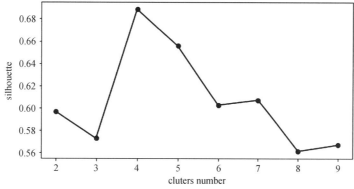

图 6.6　cluters-silhouette 轮廓系数

知识点 9　DBSCAN 聚类算法

1. DBSCAN 算法

K-means 聚类算法简单明了，但是也有缺点。例如每次需要先确定 K 值，同时 K 的值也会直接影响聚类的结果。聚类算法受初始值影响较大，这是因为需要计算每个样本点到所有"簇"质心的距离，算法复杂度与样本规模呈线性关系，并且很难发现任意形状的簇。

聚类算法还有另外一种就是 DBSCAN 算法，它是基于密度的聚类算法，所谓密度聚类算法就是根据样本的紧密程度来进行聚类。

2. DBSCAN 算法基本概念

DBSCAN 算法包含很多基本的术语，如 r 邻域、核心对象等具体含义如下。

（1）r 邻域：给定对象半径为 r 内的区域称为该对象的 r 邻域。如图 6.7（a）所示，P 对象在半径 r 内构成的圆就是该对象的 r 邻域。

（2）核心对象：如果给定对象 r 邻域内的样本点数大于等于 MinPts，则称该对象为核心对象。如图 6.7（b）所示，设置 MinPts 的点为 2，那么在对象 P 的 r 领域内有 4 个点，大于 MinPts，那么 P 对象就是核心对象。

（3）ε-邻域的距离阈值为设定的半径 r。如果样本点 Q 在 P 的 r 邻域内，并且 P 为核心对象，那么对象 P-Q 直接密度可达，如图 6.7（c）所示。

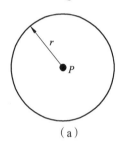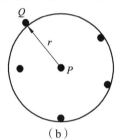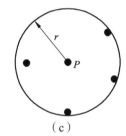

（a）　　　　　　　　（b）　　　　　　　　（c）

图 6.7　直接密度可达

3. 密度可达与密度相连

密度可达：若有一个点的序列 $Q_0, Q_1, Q_2, Q_3, \cdots, Q_k$，对任意 $Q_0 \sim Q_k$ 是直接密度可达的，则称从 Q_0 到 Q_k 密度可达，这实际上是直接密度可达的"传播"。如图 6.8 所示，Q-P 密度直达，M-Q 密度直达，那么 M-P 密度可达。

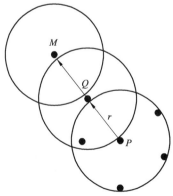

图 6.8　密度可达

密度相连：若从某核心点 P 出发，点 Q 和点 K 都是密度可达的，则称点 Q 和点 K 是密度相连的。如图 6.9 所示，Q-O 是密度可达，则 P-O 是密度可达，Q-P 是密度相连。在 DBSCAN 中那些样本可以看成一个类（也称簇），即最大的密度相连的样本集合。

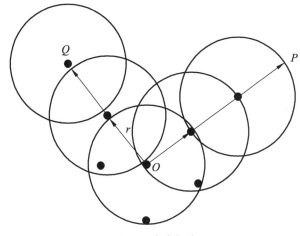

图 6.9　密度相连

如图 6.10 所示，如果设置 MinPts=5，三角形的点都是核心对象，其 ε-邻域至少有 5 个样本。单箭头连线之外的样本是非核心对象。所有核心对象密度直达的样本在以单箭头连线起点为中心的超球体内，如果不在超球体内，则不能密度直达。图中用箭头线连起来的核心对象组成了密度可达的样本序列。在这些密度可达的样本序列的 ε-邻域内所有的样本相互都是密度相连的。

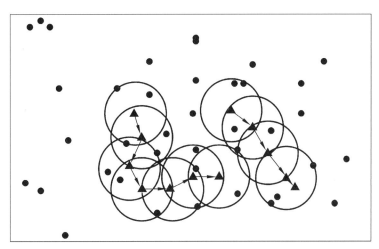

图 6.10　密度相连

4. 边界点

边界点：属于某一个类的非核心点，不能与其他的点密度可达，如图 6.11 中 B、C 点就是边界点。

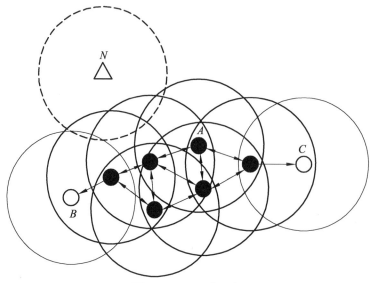

图 6.11　B、C 边界点

噪声点：不属于任何一个类簇的点，从任何一个核心点出发都是密度不可达的，如图 6.12 中的 N 点。

知识点 10　DBSCAN 聚类算法实现

DBSCAN 算法需要设置三个参数：输入数据集 D、指定邻域的半径 eps、密度阈值（邻域内最小的样本点数）MinPts。首先设置参数 eps，可以根据 K 距离来设定，以便找突变点；然后设定 K 距离，给定数据集 $P=\{p(i),i=0,1,\cdots,n\}$，计算点 $p(i)$ 到集合 D 的子集 S 中所有点之间的距离，距离按照从小到大的顺序排序；最后求出 MinPts，一般先取得小一些，需要多次尝试，具体代码如下：

```
1.  np.unique(dbscan.labels_)
2.  # 调整不同的 eps 和 min_samples，可以得到不同的结果
3.  dbscan2=DBSCAN(eps=0.2,min_samples=5)
4.  dbscan2.fit(X)
5.  # 定义函数
6.  def plot_dbscan(dbscan,X,size,show_xlabels=True,show_ylabels=True):
7.  #定义分类的集合 1000 个
8.  core_mask=np.zeros_like(dbscan.labels_,dtype=bool)
9.  #设定核心点为 True
10. core_mask[dbscan.core_sample_indices_]==True
11. #找到离群点
12. anomalies_maske=dbscan.labels_==-1
13. #不是离群点，也不是核心点的点
14. non_core_mask=~(core_mask|anomalies_maske)
15. #得到核心点的坐标
```

16. cores=dbscan.components_
17. #得到离群点
18. anomalies=X[anomalies_maske]
19. non_cores=X[non_core_mask]
20. #绘制特征点
21. plt.scatter(cores[:,0],cores[:,1],
22.   c=dbscan.labels_[core_mask],marker='o',s=size,cmap='Paired')
23. #绘制
24. plt.scatter(cores[:,0],cores[:,1],marker='*',s=20,c=dbscan.labels_[core_mask])
25. plt.scatter(anomalies[:,0],anomalies[:,1],c='r',marker="x",s=100)
26. plt.scatter(non_cores[:,0],non_cores[:,1],c=dbscan.labels_[non_core_mask],marker=".")
27. plt.title("DBSCAN 聚类算法 eps={:.2f}, min_samples={}".format(dbscan.eps, dbscan.min_samples), fontsize=14)
28. #数据结果可视化
29. plt.figure(figsize=(10,5))
30. plt.subplot(121)
31. plot_dbscan(dbscan,X,size=100)
32.
33. plt.subplot(122)
34. plot_dbscan(dbscan2,X,size=600)
35. plt.show()

运行代码后，结果如图 6.12 所示，可以看出同样的数据样本，如果 eps 也就是 ε 邻域的距离阈值设置不同，会得到不同的结果。图 6.12（a）中设置 eps 为 0.08，DBSCAN 算法将数据分为了 4 个"簇"，图 6.12（b）中设置 eps 为 0.2，DBSCAN 算法将数据分为 2 个"簇"。

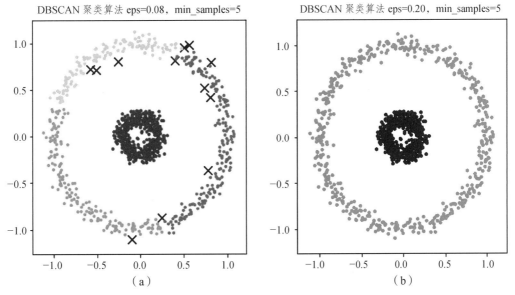

图 6.12 DBSCAN 算法运行结果

> 工作任务

图像分割是利用图像的灰度、颜色、纹理、形状等特征,把图像分成若干个互不重叠的区域,并使这些特征在同一区域内呈现相似性,在不同的区 域之间存在明显的差异性,然后就可以将分割的图像中具有独特性质的区域提取出来用于不同的研究。

任务 1 加载并显示图片

本任务中使用 matplotlib 打开图片,并读取图片的数据,代码如下:

```
1.  #导入包
2.  from matplotlib.image import imread
3.  import matplotlib.pyplot as plt
4.  from sklearn.cluster import KMeans
5.  import numpy as np
6.  #读取并打开图片
7.  from matplotlib.image import imread
8.  image = imread('ladybug.png')
9.  image.shape
10. plt.imshow(image)
```

代码运行后,显示图片的大小和图片,如图 6.13 所示。

图 6.13 加载并显示图片

无论是灰度图还是 RGB 彩色图,实际上都是存有灰度值的矩阵。本项目读取的数据图片输出 shape 为(533,800,3),可以看成一个三维矩阵。使用 3D 的可视化工具,将图像的像素点可视化,如图 6.14 所示。

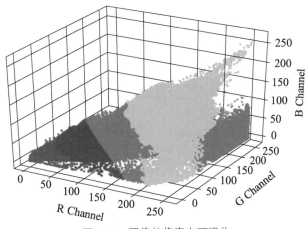

图 6.14 图像的像素点可视化

从图片像素点可视化的角度分析，图像的数据格式决定了在图像分割方向上可以使用 K-means 聚类算法将图像进行分割。

任务 2　建立 kmeans 模型

本任务中使用 kmenas 算法，为了测试分割的效果，分别设置簇的数量为 10、8、6、3、2。针对每一种情况对图片做聚类操作，并输出聚类后的效果，代码如下：

```
1.  #拉平数据
2.  X = image.reshape(-1,3)
3.  #建立 kmeans 模型
4.  segmented_imgs = []
5.  n_colors = (10,8,6,3,2)
6.  for n_cluster in n_colors:
7.      kmeans = KMeans(n_clusters = n_cluster,random_state=42).fit(X)
8.      segmented_img = kmeans.cluster_centers_[kmeans.labels_]
9.      segmented_imgs.append(segmented_img.reshape(image.shape))
10. #可视化聚类结果
11. plt.figure(figsize=(10,5))
12. plt.subplot(231)
13. plt.imshow(image)
14. plt.title('Original image')
15. for idx,n_clusters in enumerate(n_colors):
16.     plt.subplot(232+idx)
17.     plt.imshow(segmented_imgs[idx])
18.     plt.title('{}colors'.format(n_clusters))
```

可以看出，通过设置不同的簇可以将图像中的物体进行分割，当簇的数量为 2 时就可以把黄色的菊花和背景进行分割，这种用法通常用在图像的预处理中，输出结果如图 6.15 所示。

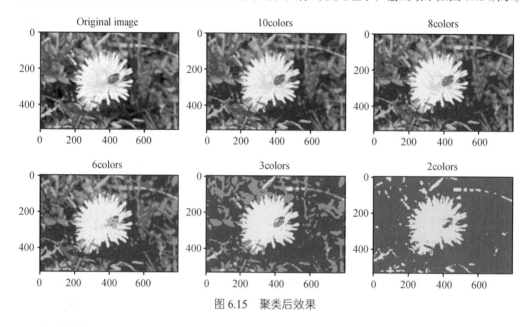

图 6.15　聚类后效果

在自动驾驶中，可以用聚类算法将车道线和其他物体进行分离，这样就可以判别车辆当前所处的位置，如图 6.16 所示，当设置簇的数量为 2 时就可以将公路的边界和中线提取出来，然后再做后续的处理。

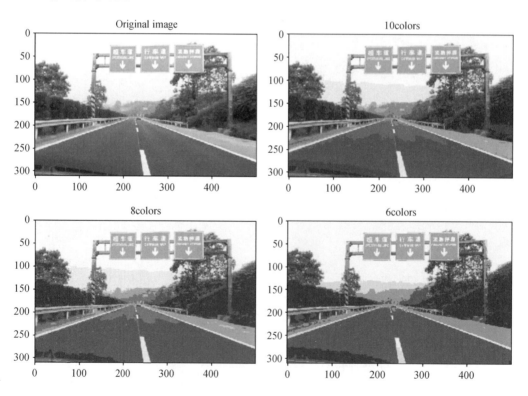

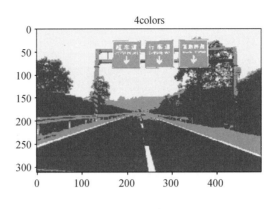

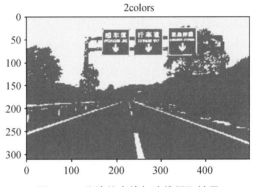

图 6.16　公路的中线与边线提取结果

任务 3　分离图片的前景和背景

建立一个簇为 2 的聚类模型，并输出质心，代码如下：

```
1.  #建立 kmeans 模型
2.  kmeans1 = KMeans(n_clusters = 2,random_state=42).fit(X
3.  kmeans1.cluster_centers_
```

运行代码后输出 2 个簇的质心，如图 6.17 所示。

```
array([[0.133704 , 0.26556903, 0.0400116 ],
       [0.8609334 , 0.800534  , 0.1048737 ]], dtype=float32)
```

图 6.17　输出 2 个簇的质心

得到 kmeans 模型后，对图像的所有像素点进行预测，得到像素点所属的簇，根据像素点的簇分割图像，并返回分割后的图片，代码如下：

```
1.  #预测像素点所属的簇
2.  y_pre1=kmeans1.predict(X)
3.  #根据簇分割图像
```

4. x1=np.zeros((426400, 3),float)

5. for i in range(y_pre.size):

6.   if y_pre[i]==0:

7.   x1[i]=kmeans1.cluster_centers_[0]

8.   else:

9.   x1[i]=[0,0,0]

10. #显示分割后的图像

11. x1=x1.reshape(image.shape)

12. plt.imshow(x1)

代码中对属于第 1 个簇的像素点保持原像素的值不变，对第 2 簇的像素点赋值（0，0，0），运行后得到图片的背景，如图 6.18 所示。

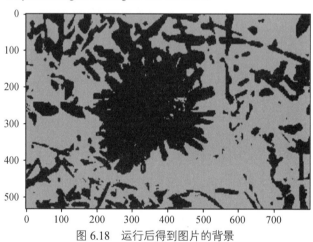

图 6.18　运行后得到图片的背景

采用相同的处理方法对属于第 2 簇的像素点进行处理，代码如下：

1. #分离前景物体

2. x1=np.zeros((426400, 3),float)

3. for i in range(y_pre.size):

4.   if y_pre[i]==1:

5.   x1[i]=kmeans1.cluster_centers_[1]

6.   else:

7.   x1[i]=[0,0,0]

8. x1=x1.reshape(image.shape)

9. plt.imshow(x1)

代码运行后,可以得到前景的黄色菊花,如图 6.19 所示,。

<matplotlib.image.AxesImage at 0x276ccc9a358>

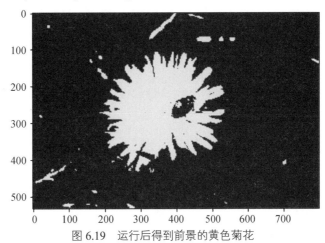

图 6.19 运行后得到前景的黄色菊花

项目 7　使用决策树实现餐饮客户流失预测

项目导入

随着餐饮市场竞争日益加剧，餐饮客户流失成为众多企业的常见问题。企业不仅需要努力吸引新客户，还需要通过对现有客户的关怀和维护，提高客户的忠诚度，并减少客户的流失。在餐饮企业中，客户流失的特征主要体现在以下 4 个方面：用餐次数越来越少，很长时间没有来店里消费，平均消费水平越来越低，总消费金额越来越少。本项目使用餐饮系统中的历史订单表（info_new）和历史客户信息表（user_loss），包含客户的订单和对应客户的消费数据，通过提取特征构建客户流失预测模型，并对现有客户进行预测，有针对性地开展个性化的营销策略。

知识目标

（1）了解决策树的基本概念。
（2）了解信息熵的基本概念。
（3）了解 ID3 基本算法。

能力目标

（1）能使用 ID3 基本算法搭建决策树。
（2）能绘制决策边界。

项目导学

决策树

决策树是一种基本的分类和回归方法。它通过构建一棵树结构来进行预测，每个节点代表一个特征或属性，每条边代表该特征或属性的一个取值，每个叶子节点代表一种分类结果。

构建决策树的过程就是一个递归过程，每次选择最优的特征或属性，使得将数据分成的各组具有最高的纯度。纯度可以用不同的度量标准来衡量，如基尼系数、信息增益等。

例如，有 1 组数据，包含 10 个学生的学习状态样本，包括分数、出勤率、回答问题次数、作业提交率四个特征，最后判断这些学生是否是好学生。这时，可以使用决策树来完成判断，如图 7.1 所示。

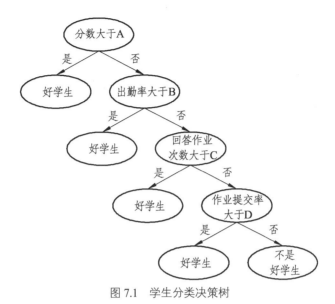

图 7.1 学生分类决策树

图 7.1 中，A、B、C、D 称为阈值，这个值可以设定，通过设定不同的阈值可以得到不同的分类结果。

决策树的优点是易于理解和可解释性强，可以直接看出每个特征对预测结果的贡献程度。缺点是易于过拟合，树的深度和叶子数量过大会导致过拟合问题。为了防止过拟合，通常使用剪枝策略或者限制树的深度来解决这个问题。

决策树是有监督的学习算法，决策树的这些规则通过训练得到。决策树是最简单的机器学习算法，可以处理回归问题也可以处理分类问题，易于实现，可解释性强，符合人类的直观思维，有着广泛的应用。

项目知识点

知识点 1　决策树的基本概念

1. 树模型

决策树模型是一种对实例进行分类的树型结构，从根节点开始一步步走到叶子节点，其由节点（node）和有向边组成。而节点也分成内部节点和叶节点两种，内部节点表示的是一个特征和一个属性。最终所有的数据都会落到叶子节点。

2. 树模型的组成

树模型包括根节点、叶子节点、非叶子节点，如图 7.2 所示，根节点是第一个选择的节点，非叶子节点与分支是在决策树中间过程产生的，叶子节点是最终的决策结果。分类问题中决策树的叶子节点是类别，其他节点是属性。

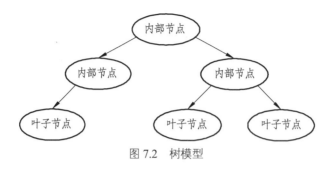

图 7.2 树模型

知识点 2　决策树的构建

1. 决策树的构建过程

决策树的构建过程分为训练阶段和测试阶段。训练阶段：从给定的训练集构造一棵树。测试阶段：根据构造的树模型，从上到下，把数据输入执行一遍。

一旦构造好了决策树，那么分类或者预测任务就很简单了，只需要按照节点遍历一次决策树就可以了，那么难点就在于如何构造出来一棵决策树。

2. 切分节点

构造决策树的关键步骤是分裂属性，就是在某个节点处按照某一特征属性的不同划分构造不同的分支，其目标是让各个分裂子集尽可能地"纯"。尽可能"纯"就是尽量让一个分裂子集中待分类项属于同一类别。这时就需要一种衡量标准，来计算通过不同特征进行分支选择后的分类情况，找出来最好的那个当成根节点。在决策树中常用信息熵来作为衡量分类后的数据集的纯度。

如图 7.3 所示，有两个分类结果，第一个结果明显要好于第二结果，直观的表述就是第一个分类很"纯"，圆形和三角形点直接分成了两类，第二种分类很乱，圆形的点和三角形的点混杂在一起[7]。

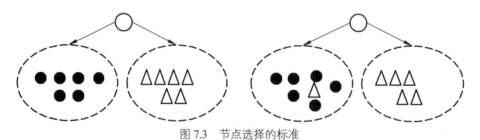

图 7.3　节点选择的标准

知识点 3　信息熵

1. 信息熵简介

决策树学习的关键在于如何选择最优的划分属性。所谓的最优划分属性，对于二元分类而言，就是尽量使划分的样本属于同一类别，即"纯度"最高的属性。而度量特征（Features）的纯度，就要用到信息熵（Information Entropy）。信息熵的定义：假如当前样本集 D 中第 k 类样本所占的比例为 $p_k(k=1,2,3,4,\cdots,|K|)$，$K$ 为类别总数。则样本集的信息熵为

$$\text{Ent}(D) = -\sum_{k=1}^{k} p_k \log_2 p_k \tag{7.1}$$

Ent(D) 的值越小，则 **D** 的纯度越高，这个公式也决定了信息增益的一个缺点：信息增益对可取值数目多的特征有偏好（即该属性能取得值越多，信息增益越偏向这个属性）。因为特征可取的值越多，会导致"纯度"越大，即 Ent(D) 会很小，如果一个特征的离散个数与样本数相等，那么 Ent(D) 值会为 0。

2. 信息熵计算实例

两个集合，集合 **A**={1,1,1,1,1,1,1,1,1,1}，集合 **B**={1,2,3,4,5,6,7,8,9,10}。

计算集合 **A** 信息熵：

① 样本 1 在集合 **A** 中出现的概率 $p_1 = \dfrac{10}{10}$。

② 信息熵 $\text{Ent}(D_A) = -1 \times \log_2 1 = 0$。

计算集合 **B** 信息熵：

① 样本 1,2,3,4,…,10 在集合 **B** 中出现的概率 $p_1 = \dfrac{1}{10}, p_2 = \dfrac{1}{10}, p_3 = \dfrac{1}{10}, \cdots, p_{10} = \dfrac{1}{10}$。

② 信息熵 $\text{Ent}(D_B) = -10 \times \log_2 \dfrac{1}{10}$。

显然 **A** 集合的熵值更低，这是因为 **A** 里面只有 1 种类别，相对稳定一些；而 **B** 中类别太多，熵值就会大很多。

知识点 4　信息增益

1. 信息增益的概念

首先对数据集合 **D** 计算得到集合的信息熵 Ent(D)，然后使用数据集合的某一特征 a 对数据进行分类得到分支节点。每个分支节点也可以计算得到分支的信息熵 $\text{Ent}(D^v)$，其中 v 表示第 v 个分支，计算出所有分支的信息熵，再根据每分支样本的数量确定分支的权重 $\dfrac{|D^v|}{|D|}$，计算出全部分支的信息熵 $\sum_{v=1}^{v} \dfrac{|D^v|}{|D|} \text{Ent}(D^v)$，最终得到特征 a 的信息增益。

$$\text{Gain}(D,a) = \text{Ent}(D) - \sum_{v=1}^{v} \dfrac{|D^v|}{|D|} \text{Ent}(D^v) \tag{7.2}$$

一般而言，信息增益越大，则表示使用特征对数据集划分所获得的"纯度提升"越大。所以信息增益可以用于决策树划分属性的选择，其实就是选择信息增益最大的属性。ID3 算法就是采用的信息增益来划分属性。

2. 信息增益计算实例

有如下西瓜数据集,包括色泽、根蒂、敲声、纹理等6个特征,可以根据特征来判断西瓜的好坏,数据集如表7.1所示。

表7.1 西瓜数据集

编号	色泽	根蒂	敲声	纹理	脐部	触感	密度	含糖率	好瓜
1	青绿	蜷缩	浊响	清晰	凹陷	硬滑	0.697	0.460	是
2	乌黑	蜷缩	沉闷	清晰	凹陷	硬滑	0.774	0.376	是
3	乌黑	蜷缩	浊响	清晰	凹陷	硬滑	0.634	0.264	是
4	青绿	蜷缩	沉闷	清晰	凹陷	硬滑	0.608	0.318	是
5	浅白	蜷缩	浊响	清晰	凹陷	硬滑	0.556	0.215	是
6	青绿	稍蜷	浊响	清晰	稍凹	软粘	0.403	0.237	是
7	乌黑	稍蜷	浊响	稍糊	稍凹	软粘	0.481	0.149	是
8	乌黑	稍蜷	浊响	清晰	稍凹	硬滑	0.437	0.211	是
9	乌黑	稍蜷	沉闷	稍糊	稍凹	硬滑	0.666	0.091	否
10	青绿	硬挺	清脆	清晰	平坦	软粘	0.243	0.267	否
11	浅白	硬挺	清脆	模糊	平坦	硬滑	0.245	0.057	否
12	浅白	蜷缩	浊响	模糊	平坦	软粘	0.343	0.099	否
13	青绿	稍蜷	浊响	稍糊	凹陷	硬滑	0.639	0.161	否
14	浅白	稍蜷	沉闷	稍糊	凹陷	硬滑	0.657	0.198	否
15	乌黑	稍蜷	浊响	清晰	稍凹	软粘	0.360	0.370	否
16	浅白	蜷缩	浊响	模糊	平坦	硬滑	0.593	0.042	否
17	青绿	蜷缩	沉闷	稍糊	稍凹	硬滑	0.719	0.103	否

1)计算西瓜数据集信息熵

数据集包含17个样本,类别为二元的,正例(类别为1的样本)占的比例为 $p_1 = \dfrac{8}{17}$,反例(类别为0的样本)占的比例为 $p_2 = \dfrac{9}{17}$。根据信息熵的公式能够计算出数据集 D 的信息熵为

$$\text{Ent}(D) = -\sum_{k=1}^{k} p_k \log_2 p_k = -\left(\frac{8}{17}\log_2\frac{8}{17} + \frac{9}{17}\log_2\frac{9}{17}\right) = 0.998 \qquad (7.3)$$

2)根节点信息增益

从数据集中能够看出特征集为:{色泽,根蒂,敲声,纹理,脐部,触感}。下面来计算每个特征的信息增益。先看"色泽",它有三个可能的离值:{青绿,乌黑,浅白}。若使用"色泽"对数据集 D 进行划分,如图7.4所示,可得到3个子集。

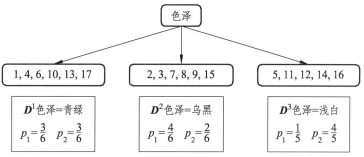

图 7.4 "色泽"对数据集 D 进行划分

计算信息熵：

$$\begin{cases} \text{Ent}(D^1) = -\left(\dfrac{3}{6}\log_2\dfrac{3}{6} + \dfrac{3}{6}\log_2\dfrac{3}{6}\right) = 1.00 \\ \text{Ent}(D^2) = -\left(\dfrac{4}{6}\log_2\dfrac{4}{6} + \dfrac{2}{6}\log_2\dfrac{2}{6}\right) = 0.918 \\ \text{Ent}(D^3) = -\left(\dfrac{1}{5}\log_2\dfrac{1}{5} + \dfrac{4}{5}\log_2\dfrac{4}{5}\right) = 0.722 \end{cases} \quad (7.4)$$

计算特征"色泽"的信息增益：

$$\begin{aligned} \text{Gain}(D,色泽) &= \text{Ent}(D) - \sum_{v=1}^{3}\dfrac{|D^v|}{|D|}\text{Ent}(D^v) \\ &= 0.998 - \left(\dfrac{6}{17}\times 1.000 + \dfrac{6}{17}\times 0.918 + \dfrac{5}{17}\times 0.772\right) \\ &= 0.109 \end{aligned} \quad (7.5)$$

同理计算特征的信息增益熵：

$$\begin{cases} \text{Gain}(D,根蒂) = 0.143 \\ \text{Gain}(D,敲声) = 0.141 \\ \text{Gain}(D,纹理) = 0.381 \\ \text{Gain}(D,脐部) = 0.289 \\ \text{Gain}(D,触感) = 0.006 \end{cases} \quad (7.6)$$

比较发现，特征"纹理"的信息增益最大，于是它被选为划分属性，因此可得如图 7.5 所示结果。

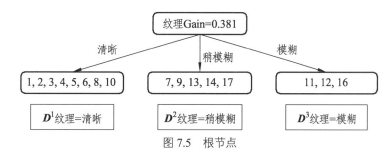

图 7.5 根节点

3）叶子节点信息增益计算

继续对图 7.3 中每个分支进行划分。以图中第一个分支节点{"纹理=清晰"}为例，对这个节点进行划分，设该节点的样本集 D^1 ={1, 2, 3, 4, 5, 6, 8, 10, 15}，共 9 个样本，可用特征集合为{色泽，根蒂，敲声，脐部，触感}，因此基于 D^1 能够计算出各个特征的信息增益：

$$\begin{cases} \text{Gain}(D^1,根蒂) = 0.458 \\ \text{Gain}(D^1,敲声) = 0.331 \\ \text{Gain}(D^1,色泽) = 0.043 \\ \text{Gain}(D^1,脐部) = 0.458 \\ \text{Gain}(D,触感) = 0.458 \end{cases} \quad (7.7)$$

比较发现，"根蒂""脐部""触感"这 3 个属性均取得了最大的信息增益，可以随机选择其中之一作为划分属性（这里选择"根蒂"）。因此可得如图 7.6 所示结果。

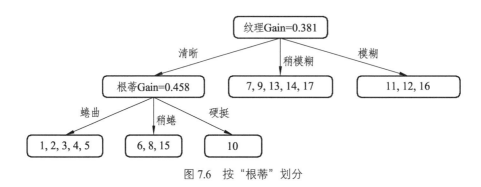

图 7.6　按"根蒂"划分

继续对图 7.4 中的每个分支节点递归地进行划分。以图中的节点{"根蒂=蜷缩"}为例，设该节点的样本集为{1, 2, 3, 4, 5}，共 5 个样本，但这 5 个样本的 class label 均为"好瓜"，因此当前节点包含的样本全部属于同一类别无需划分，将当前节点标记为 C 类（在这个例子中为"好瓜"）叶节点，递归返回。可得如图 7.7 所示结果。

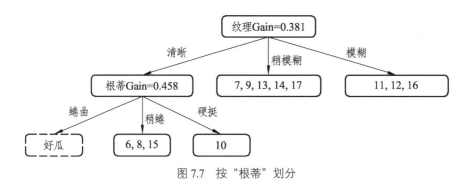

图 7.7　按"根蒂"划分

接下来对图 7.5 中节点{"根蒂=稍蜷"}进行划分，该点的样本集为 D^1={6, 8, 15}，共有 3 个样本。可用特征集为{色泽，敲声，脐部，触感}，同样可以基于"色泽"计算出各个特征的信息增益，得到分类如图 7.8 所示。

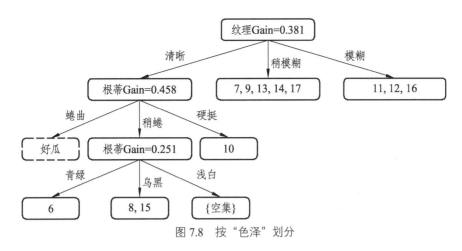

图 7.8 按 "色泽" 划分

继续进行递归，看 "色泽=青绿" 这个节点，只包含一个样本，无需再划分了，直接把当前节点标记为叶节点，类别为当前样本的类别，即好瓜。递归返回。然后对 "色泽=乌黑" 这个节点进行划分，此处不再累述。对于 "色泽=浅白" 这个节点，等到递归的深度处理完 "色泽=乌黑" 分支后，返回来处理 "色泽=浅白" 这个节点。由于当前节点包含的样本集为空集，不能划分，对应的处理措施为：将其设置为叶节点，类别设置为其父节点（根蒂=稍蜷）所含样本最多的类别，"根蒂=稍蜷" 包含{6, 8, 15}三个样本，6, 8 为正样本，15 为负样本，因此 "色泽=浅白" 节点的类别为正（好瓜）。最终，得到的决策树如图 7.9 所示。

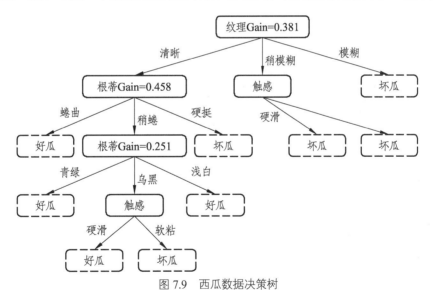

图 7.9 西瓜数据决策树

知识点 5　决策树 ID3 算法

1. ID3 算法

决策树的 ID3 算法，是基于计算每个特征的信息熵和信息增益来实现的。但信息增益有个缺点就是对可取数值多的属性有偏好，以西瓜数据集为例，如果把 "编号" 这一列当作属性也考虑在内，那么可以计算出它的信息增益为 0.998，远远大于其他的候选属性，因为 "编号"有 17 个可取的数值,产生 17 个分支,每个分支节点仅包含一个样本,显然这些分支节点的纯度最大,但是,这样的决策树不具有任何泛化能力。同样以西瓜数据集为例,考虑"编号"这一属性,通过 ID3 算法生成的决策树如图 7.10 所示。

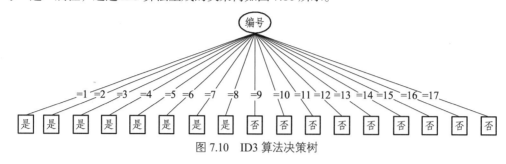

图 7.10　ID3 算法决策树

显然 ID3 算法生成了一棵含有 17 个节点的树,这棵树没有任何的泛化能力,这也是 ID3 算法的一个缺点。

2. ID3 算法的缺点

(1) ID3 算法没有考虑连续特征,比如工资、长度等。

(2) ID3 倾向于选择取值比较多的属性作为决策节,比如天气属性有 2 个值(晴天、小雨),每个值占比 1/2,而温度属性有 3 个值(高、中、低),分别占比 1/3。其实它们都是不确定的,但是取 3 个值的属性比取 2 个值的属性作为条件时的信息增益大。

(3) ID3 算法没有考虑缺失值的情况。比如某个属性有缺失的值,ID3 算法中并没有考虑这样的情况。

(4) ID3 算法没有考虑"过拟合"的问题。过拟合就是模型在训练数据集的结果表现非常好,但是在训练数据集之外的数据却不能很好地拟合数据。

由于 ID3 算法的缺点,后来又提出了对 ID3 算法的改进的 C4.5 算法和使用 GINI 系数来作为衡量标准的 CART 算法。这些算法都是基于信息熵,只是计算的方法不同。

知识点 6　DecisionTreeClassifier 决策树分类函数

可以直接使用 sklearn 中的 DecisionTreeClassifier 函数搭建决策树实现分类,函数的用法如下。

```
1.  DecisionTreeClassifier(
2.      *, criterion='gini', splitter='best', max_depth=None,
3.      min_samples_split=2, min_samples_leaf=1,min_weight_fraction_leaf=0.0,
4.      max_features=None, random_state=None, max_leaf_nodes=None,
5.      min_impurity_decrease=0.0, class_weight=None, ccp_alpha=0.0
6.  )
```

常用参数:

① criterion:特征选择标准,可设置为"gini"或"entropy",前者是基尼系数,后者是信息熵。

② splitter：拆分器，可设置为"best"或"random"，前者是在所有特征中找最好的切分点，后者是在部分特征中。默认的"best"适合样本量不大的时候，而如果样本数据量非常大，此时决策树构建推荐"random"。

③ max_features：最大特征数可以是"None"（所有）、log2 或 sqrt，样本总特征数 N 小于 50 的时候一般使用"None"。

④ max_depth："int"或"None"，optional（default=None）设置决策随机森林中的决策树的最大深度，深度越大，越容易过拟合。推荐树的深度为 5~20。

⑤ min_samples_split：设置节点的最小样本数量，当样本数量可能小于此值时，节点将不会再划分。

⑥ min_samples_leaf：这个值限制了叶子节点最少的样本数，如果某叶子节点数目小于样本数，则会和兄弟节点一起被剪枝。

⑦ min_weight_fraction_leaf：这个值限制了叶子节点所有样本权重和的最小值，如果小于这个值，则会和兄弟节点一起被剪枝默认是 0，即不考虑权重问题。

⑧ max_leaf_nodes：通过限制最大叶子节点数，可以防止过拟合，默认是"None"，即不限制最大的叶子节点数。

⑧ class_weight：指定样本各类别的权重，主要为了防止训练集某些类别的样本过多，导致训练的决策树过于偏向这些类别。这里可以指定各个样本的权重，如果使用"balanced"，则算法会自己计算权重，样本量少的类别所对应的样本权重会高。

⑩ min_impurity_split：这个值限制了决策树的增长，如果某节点的不纯度（基尼系数，信息增益，均方差，绝对差）小于这个阈值则该节点不再生成子节点，即为叶子节点。

例如，可以加载鸢尾花数据集，使用决策树函数建立一个模型，实现对鸢尾花的分类，建立模型的代码如下：

```
1.  #导入数据集、tree 包
2.  from sklearn.datasets import load_iris
3.  from sklearn.tree import DecisionTreeClassifier
4.  #加载数据集
5.  iris = load_iris()
6.  X = iris.data[:,2:] # petal length and width
7.  y = iris.target
8.  #建立决策树
9.  tree_clf = DecisionTreeClassifier(max_depth=2)
10. tree_clf.fit(X,y)
```

代码中对决策树的最大深度进行了限制，设置 max_depth 为 2，这是为了防止过拟合。

知识点 7 决策树过拟合

1. 引起过拟合的原因

决策树算法容易产生过拟合，主要有两种原因：样本问题和决策树构造问题。

样本问题主要包括三条：样本里的噪声数据干扰过大，大到模型过分记住了噪声特征，反而忽略了真实的输入输出间的关系；样本抽取错误，包括（但不限于）样本数量太少，抽样方法错误，抽样时没有足够考虑业务场景或业务特点，导致抽出的样本数据不能有效代表业务逻辑或业务场景；建模时使用了样本中太多无关的输入变量。

构建决策树的方法问题：在决策树模型搭建中，如果使用的算法对于决策树的生长没有合理的限制和修剪，决策树将自由生长，有可能每片叶子里只包含单纯的事件数据或非事件数据，这种决策树理论上可以完美匹配（拟合）训练数据，但是模型的泛化能力很弱。

2. 决策树正则化

针对决策树产生过拟合的数据抽样原因，可以采用合理、有效的抽样，用相对能够反映业务逻辑的训练集去产生决策树；针对构造决策树的过程可以采用"先剪枝"或者"后剪枝"，对已经生成的树按照一定的规则进行"剪枝"。

在实际使用中，可以在定义模型的时候通过设置参数，控制树的最大深度、叶子节点样本的最小数量等来限制决策树的形状，避免过拟合的发生。

1. min_samples_split（节点在分割之前必须具有的最小样本数），
2. min_samples_leaf（叶子节点必须具有的最小样本数），
3. max_leaf_nodes（叶子节点的最大数量），
4. max_features（在每个节点处评估用于拆分的最大特征数）。
5. max_depth(树最大的深度)

3. 决策树正则化实例

可以使用 make_moons 生成一个数据集，然后构建决策树 tree_clf1 和 tree_clf2，设置 tree_clf2 的 min_samples_leaf（叶子节点必须具有的最小样本数），然后绘制决策边界，通过决策边界显示正则化的效果。

```
1.  #导入包
2.  from sklearn.datasets import make_moons
3.  X,y = make_moons(n_samples=100,noise=0.25,random_state=53)
4.  #建立决策树
5.  tree_clf1 = DecisionTreeClassifier(random_state=42)
6.  tree_clf2 = DecisionTreeClassifier(min_samples_leaf=4,random_state=42)
7.  tree_clf1.fit(X,y)
8.  tree_clf2.fit(X,y)
9.  #绘制图像
10. plt.figure(figsize=(12,4))
11. plt.subplot(121)
12. plot_decision_boundary(tree_clf1,X,y,axes=[-1.5,2.5,-1,1.5],iris=False)
13. plt.title('No restrictions')
14. plt.subplot(122)
15. plot_decision_boundary(tree_clf2,X,y,axes=[-1.5,2.5,-1,1.5],iris=False)
16. plt.title('min_samples_leaf=4')
```

运行代码后输出决策边界如图 7.11 所示，左图中没有设置正则化，决策边界出现了不规则的凸起，右图设置了 min_samples_leaf 属性的决策边界。可以直观地看出 tree_clf2 比 tree_clf1 的泛化能力好。

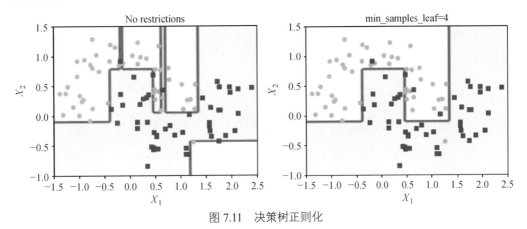

图 7.11　决策树正则化

知识点 8　DecisionTreeClassifier 决策树的数据敏感性

决策树对于数据的改变非常敏感，数据集中如果出现变化，例如数据发生旋转后则是减少一个训练特征，就可能会产生不同的决策树。下例使用 random.rand 函数生成的一个数据集，对数据集进行旋转操作生成一个新的数据集，分别对两个数据集建立决策树模型并可视化分类的结果，程序代码如下：

```
1.  #生成数据集
2.  np.random.seed(6)
3.  Xs=np.random.rand(100,2)-0.5
4.  ys=(Xs[:,0]>0).astype(np.float32)*2
5.  #旋转数据集
6.  angle=np.pi/4
7.  rotation_matrix=np.array([[np.cos(angle), -np.sin(angle)],[np.sin(angle),np.cos(angle)]])
8.  Xsr=Xs.dot(rotation_matrix)
9.  #定义两棵决策树
10. tree_cif_s=DecisionTreeClassifier(random_state=42)
11. tree_cif_s.fit(Xs,ys)
12. 
13. tree_cif_sr=DecisionTreeClassifier(random_state=42)
14. tree_cif_sr.fit(Xsr,ys)
15. #可视化决策边界
16. plt.figure(figsize=(11, 4))
17. plt.subplot(121)
18. plot_decision_boundary(tree_cif_s, Xs, ys, axes=[-0.7, 0.7, -0.7, 0.7], iris=False)
19. plt.title('Sensitivity to training set rotation')
```

20.
21. plt.subplot(122)
22. plot_decision_boundary(tree_cif_sr, Xsr, ys, axes=[-0.7, 0.7, -0.7, 0.7], iris=False)
23. plt.title('Sensitivity to training set rotation')

运行代码后，可以看到原始数据集和旋转后的数据，决策边界发生了变化，也就是生成两个不同的决策树，可视化如图 7.12 所示。

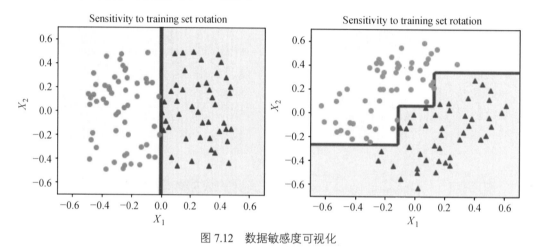

图 7.12 数据敏感度可视化

工作任务

任务 1 餐饮客户流失任务概述

客户流失预测的因素分析是客户流失预测的关键环节，确定影响客户流失的因素对于提高客户流失预测的准确性和可信度有着重要作用。影响客户流失的因素主要包括：

（1）消费行为，包括消费金额、消费频次、消费时长等指标。
（2）客户个人信息，包括性别、年龄、受教育程度、收入水平等指标。
（3）服务质量，包括客户满意度、售后服务等指标。
（4）市场环境，包括市场竞争情况、行业状况等指标。

在客户流失预测中，常用的模型包括 logistic 回归模型、决策树模型、神经网络模型等。其中，决策树模型是一种基于树形结构的分类方法，能够直观地展示各种可能性的决策过程，是一种易于理解和实现的分类方法。基于决策树的客户流失预测已经得到广泛的应用，可以用于银行、电信、保险、电商等多个领域的客户流失预测。与其他模型相比，决策树模型具有以下优势：易于理解和解释，能够同时考虑多个因素的作用，不需要对数据进行预处理。

基于决策树的客户流失预测主要包括以下步骤：

（1）数据预处理：对数据进行清洗和转换，消除缺失值和异常值，并将数据转化为数值型或离散型。
（2）特征选择：从历史数据中选择对客户流失影响较大的特征变量，过多的特征变量会导致决策树模型的过拟合，而过少的特征变量会导致决策树模型的欠拟合。

（3）建立决策树模型：通过计算信息增益或基尼指数等指标，确定根节点和分支节点，构建决策树模型。

（4）模型评估：通过预测客户流失的准确率、召回率、F1值等指标，对模型进行评估和优化。

任务2　餐饮客户数据集加载

餐饮客户的流失主要体现在4个方面：客户用餐次数越来越少，很长时间没有来店里消费，平均消费水平越来越低，总消费金额越来越少。基于这4个方面，项目需要构造4个相关客户流失特征：总用餐次数（frequence），即观测时间内每个客户的总用餐次数；客户最近一次用餐的时间距离观测窗口结束的天数（recently）；客户在观察时间内总消费金额（amount）；客户在观测时间内用餐人均销售额（average），即客户在观察时间内的总消费金额除以用餐总人数。首先使用pandas打开info_user.csv表，代码如下：

1. # 构建特征
2. info_user = pd.read_csv('./tmp/info_user.csv', encoding='utf-8')
3. info_user.head()

运行代码后返回用户的信息表，表中包含ACCOUNT（用户的账号），LAST_VISITS（最后一次登录时间），expenditure（消费金额），number_consumers（消费人数），如图7.13所示。

	USER_ID	ACCOUNT	LAST_VISITS	type	number_consumers	expenditure
0	3300	艾朵	2016-05-23 21:14:00	非流失	10.0	1782.0
1	3300	艾朵	2016-05-23 21:14:00	非流失	2.0	345.0
2	3300	艾朵	2016-05-23 21:14:00	非流失	10.0	1295.0
3	3300	艾朵	2016-05-23 21:14:00	非流失	6.0	869.0
4	3497	艾国真	2016-07-18 13:40:00	非流失	3.0	589.0

图7.13　消费数据

提取info表的用户名和用餐时间，并按人名对用餐人数和金额进行分组求和，统计每个用户用餐的次数，并修改列表，对表格进行合并。

1. # 提取info表的用户名和用餐时间，并按人名对用餐人数和金额进行分组求和
2. info_user1 = info_user['USER_ID'].value_counts() # 统计每个人的用餐次数
3. info_user1 = info_user1.reset_index()
4. info_user1.columns = ['USER_ID', 'frequence'] # 修改列名
5. info_user1.head()

运行代码后生成新表格，包括每个用户的id和每个用户用餐次数，如图7.14所示。

	USER_ID	frequence
0	2361	41
1	3478	37
2	3430	34
3	3307	33
4	2797	33

图7.14　用户的用餐次数

任务 3　餐饮客户特征处理

预测客户是否流失需要从数据集中获取餐饮客户的消费金额，首先进行分组求和，代码如下：

```
1.  求出每个人的消费总金额
2.  # 分组求和
3.  info_user2 = info_user[['number_consumers',
4.              "expenditure"]].groupby(info_user['USER_ID']).sum()
5.  info_user2 = info_user2.reset_index()
6.  info_user2.columns = ['USER_ID', 'numbers', 'amount']
7.  # 合并两个表
8.  info_user_new = pd.merge(info_user1, info_user2,
9.              left_on='USER_ID', right_on='USER_ID', how='left')
10. info_user_new.head()
```

代码运行后，输出每个用户的 frequence（总用餐次数）、number（总消费人数）、amount（总消费金额），如图 7.15 所示。

	USER_ID	frequence	numbers	amount
0	2361	41	237.0	34784.0
1	3478	37	231.0	33570.0
2	3430	34	224.0	31903.0
3	3307	33	199.0	30400.0
4	2797	33	198.0	30849.0

图 7.15　总消费金额

然后将用户信息表和用户的消费表按照客户的 ID 合并，得到最终的特征表，代码如下：

```
1. # 对合并后的数据进行处理
2. info_user = info_user.iloc[:, :4]
3. info_user = info_user.groupby(['USER_ID']).last()
4. info_user = info_user.reset_index()
5. # 合并两个表
6. info_user_new = pd.merge(info_user_new, info_user,
7.             left_on='USER_ID', right_on='USER_ID', how='left')
8. info_user_new.head()
```

运行代码后，得到合并后的特征表如图 7.16 所示。

	USER_ID	frequence	numbers	amount	ACCOUNT	LAST_VISITS	type
0	2361	41	237.0	34784.0	薛浩天	2016-07-30 13:29:00	非流失
1	3478	37	231.0	33570.0	帅栎雁	2016-07-27 11:14:00	非流失
2	3430	34	224.0	31903.0	柴承德	2016-07-26 13:38:00	非流失
3	3307	33	199.0	30400.0	葛时逸	2016-07-22 11:28:00	非流失
4	2797	33	198.0	30849.0	关狄梨	2016-07-23 13:28:00	非流失

图 7.16　合并后特征

计算平均消费额度，代码如下：

```
1.  # 求平均消费金额，并保留 2 为小数
2.  info_user_new['average'] = info_user_new['amount']/info_user_new['numbers']
3.  info_user_new['average'] = info_user_new['average'].apply(
4.      lambda x: '%.2f' % x)
5.  info_user_new.head()
```

运行代码后得到用户的平均消费金额，如图 7.17 所示。

	USER_ID	frequence	numbers	amount	ACCOUNT	LAST_VISITS	type	average
0	2361	41	237.0	34784.0	薛浩天	2016-07-30 13:29:00	非流失	146.77
1	3478	37	231.0	33570.0	帅栎雁	2016-07-27 11:14:00	非流失	145.32
2	3430	34	224.0	31903.0	柴承德	2016-07-26 13:38:00	非流失	142.42
3	3307	33	199.0	30400.0	葛时逸	2016-07-22 11:28:00	非流失	152.76
4	2797	33	198.0	30849.0	关狄梨	2016-07-23 13:28:00	非流失	155.80

图 7.17 平均消费额

最后计算每个客户最近的一次就餐时间距离现在的天数，并选取 USER-ID（用户 id）、Account（用户名）、frequence（用餐次数）、amount（消费总金额）、average（平均消费金额）、recently（最后一次消费时间距现在的天数）、type（客户是否流失标志）7 个字段作为特征。代码如下：

```
1.  # 计算每个客户最近一次点餐的时间距离观测窗口结束的天数
2.  # 修改时间列，改为日期
3.  info_user_new['LAST_VISITS'] = pd.to_datetime(info_user_new['LAST_VISITS'])
4.  datefinally = pd.to_datetime('2016-7-31')  # 观测窗口结束时间
5.  time = datefinally - info_user_new['LAST_VISITS']
6.  info_user_new['recently'] = time.apply(lambda x: x.days)  # 计算时间差
7.  # 特征选取
8.  info_user_new = info_user_new.loc[:, ['USER_ID', 'ACCOUNT', 'frequence',
9.      'amount', 'average', 'recently', 'type']]
10. info_user_new.to_csv('./tmp/info_user_clear.csv', index=False, encoding='gbk')
11. info_user_new.head()
```

运行代码后计算出与最近消费日期的天数差值，并将其值表插入表中，如图 7.18 所示。

	USER_ID	ACCOUNT	frequence	amount	average	recently	type
0	2361	薛浩天	41	34784.0	146.77	0	非流失
1	3478	帅栎雁	37	33570.0	145.32	3	非流失
2	3430	柴承德	34	31903.0	142.42	4	非流失
3	3307	葛时逸	33	30400.0	152.76	8	非流失
4	2797	关狄梨	33	30849.0	155.80	7	非流失

图 7.18 计算最后消费的天数值

任务 4　餐饮客户流失决策树模型搭建

建立决策树模型对准流失的客户进行预测，首先将客户流失特征后的数据打开，删除已经流失的数据，然后将数据划分为训练集和测试集，代码如下：

```
#决策树
from sklearn.model_selection import train_test_split
from sklearn.tree import DecisionTreeClassifier as DTC
from sklearn.metrics import confusion_matrix
#划分测试集、训练集
info_user = pd.read_csv('./tmp/info_user_clear.csv', encoding='gbk')
#删除流失用户
info_user = info_user[info_user['type'] != "已流失"]
model_data = info_user.iloc[:, [2, 3, 4, 5, 6]]
x_tr, x_te, y_tr, y_te = train_test_split(model_data.iloc[:, :-1],
                                          model_data['type'],
                                          test_size=0.2, random_state=12345)
```

使用 CART 算法构建决策树模型，训练模型并使用测试数据集进行预测，代码如下：

```
#初始化决策树对象，基于信息熵
dtc = DTC()
dtc.fit(x_tr, y_tr)  #训练模型
pre = dtc.predict(x_te)
print('预测结果：\n', pre)
```

运行代码后，使用训练集对模型进行预测得到预测结果，如图 7.19 所示。

```
预测结果:
 ['准流失' '非流失' '准流失' '准流失' '准流失' '准流失' '准流失' '准流失' '准流失' '准流失' '准流失' '准流失'
 '准流失' '非流失' '非流失' '非流失' '非流失' '准流失' '准流失' '准流失' '非流失' '准流失' '非流失' '准流失'
 '准流失' '准流失' '准流失' '非流失' '非流失' '准流失' '准流失' '准流失' '非流失' '非流失' '准流失' '准流失'
 '准流失' '准流失' '准流失' '准流失' '非流失' '非流失' '非流失' '准流失' '准流失' '准流失' '非流失' '准流失'
 '准流失' '非流失' '非流失' '准流失' '准流失' '准流失' '准流失' '非流失' '准流失' '准流失' '非流失' '准流失'
 '非流失' '非流失' '准流失' '准流失' '准流失' '准流失' '准流失' '准流失' '准流失' '准流失' '非流失' '准流失'
 '准流失' '非流失' '非流失' '非流失' '准流失' '准流失' '非流失' '非流失' '非流失' '准流失' '非流失' '准流失'
 '准流失' '准流失' '准流失' '非流失' '非流失' '非流失' '准流失' '准流失' '非流失' '非流失' '准流失' '非流失'
 '非流失' '非流失' '非流失' '非流失' '准流失' '非流失' '准流失' '非流失' '准流失' '非流失' '准流失' '准流失'
```

图 7.19　训练集预测结果

任务 5　绘制混淆矩阵

模型训练完毕后需要使用测试数据验证模型，求出模型的混淆矩阵，并计算精确率、召回率和 F1 值的值，代码如下：

```
#混淆矩阵
hx = confusion_matrix(y_te, pre, labels=['非流失', '准流失'])
print('混淆矩阵：\n', hx)
```

运行代码后输出混淆矩阵的值，如图 7.20 所示。

混淆矩阵：
[[155　17]
[　8 202]]

图 7.20　模型混淆矩阵

计算精确率、召回率和 F1 值的值，代码如下：

1. # 精确率
2. P = hx[1, 1] / (hx[0, 1] + hx[1, 1])
3. print('精确率：', round(P, 3))
4. # 召回率
5. R = hx[1, 1] / (hx[1, 0] + hx[1, 1])
6. print('召回率：', round(R, 3))
7. # F1 值
8. F1 = 2 * P * R / (P + R)
9. print('F1 值：', round(F1, 3))

通过运行代码得到准流失客户预测的精确率为 $201 \div (201 + 17) = 0.922$；召回率为 $201 \div (201 + 9) = 0.957$；F1 值为 $2 \times 0.922 \times 0.957 \div (0.922 + 0.957) = 0.939$，这 3 个指标的值都很高，说明决策树的预测效果很好。模型能较好的完成餐饮客户流失的预测，可以根据预测的结果实施更加精准的营销策略。

项目 8　使用集成算法完成糖尿病预测

项目导入

糖尿病是由于胰腺分泌胰岛素紊乱或人体无法有效利用其产生的胰岛素而发生的一种慢性疾病。其患病率因年龄、受教育程度、收入、地点、种族和其他健康的社会决定因素而异。本项目通过建立基础的机器学习模型,然后使用集成算法提升模型预测准确度,预测糖尿病概率和挖掘糖尿病重要致病因子。

知识目标

(1) 了解什么是集成算法。
(2) 了解 Bagging 集成算法的基本原理。
(3) 了解 Bossting 集成算法的基本原理。
(4) 了解 Stacking 算法的基本原理。
(5) 掌握 Random Forest、AdaBoost 算法的用法。

能力目标

能使用集成算法完成模型搭建。

项目导学

集成算法

集成学习(Ensemble Learning)是将若干个弱分类器通过一定的策略组合之后产生一个强分类器。当弱学习器被正确组合时,可以得到更精确、鲁棒性更好的学习器。集成学习不是一个单独的机器学习算法,而是通过在数据集上构建多个模型,集成所有模型的建模结果未完成学习任务。集成学习的核心是将这些弱学习器的偏置或方差结合起来,从而创建一个强学习机,获得更好的性能如图 8.1 所示。

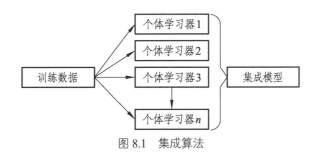

图 8.1 集成算法

集成算法分为 Bagging、Boosting、Stacking 三大类。随机森林（Random Forest）就是一种典型的 Bagging 集成算法；Adaboost、Xgboost、GBDT 是 Boosting 算法；StackingRegressor、StackingCVRegressor 是 Stacking 集成算法。在 sklearn 中可以导入集成算法模块 ensemble，然后使用集成分类和集成回归算法。

集成算法效果好，应用广泛，在很多机器学习领域都可以看到集成学习的身影。它可以用来完成市场营销模拟的建模，统计客户来源，保留和流失，也可用来预测疾病的风险和病患者的易感性。在现在的各种算法竞赛中，随机森林、梯度提升树（GBDT）、XGBoost 等集成算法的身影也随处可见。

项目知识点

知识点 1　集成算法

1. 集成算法相关的基本概念

在机器学习中，单一的模型实际效果也许并不出色，但是如果能够整合多个模型，就能够达到意想不到的效果。首先需要了解一些基本的概念。

个体学习器：集成学习是综合多个模型以得到优于单个模型的结果，这里的单个模型被称为个体学习器。例如 C4.5 决策树、逻辑回归、BP 神经网络都可以是集成学习中的个体学习器。

基学习器：集成学习中的个体学习器，可以是同一类的，如都是 C4.5 决策树，也可以是不同类的，如一个是 C4.5 决策树，另一个是 cart 决策树，还有一个是逻辑回归。如果是前者，我们称这样的集成是"同质的"，对应的个体学习器称为基学习器。

组件学习器：如果一个集成模型中的个体学习器是不同类的，我们称这样的集成为"异质"的，相应的个体学习器为组件学习器，也可以直接称为个体学习器。

2. 集成算法的组合策略

集成算法中的个体学习器应该具有一定的准确性，不能低于随机猜测的学习器，即准确率不能低于 50%。个体学习器之间应有多样性（Diversity），例如有的学习器擅长处理线性关系，有的擅长处理非线性关系，那么在面临复杂的机器学习问题时，综合模型就会有较好的效果，如图 8.2 所示。实际使用中常用的个体学习器有模型逻辑回归、决策树、线性回归等。

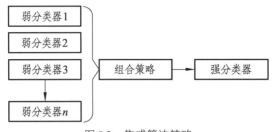

图 8.2 集成算法策略

3. 集成学习的多样性

集成学习中要保证学习器具有多样性，通常引入随机性来实现，主要有以下几种方法：① 数据样本扰动，对于给定数据集，我们随机抽取若干样本，在不同样本子集上训练不同的个体学习器；② 输入属性扰动，对于给定数据集，随机抽取若干组特征子集，在这若干组特征子集上训练不同的个体学习器；③ 输出表示扰动，这种方法主要改变样本输出来增加多样性，例如原来是分类任务，转换为回归输出来构建个体学习器，原来是多分类任务，改为二分类任务来训练个体学习器等；④ 算法参数扰动，个体学习器往往都有很多参数，例如决策树就有树的最大深度、非叶子节点最小样本量、叶子节点最小样本量、最小信息增益等参数，每改变一个参数就可能形成一棵新的决策树。通过改变算法参数也能增加个体学习器的多样性。

知识点 2　Bagging 模型

1. 基本思路

Bagging 又称自主聚集（Bootstrap Aggregating），是一种根据均匀概率分布从数据集中重复抽样（有放回的）的技术。它是基于自助采样法进行模型训练和模型评估的方法，重点从偏差-方差分解的角度，关注降低方差。随机森林就是一种典型的 Bagging 模型。

Bagging 中将若干个弱分类器的分类结果进行投票选择，从而组成一个强分类器。它的基本流程是：从 m 个样本集中，通过 n 次自助采样，采样出 n 个与原始样本集规模一样的训练集，然后基于 n 个训练集学习到 n 个个体学习器，然后将 n 个模型的结果进行投票，选取平均或选取最大可能性的结果作为最终的预测结果，如图 8.3 所示。

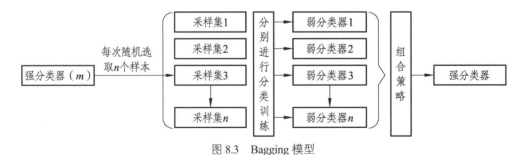

图 8.3　Bagging 模型

2. Bagging 模型投票机制

Bagging 模型如果是分类算法预测，通常使用简单投票法，n 个弱学习器投出最多票数的类别或者类别之一为最终类别，包括绝对多数投票法和相对多数投票法，具体公式如下所示。

① 绝对多数投票法（Majority Voting）

$$H(x) = \begin{cases} c_j, & if \sum_{i=1}^{T} h_i^j(x) > 0.5 \sum_{k=1}^{N} \sum_{i=1}^{T} h_i^k(x) \\ reject, & otherwise \end{cases} \quad (8.1)$$

② 相对多数投票法（Plurality Voting）

$$H_i^j(x) = c_{\arg\max} \sum_{i=1}^{T} h_i^j(x) \quad (8.2)$$

如果是回归算法，T 个弱学习器得到的回归结果进行算术平均得到的值为最终的模型输出，包括简单平均和加权平均。

① 简单平均（Simple Averaging）

$$H(x) = \frac{1}{T} \sum_{i=1}^{T} h_i(x) \quad (8.3)$$

② 加权平均（Weighted Averaging）

$$H(x) = \sum_{i=1}^{T} w_i h_i(x) \quad (8.4)$$

其中，w_i 是个体学习器 h_i 的权重，通常要求 $w_i \geq 0$，$\sum_{i=1}^{T} w_i = 1$。

3. Bagging 模型投票机制代码实现

Sklearn 库中提供 VotingClassifier 函数实现投票机制，可以设置 estimators 参数为多个个体分类器，设置 voting 参数为 hard 和 soft，分别代表简单平均和加权平均，具体代码如下：

```
1.  #导入博爱
2.  from sklearn.ensemble import RandomForestClassifier, VotingClassifier
3.  from sklearn.linear_model import LogisticRegression
4.  from sklearn.svm import SVC
5.  #生成弱分类器
6.  log_clf = LogisticRegression(random_state=42)
7.  rnd_clf = RandomForestClassifier(random_state=42)
8.  svm_clf = SVC(random_state=42)
9.  #使用集成算法简单加权平均
10. voting_clf = VotingClassifier(estimators =[('lr',log_clf),('rf',rnd_clf),('svc',svm_clf)],voting='hard')
11. #对比准确率
12. from sklearn.metrics import accuracy_score
13. for clf in (log_clf,rnd_clf,svm_clf,voting_clf):
14.     clf.fit(X_train,y_train)
15.     y_pred = clf.predict(X_test)
16.     print (clf.__class__.__name__,accuracy_score(y_test,y_pred))
```

将单个弱分类器的准确率和集成算法的准确率进行输出对比，输出结果如下：

```
1.  LogisticRegression 0.864
2.  RandomForestClassifier 0.896
```

3. SVC 0.896
4. VotingClassifier 0.912

可以看出，单个的 LogisticRegression、RandomForestClassifier、SVC 分类器准确率都没有达到 90%，但是集成算法的准确率达到了 91.2%。

上例是简单平均算法，如果要使用加权平均算法需要设置 VotingClassifier 函数的 voting 参数为 soft。

1. voting_clf = VotingClassifier(estimators =[('lr',log_clf),('rf',rnd_clf),('svc',svm_clf)],voting='soft')

输出结果如下，可以看出，这个数据集使用加权算法准确率可以达到 92%。

1. LogisticRegression 0.864
2. RandomForestClassifier 0.896
3. SVC 0.896
4. VotingClassifier 0.92

Bagging 方法的代表算法是随机森林，准确来说，随机森林是 Bagging 的一个特化进阶版。所谓的特化是因为随机森林的弱学习器都是决策树。所谓的进阶是随机森林在 Bagging 的样本随机采样基础上，又加上了特征的随机选择，其基本思想没有脱离 Bagging 的范畴。

知识点 3　Bagging 模型用法

使用 make_moons 生成数据集，包括 500 个数据点，代码如下：

1. #生成数据集
2. from sklearn.model_selection import train_test_split
3. from sklearn.datasets import make_moons
4. X,y = make_moons(n_samples=500, noise=0.30, random_state=42)
5. X_train, X_test, y_train, y_test = train_test_split(X, y, random_state=42)
6. #数据可视化
7. plt.plot(X[:,0][y==0],X[:,1][y==0],'yo',alpha = 0.6)
8. plt.plot(X[:,0][y==0],X[:,1][y==1],'bs',alpha = 0.6)
9. plt.xlabel("X")
10. plt.ylabel("y")

运行代码后结果如图 8.4 所示。

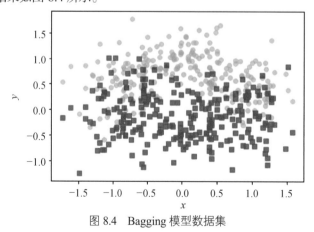

图 8.4　Bagging 模型数据集

使用 BaggingClassifier，可以完成每一个分类器都使用相同的训练算法，但是在不同的训练集上去训练它们。BaggingClassifier 函数中参数用法如下：

① n_estimators=500，表示有 500 个相同的决策器。

② max_samples=100，表示在数据集上有放回采样 100 个训练实例。

③ n_jobs=-1，n_jobs 参数告诉 sklearn 用于训练和预测所需要 CPU 核的数量（-1 代表 sklearn 会使用所有空闲核）。

④ oob_score=True，表示包外评估，在 bootstrap=True 的时候，当有放回时抽样会导致大概有 37%的实例未被采样，用这些实例来对模型进行检验，将多个训练器在包外实例上的评估结果取平均值，就可以得到集成的评估。

下面的代码导入 BaggingClassifier，生成一个 Bagging 分类器，弱分类器使用 DecisionTreeClassifier。

```
1.  #导入包
2.  from sklearn.ensemble import BaggingClassifier
3.  from sklearn.tree import DecisionTreeClassifier
4.  #定义 BaggingClassifier
5.  bag_clf = BaggingClassifier(DecisionTreeClassifier(),
6.          n_estimators = 500,
7.          max_samples = 100,
8.          bootstrap = True,
9.          n_jobs = -1,
10.         random_state = 42
11. )
12. bag_clf.fit(X_train,y_train)
13. y_pred = bag_clf.predict(X_test)
14. #输出准确率
15. accuracy_score(y_test,y_pred)
16. #定义单个决策树输出准确率
17. tree_clf = DecisionTreeClassifier(random_state = 42)
18. tree_clf.fit(X_train,y_train)
19. y_pred_tree = tree_clf.predict(X_test)
20. accuracy_score(y_test,y_pred_tree)
```

运行代码后输出 BaggingClassifier 的准确率为 90.4%，单个 DecisionTreeClassifier 的准确率为 85.6%。可以绘制两种分类算法的结果，并使用 plt 将结果可视化，代码如下：

```
1.  from matplotlib.colors import ListedColormap
2.  def plot_decision_boundary(clf,X,y,axes=[-1.5,2.5,-1,1.5],alpha=0.5,contour =True):
3.      x1s=np.linspace(axes[0],axes[1],100)
```

4.　x2s=np.linspace(axes[2],axes[3],100)

5.　x1,x2 = np.meshgrid(x1s,x2s)

6.　X_new = np.c_[x1.ravel(),x2.ravel()]

7.　y_pred = clf.predict(X_new).reshape(x1.shape)

8.　custom_cmap = ListedColormap(['#fafab0','#9898ff','#a0faa0'])

9.　plt.contourf(x1,x2,y_pred,cmap = custom_cmap,alpha=0.3)

10.　if contour:

11.　　custom_cmap2 = ListedColormap(['#7d7d58','#4c4c7f','#507d50'])

12.　　plt.contour(x1,x2,y_pred,cmap = custom_cmap2,alpha=0.8)

13.　plt.plot(X[:,0][y==0],X[:,1][y==0],'yo',alpha = 0.6)

14.　plt.plot(X[:,0][y==0],X[:,1][y==1],'bs',alpha = 0.6)

15.　plt.axis(axes)

16.　plt.xlabel('x1')

17.　plt.xlabel('x2')

18.　

19.　plt.figure(figsize = (12,5))

20.　plt.subplot(121)

21.　plot_decision_boundary(tree_clf,X,y)

22.　plt.title('Decision Tree')

23.　plt.subplot(122)

24.　plot_decision_boundary(bag_clf,X,y)

25.　plt.title('Decision Tree With Bagging')

运行代码后，如图 8.5 所示，可以看出集成算法模型比单个的决策树模型泛化能力更好，两个模型分类效果中错误的样本个数差不多，但是集成算法的决策边界更好。从数据的偏差和方差的角度来衡量，两个模型的偏差相近，但是集成算法的方差更小。

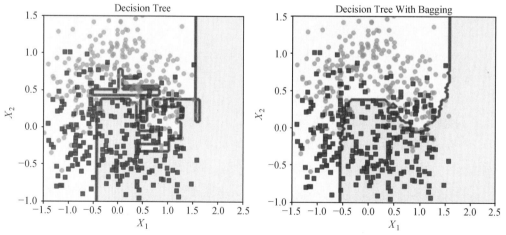

图 8.5　Bagging 模型决策边界

知识点 4　Out Of Bag 包外评估

在 Bagging 集成算法中使用随机采样，BaggingClassifier 默认采样 m 个样本然后放回。这就意味着平均只会对 63%的样本进行采样，剩余的 37%未参与建立树模型的数据集的样本被称为包外样本（oob），通常将这些样本作为单独的验证集来对模型进行验证评估。在 BaggingClassifier 函数中设置 oob_score_=True，就可以在模型训练结束自动进行包外评估并最终得到评估的分数。使用上例的数据集实现包外评估，代码如下：

```
1.  bag_clf = BaggingClassifier(DecisionTreeClassifier(),
2.              n_estimators = 500,
3.              max_samples = 100,
4.              bootstrap = True,
5.              n_jobs = -1,
6.              random_state = 42,
7.              oob_score = True
8.  )
9.  bag_clf.fit(X_train,y_train)
10. bag_clf.oob_score_
```

代码运行完毕，输出 oob_score_ 的值为 0.925，使用 X_test 数据进行验证，代码如下：

```
1. y_pred = bag_clf.predict(X_test)
2. accuracy_score(y_test,y_pred)
```

运行代码后输出 0.914，可以看出和 oob_score_ 的值接近。对于包外样本可以通过 bag_clf.oob_decision_function_ 函数获取每个样本属于实例类别的概率。

知识点 5　Bossting 模型

1. Boosting 基本原理

Boosting 也称为提升算法，是一种由原始数据集生成不同弱学习器的迭代算法，循环训练学习器，每次对学习器的前序数据做一些权重调整，通过更新迭代不断地提升模型的效果生成强学习器。

Boosting 算法中不同的训练集是通过调整每个样本对应的权重实现的。一开始的时候每个样本的权重相等，由此训练出一个基本分类器 $C1$。对于 $C1$ 分错和分对的样本，分别增大和减小其权重，再计算出 $C1$ 的权重；重复该操作 M 轮，以使得权重大的样本更倾向于分类正确，最终得出总分类器，如图 8.6 所示。从直观上讲，后面的弱分类器集中处理前面被错分的样本，这样使得分类器犯的错误各不相同，因此聚合之后能够得到较好的效果。目前常用的算法有 AdaBoost、Xgboost、梯度提升等算法。

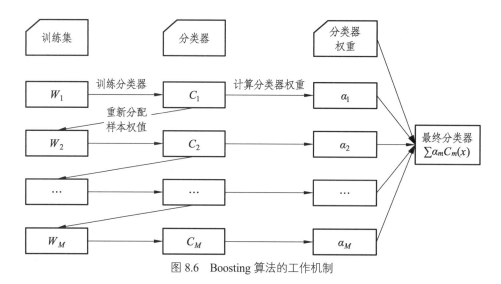

图 8.6 Boosting 算法的工作机制

具体过程如下：

（1）共有 N 个训练样本。

（2）训练集中的每个样本的权重为 W，W_i 表示第 i 个样本的权重系数，W 的初始值是 $1/N$。

（3）共训练 M 轮，每轮得到一个弱分类器 C，C_m 表示第 m 轮训练后得到的弱分类器。

（4）开始迭代，计算每个弱分类器的权重，并更新样本的权重系数。

3. 误差权重计算

每轮中分类器的加权误差率为

$$\varepsilon_m = \frac{\sum_{i=1}^{N} W_m^i I[C_m(x^i) \neq y^i]}{\sum_{i=1}^{N} W_m^i} = \sum_{i=1}^{N} W_m^{(i)} I[C_m(x^i) \neq y^i] \tag{8.5}$$

该误差率也是每轮基本分类器的损失函数，训练的目标是使损失函数最小。式（8.5）中下标 m 表示第 m 轮训练；上标 i 表示第 i 个训练样本；分母值为 1。其中 ε_m 表示在第 m 轮训练中，弱分类器 C_m 的加权误差率，介于 [0，1]；$I[C_m(x^i) \neq y^i]$ 是一个指示函数，具体如下：

$$I(C_m(x^i) \neq y^i) = \begin{cases} 0, C_m(x^i) = y^i \\ 1, C_m(x^i) \neq y^i \end{cases} \tag{8.6}$$

4. 计算权重系数

计算弱分类器 C_m 的权重系数 α_m，也就是 C_m 在整个算法中的话语权，公式如下：

$$\alpha_m = \frac{1}{2} \ln\left(\frac{1-\varepsilon_m}{\varepsilon_m}\right) \tag{8.7}$$

权重系数的函数图像如图 8.7 所示。

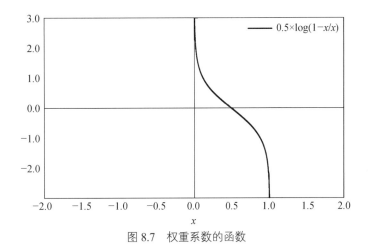

图 8.7 权重系数的函数

可以看出，分类器加权误差率越小，其权重越大；误差率超过 0.5 时，权重降为负值，所以在选择弱分类器的时候需要舍弃错误率在 0.5 以上的分类器。

5. 更新训练集的权重

计算出弱分类器 C_m 的权重系数后需要重新计算数据集样本的权重，分为两步。

第一步：计算所有样本的权重

$$W_{\text{all}} = \sum_{i=1}^{N} w_i \quad (8.8)$$

其中，w_i 表示每个样本的权重。

第二步，计算每个样本的权重

$$W_{m+1}^i = \frac{W_m^i}{W_{\text{all}}} \times \begin{cases} e^{-a_m}, C_m(x^i) = y^i \\ e^{a_m}, C_m(x^i) \neq y^i \end{cases} \quad (8.9)$$

由于 $a_m > 0$，故而 $\exp(a_m) < 1$，所以当样本被基本分类器正确分类时，其权重在减小，反之权重在增大。

6. 总分类器权重

得到最后的总分类器，总分类器是由每轮迭代产生的弱分类器综合而来，公式如下：

$$G(x) = \sum_{m=1}^{M} [a_m C_m(x)] \quad (8.10)$$

如果是二分类器，公式可写为

$$H(x) = \text{sgn}[G(X)] \quad (8.11)$$

在整个训练的过程中，每轮训练得到的弱分类器都会存在分类错误的情况，但是使用 Boosting 算法（如 AdaBoost 框架）将多个弱分类器按照权重组合成一个强分类器，错误率可以接近为 0。这是因为每轮训练结束后，AdaBoost 框架会对样本的权重进行调整，该调整的结果是越到后面被错误分类的样本权重会越高。这样做好处是单个弱分类器为了达到较低的带权分类误差都会把样本权重高的样本分类正确。虽然单独来看，单个弱分类器仍会造成分类错误，但这些被错误分类的样本的权重都较低，在 AdaBoost 框架的最后输出时会被前面正确分类的高权重弱分类器"平衡"掉。这样的结果就是，虽然每个弱分类器可能都有分错的样本，然而整个 AdaBoost 框架却能保证对每个样本进行正确分类，从而实现快速收敛。

知识点 6　Bossting 模型实现过程

原始数据 $D1$ 如图 8.8 所示，"+"和"−"分别表示两种类别，数据集中 $M=3$，$N=10$，表示 10 个样本，使用 3 个弱分类器，在这个过程中，使用水平或者垂直的直线作为分类器来进行分类。

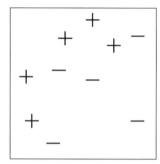

图 8.8　原始数据集 D_1

第一轮学习：根据分类的正确率，得到一个新的样本分布 D_2，一个子分类器 h_1，其中画圈的样本表示被分错的，如图 8.9 所示。

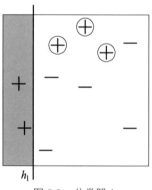

图 8.9　分类器 h_1

这里使用 ε_t 表示第 t 个学习器的错误率，计算 h_1 学习器的错误率

$$\varepsilon_1 = \frac{\text{分类错误错误数}}{\text{样本总数}} = \frac{3}{10} = 0.3 \tag{8.12}$$

计算得到错误率后需要对分类错误的样本进行加权权重 α_t，计算第 1 个学习器的投票权重 α_1，计算公式为

$$\alpha_1 = \frac{1}{2}\ln\left(\frac{1-\varepsilon_1}{\varepsilon_1}\right) = 0.423\ 411 \tag{8.13}$$

第二轮学习：上一轮中 3 个样本出现错误分类，按照计算公式更新样本权重，原则是正确率越高，投票权重越大，前一轮学习正确的数据忽略，前一轮学习错误的数据重视。

更新样本权重 [0.07144558　0.07144558　0.07144558　0.07144558　0.07144558　0.07144558　0.16662699　0.16662699　0.16662699　0.07144558]，可以看出上轮分错的 3 个权值增大，其余减小，如图 8.10 所示。

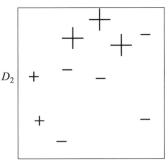

图 8.10　数据集 D_2

开始分类，根据分类的正确率，得到一个新的样本分布 D_3，一个子分类器 h_2，计算得到 $\varepsilon_2 = 0.21$，$\alpha_2 = 0.62$，如图 8.11 所示。

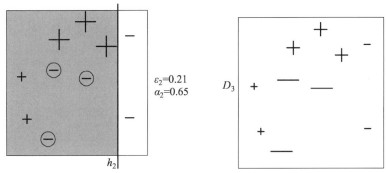

图 8.11　分类器 h_2、数据集 D_3

第三轮学习：新一轮的样本权值[0.04548182　0.04548182　0.04548182　0.16661719　0.16661719　0.16661719　0.10607372　0.10607372　0.10607372　0.04548182]，上轮分错的 3 个样本权值增大，其余减小。

根据分类的正确率，得到一个子分类器 h_3，计算得到 $\varepsilon_3 = 0.14$，$\alpha_3 = 0.92$，如图 8.12 所示。

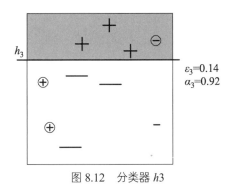

图 8.12　分类器 $h3$

集成强学习器：现在得到 3 个分类器，计算加权投票，计算公式为

$$H(x) = \text{sgn}\left[\sum_{i=1}^{m} \alpha_i h_i(x)\right] \quad (8.14)$$

整合所有子分类器

$$h_{\text{final}} = \text{sgn}(0.42h_1 + 0.65h_2 + 0.92h_3) \quad (8.15)$$

通过根据投票权重对训练集数据重新赋权，不断地调整数据分布，并确定每个弱分类器的投票权重，最终得到一个强分类器，如图 8.13 所示。

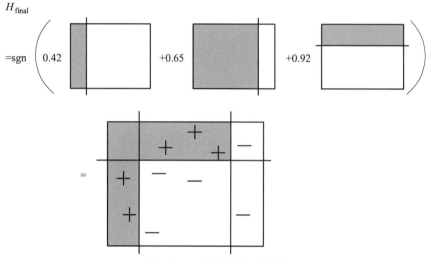

图 8.13　3 个分类器加权投票

2. Bagging 集成与 Boosting 集成的区别

（1）在数据方面，Bagging 对数据进行采样训练，每一轮的训练集是在原始集中有放回选取的，从原始集中选出的各轮训练集之间是独立的；Boosting 每一轮的数据集不变，只是训练集中每个样例在分类器中的权重发生变化，根据前一轮学习结果调整数据的权重，会对出现错误的样本权重进行加强。

（2）在投票策略方面，Bagging 所有学习器平权投票，使用均匀取样，每个样例的权重相等；Boosting 每个弱分类器都有相应的权重，对于分类误差小的分类器会有更大的权重。

（3）在学习顺序方面，Bagging 的学习是并行的，各个预测函数可以并行生成，每个学习器没有依赖关系；Boosting 学习是串行，各个预测函数只能顺序生成，这是因为后一个模型参数需要前一轮模型的结果，学习有先后顺序。

（4）Bagging 主要用于提高泛化性能（解决过拟合，也可以说降低方差）；Boosting 主要用于提高训练精度（解决欠拟合，也可以说降低偏差）。

知识点 7　Bossting 代码实现

1. 使用 SVM 分类器实现 AdaBoost

使用 SVC 作为弱分类器，通过 5 次分类，更新数据集的权重，并计算每个分类器，得到 3 个弱分类器投票权重，最终组合得到强分类器，代码如下：

```
1.  #生成数据集
2.  from sklearn.model_selection import train_test_split
3.  from sklearn.datasets import make_moons
4.  X,y=make_moons(n_samples=500,noise=0.30,random_state=42)
5.  X_train,X_test,y_train,y_test=train_test_split(X,y,random_state=42)
```

上述代码使用 sklearn 的 make_moos 生成 500 个数据集,并拆分为测试集和训练集。接下来使用 SVM 实现 AdaBoost。

```
1.  from sklearn.svm import SVC
2.  #求出多少个样本
3.  m = len(X_train)
4.
5.  plt.figure(figsize=(14,5))
6.  #learning_rate 看作是一个预测错误后样本的调节力度
7.  for subplot,learning_rate in ((121,1),(122,0.5)):
8.      #指定权重项,初始全部为 1
9.      sample_weights = np.ones(m)
10.     plt.subplot(subplot)
11.     #每次更新,创建 5 个模型,样本更新 5 次,然后再串到一起
12.     for i in range(5):
13.         #kernel 是一个高斯和函数,C 控制过拟合的
14.         svm_clf = SVC(kernel='rbf',C=0.05,random_state=42)
15.         #sample_weight = sample_weights 指定权重项
16.         svm_clf.fit(X_train,y_train,sample_weight = sample_weights)
17.         y_pred = svm_clf.predict(X_train)
18.         #更新权重参数,找到做错的,放大权重(1+learning_rate)
19.         sample_weights[y_pred != y_train] *= (1+learning_rate)
20.         #绘制决策边界
21.         plot_decision_boundary(svm_clf,X,y,alpha=0.2)
22.         plt.title('learning_rate = {}'.format(learning_rate))
23.     if subplot == 121:
24.         plt.text(-0.7, -0.65, "1", fontsize=14)
25.         plt.text(-0.6, -0.10, "2", fontsize=14)
26.         plt.text(-0.5,  0.10, "3", fontsize=14)
27.         plt.text(-0.4,  0.55, "4", fontsize=14)
28.         plt.text(-0.3,  0.90, "5", fontsize=14)
29. plt.show()
```

运行代码后,输出分类的过程,如图 8.14 所示。

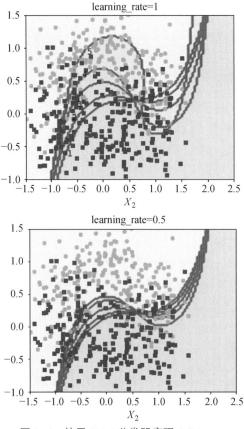

图 8.14 使用 SVM 分类器实现 AdaBoost

图中使用 Boosting 提升的思路对数据集做了权重的展示,对样本读取权重做了5次更新,实现不同的权重更新参数,可以看到逐步提升了分类的效果。

2. 使用 skeran 实现 Bossting 集成算法

可以使用 skeran 中的 AdaBoostClassifier 方法实现 Bossting 集成算法。

1. from sklearn.ensemble import AdaBoostClassifier
2. ada_clf = AdaBoostClassifier(DecisionTreeClassifier(max_depth=1),
3. 　　　　　n_estimators = 200,
4. 　　　　　learning_rate = 0.5,
5. 　　　　　random_state = 42)

在上例代码选用 DecisionTreeClassifier 作为弱分类器,设置 max_depth=1 最大深度,防止过拟合;设置 n_estimators=200 为轮次;设置 learning_rate=0.5 作为学习率;设置 random_state = 42。然后训练 AdaBoostClassifier 并可视化分类结果。

1. ada_clf.fit(X_train,y_train)
2. plot_decision_boundary(ada_clf,X,y)

运行代码后如图 8.15 所示。

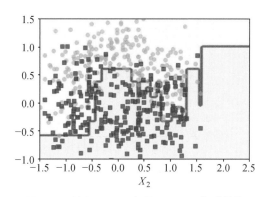

图 8.15　使用 skeran 实现 Bossting 集成算法

知识点 8　Stacking 模型

1. Stacking 基本简介

Stacking 严格来说并不是一种算法,可以看成一个集成框架,是对模型集成的一种策略。Stacking 集成算法可以理解为一个两层的集成。首先将数据集分成训练集和测试集,第一层有多个基础分类器,用训练集训练基础模型,然后用基础分类器对测试集进行预测,并将输出值作为下一阶段训练的输入值,最终的标签作为输出值。第二层的分类器通常是逻辑回归,把一层分类器的结果当作特征做拟合输出预测结果。由于两次所使用的训练数据不同,可以在一定程度上防止过拟合。

2. 实现过程

首先将数据集分为训练集和测试集,例如将一个数据集分为 10 000 条训练集、2 500 条测试集,在第一层基础模型中使用交叉验证,将训练集中的数据再分为训练集 8 000 条和验证集 2 000 条。

基础模型使用 8 000 条训练集训练出一个模型,使用模型对 2 000 条验证集进行预测,使用模型对 2 500 条测试集进行预测,这样经过 5 次交叉验证可以得到 $5 \times 2\,000$ 条验证集预测结果和 $5 \times 2\,500$ 条测试集预测结果。

接下来将验证集的 $5 \times 2\,000$ 条预测结果拼接成 10 000 行的矩阵,标记 A_1,而对于 $5 \times 2\,500$ 行的测试集的预测结果进行加权平均,得到一个 2 500 行列的矩阵,标记为 B_1。

对第一层基础模型进行训练可以得到 A_1、A_2、A_3、B_1、B_2、B_3 六个矩阵,将 A_1、A_2、A_3 组合为一个 10 000 行 3 列的矩阵作为训练集,B_1、B_2、B_3 组合为一个 2 500 行 3 列的矩阵作为测试集,让第二层的模型使用这些数据进行再次训练。

第二模型使用第一层的预测结果作为特征,可以给第一层的预测结果增加权重系数,这样可以使得最终的模型结果更加准确,如图 8.16 所示。

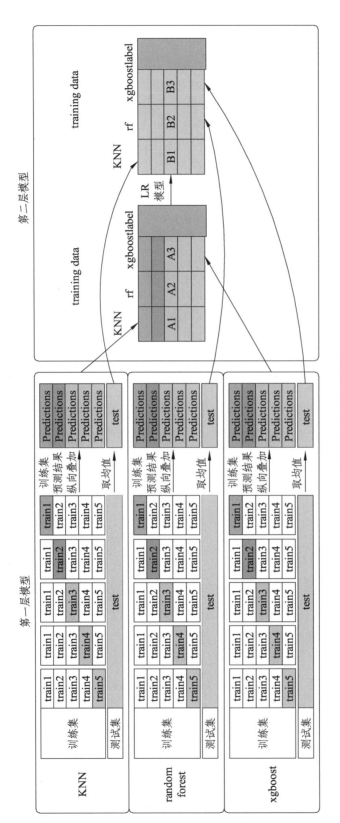

图 8.16 Stacking 模型

知识点 9　Stacking 模型代码实现

可以使用 mlxtend 工具包中的 StackingClassifier 实现 Stacking 模型的建立，因此需要下载并安装 mlxtend 库（pip install mlxtend）。

StackingClassifier 的基本语法：

```
1.  StackingClassifier(classifiers, meta_classifier, use_probas=False,
2.             average_probas=False, verbose=0,
3.             use_features_in_secondary=False)
```

参数的含义：

（1）classifiers：基分类器，数组形式，[cl1，cl2，cl3]。每个基分类器的属性被存储在类属性 self.clfs_。

（2）meta_classifier：目标分类器，即将前面分类器合起来的分类器。

（3）use_probas：bool（default：False），如果设置为 True，那么目标分类器的输入就是前面分类输出的类别概率值，而不是类别标签。

（4）average_probas bool（default：False），当上一个参数 use_probas = True 时需设置，average_probas=True 表示所有基分类器输出的概率值需被平均，否则拼接。

（5）verbose：int，optional（default=0），用来控制使用过程中的日志输出。当 verbose = 0 时，什么也不输出；verbose = 1，输出回归器的序号和名字；verbose = 2，输出详细的参数信息；verbose > 2，自动将 verbose 设置为小于 2 的 verbose – 2。

（6）use_features_in_secondary：bool（default：False）。如果设置为 True，那么最终的目标分类器就被基分类器产生的数据和最初的数据集同时训练。如果设置为 False，最终的分类器只会使用基分类器产生的数据训练。

可以使用 StackingClassifier 建立个 Stacking 模型，第一层使用 KNeighborsClassifier、RandomForestClassifier、GaussianNB 作为基础模型。第二层使用 LogisticRegression 作为模型，将第一层模型的输出概率作为元特征来训练第二层分类器，代码如下：

```
1.  clf1 = KNeighborsClassifier(n_neighbors=1)
2.  clf2 = RandomForestClassifier(random_state=1)
3.  clf3 = GaussianNB()
4.  lr = LogisticRegression()
5.
6.  sclf = StackingCVClassifier(classifiers=[clf1, clf2, clf3],
7.              use_probas=True,  #
8.              meta_classifier=lr,
9.              random_state=42)
10.
11. print('3-fold cross validation:\n')
12.
13. for clf, label in zip([clf1, clf2, clf3, sclf],
```

```
14.                ['KNN',
15.                 'Random Forest',
16.                 'Naive Bayes',
17.                 'StackingClassifier']):
18.
19.     scores = cross_val_score(clf, X, y,
20.                              cv=3, scoring='accuracy')
21.     print("Accuracy: %0.2f (+/- %0.2f) [%s]"
22.           % (scores.mean(), scores.std(), label))
```

上面的代码中,设置了 use_probas=True,表示将第一级分类器的类概率用于通过设置来训练元分类器(第二级分类器)。设置 average_probas=True 平均第一级分类器的概率,例如,在具有 2 个 1 级分类器的 3 类设置中,这些分类器可以对 1 个训练样本进行以下"概率"预测:

分类器 1 为[0.2,0.5,0.3],分类器 2 为[0.3,0.4,0.4];如果 average_probas=True,元特征将是[0.25,0.45,0.35];如果 average_probas=False,会得到 k 个特征,k 的大小为[n_classes * n_classifiers]。

然后绘制出决策边界。

```
1.  # 画出决策边界
2.  from mlxtend.plotting import plot_decision_regions
3.  import matplotlib.gridspec as gridspec
4.  import itertools
5.  import matplotlib.pyplot as plt
6.
7.  gs = gridspec.GridSpec(2, 2)
8.  fig = plt.figure(figsize=(10,8))
9.  for clf, lab, grd in zip([clf1, clf2, clf3, sclf],
10.                  ['KNN',
11.                   'Random Forest',
12.                   'Naive Bayes',
13.                   'StackingCVClassifier'],
14.                   itertools.product([0, 1], repeat=2)):
15.     clf.fit(X, y)
16.     ax = plt.subplot(gs[grd[0], grd[1]])
17.     fig = plot_decision_regions(X=X, y=y, clf=clf)
18.     plt.title(lab)
19. plt.show()
```

运行代码后效果如图 8.17 所示。

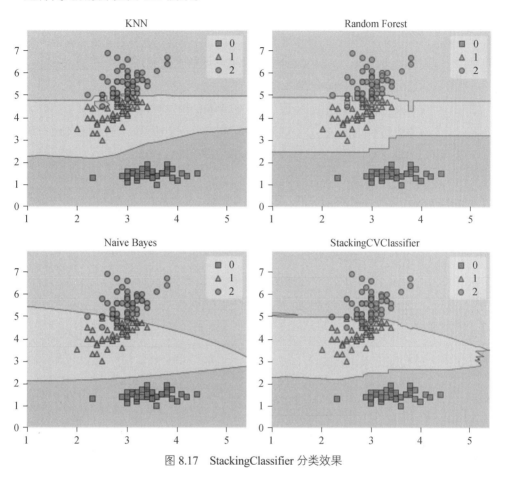

图 8.17　StackingClassifier 分类效果

输出 KNN、Random Forest、Naive Bayes、StackingClassifier 的 Accuracy 分别为 0.91、0.95、0.91、0.95。可以看出使用概率作为元特征的 Stacking 比使用标签的 Stacking 准确性更高，但是与 Random Forest 相比，虽然平均准确性相同，但是方差更大，性能依然不如 Random Forest。这时可以采用增加一个基础模型进一步提升模型的准确率。

知识点 10　随机森林（Random Forest）

1. 随机森林基本概念

构建决策树时，如果数据集的特征较多，构造的决策树往往深度很大，很容易造成对训练数据的过拟合。随机森林本质上是很多决策树的集合，其中每棵树都和其他树又不同。可以对这些树的结果取平均值来降低过拟合，这样既可以减少过拟合，又能保持树的预测能力。Random Forest（随机森林）是基于树模型的 Bagging 优化版本，在构造决策树时使用自主采样（bootstrap sample），通过调整每棵树的数据集与特征选择来构造均不相同的决策树，保证每棵树是完全独立的，确保每棵树是唯一的。

2. 随机森林的构造

随机森林的构造分为两步，如图 8.18 所示。第一步：使用自主采样构造单棵决策树。假设数据集包括了 n 个训练样本，特征维度是 m，使用自主采样每次从随机抽取 q 个样本（有放回抽取），形成 k 个训练集，这时这 k 个训练集是彼此独立的，这个过程就是 bootstrap。使用 k 个训练集构造决策树，得到 k 个基本模型。

第二步：对多棵树进行 Bagging 集成。给定一个新的识别对象，随机森林中的每一棵树都会根据这个对象的属性得出一个分类结果，然后把这些分类结果以投票的形式保存下来，随机森林选出票数最高的分类结果作为这个森林的分类结果。

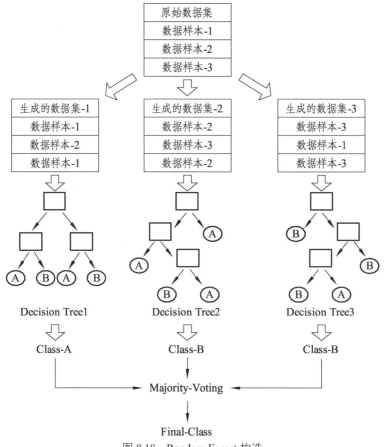

图 8.18　Random Forest 构造

3. 随机森林函数代码实现

Sklearn 中提供 RandomForestClassifier、RandomForestRegressor 函数实现随机森林分类和回归，常用的参数属性如下：

（1）n_estimators：随机森林中决策树的数量，即基评估器的数量，n_estimators 越大，模型的效果往往越好。

（2）random_state：用于控制生成森林的模式。当 random_state 固定时，随机森林中生成一组固定的树，但每棵树依然是不一致的。

（3）bootstrap & oob_score：用来控制抽样技术的参数。bootstrap 参数默认为 True，代表采用这种有放回的随机抽样技术。这种抽样方法会有约 37%的训练数据被浪费掉，没有参与建模，这些数据被称为袋外数据（out of bag data，oob）。在使用随机森林时，可以不划分测试集和训练集，只需要用袋外数据来测试我们的模型即可。oob_score 用来查看袋外数据上测试的结果。

RandomForestClassifier、RandomForestRegressor 函数还有属性和接口，可以使用属性和接口完成重要特征选择等任务。

常用属性：estimators_、oob_score_ 和 feature_importances_。常用接口：apply、fit、predict、score 和 predict_proba。

```
1. rfc = RandomForestClassifier(n_estimators=25)
2. rfc = rfc.fit(Xtrain, Ytrain) #fit 接口是训练集用的
3. rfc.score(Xtest,Ytest)
4. rfc.feature_importances_  #得出所有特征的重要性数值
5. rfc.apply(Xtest) #返回测试集每个样本在所在树的叶子节点的索引
6. rfc.predict(Xtest) #返回对测试集的预测标签
7. rfc.predict_proba(Xtest) #每一个样本分配到每一个标签的概率
```

4. 随机森林实现分类

使用 make_moons 随机生成 100 个数据点，引入 RandomForestClassifier 库，建立一个包含 5 棵决策树的随机森林分类，代码如下：

```
1. #引入随机森林分类器
2. from sklearn.ensemble import RandomForestClassifier
3.  #引入 sklearn 中的数据集
4. from sklearn.datasets import make_moons
5. from sklearn.model_selection import train_test_split
6. #随机生成 100 个数据点
7. X, y = make_moons(n_samples=100, noise=0.25, random_state=3)
8. #拆分数据集为训练集与测试集，"stratify"的意思为分层
9. X_train, X_test, y_train, y_test = train_test_split(X, y, stratify=y, random_state=42)
10. #"estimators"的意思估计量、估计函数
11. forest = RandomForestClassifier(n_estimators=5, random_state=2)
12. forest.fit(X_train, y_train)
13.
14. print(forest.estimators_)  #森林的树均被保存在 forest.estimators_ 中
```

代码运行后生成了 5 棵决策树，使用可视化工具对每棵树的分类结果进行可视化。

```
1. import matplotlib.pyplot as plt
2. import mglearn
3. #生成 2 行 3 列的 6 个子图，子图的大小为 20*10
4. fig, axes = plt.subplots(2, 3, figsize=(20, 10))
5. for i, (ax, tree) in enumerate(zip(axes.ravel(), forest.estimators_)):
```

```
6.    ax.set_title('Tree {}'.format(i))    #设置图形标题
7.    #画出树的部分图,数据为训练集,树为随机森林生成的子树,画在ax子图中
8.    mglearn.plots.plot_tree_partition(X_train, y_train, tree, ax=ax)
9.    #画出随机森林的分界线
10.   mglearn.plots.plot_2d_separator(forest, X_train, fill=True, ax=axes[-1, -1], alpha=.4)
11.   axes[-1, -1].set_title('Random Forest')
12.   #添加数据点,横坐标,纵坐标,结果
13.   mglearn.discrete_scatter(X_train[:, 0], X_train[:, 1], y_train)
```

运行代码后如图 8.19 所示。

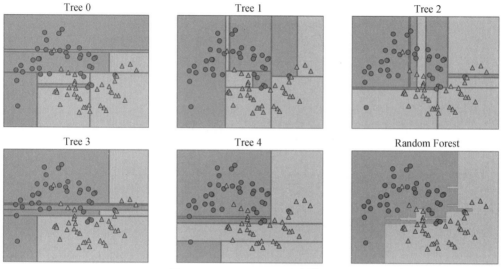

图 8.19 RandomForest 分类结果

可以看到,这 5 棵树的决策边界大不相同,每棵树都存在数据分类错误的现象,这是因为单棵树的数据集使用自主采样导致一些训练点实际上并没有包含在这个训练集中。

可以看出最后使用随机森林比单独每一棵树的过拟合都要小,给出的决策边界更加平滑。

5. 随机森林实现特征的重要性分类

导入乳腺癌数据集,使用随机森林完成分类,并使用 feature_importances_ 属性输出数据集特征的重要性,并可视化输出。

```
1.    #导入乳腺癌数据包
2.    from sklearn.datasets import load_breast_cancer
3.    #加载乳腺癌数据集
4.    cancer = load_breast_cancer()
5.    #拆分数据集为训练集和测试集
6.    X_train, X_test, y_train, y_test = train_test_split(cancer.data, cancer.target, random_state=0)
7.    #生成随机森林
8.    forest = RandomForestClassifier(n_estimators=100, random_state=0)
9.    #训练数据
```

10. forest.fit(X_train, y_train)
11. print('Accuracy on training set: {:.3f}'.format(forest.score(X_train, y_train)))
12. print('Accuracy on test set: {:.3f}'.format(forest.score(X_test, y_test)))

代码运行后输出"Accuracy on training set：1.000"，"Accuracy on test set：0.972"。可以看出在没有调节任何参数的情况下，随机森林的精度为 97%，比线性模型或单棵决策树效果都要好。

与决策树类似，随机森林也可以给出特征重要性，计算方法是将随机森林中所有数的特征重要性求和并取平均。通常随机森林给出的特征重要性更为可靠，代码如下：

1. import matplotlib.pyplot as plt
2. import numpy as np
3. def plot_feature_importance_cancer(model):
4. #获取到特征的个数
5. n_features = cancer.data.shape[1]
6. #根据重要性进行绘图
7. plt.barh(range(n_features), model.feature_importances_, align='center')
8. plt.yticks(np.arange(n_features), cancer.feature_names)
9. plt.xlabel('Feature importance')
10. plt.ylabel('Feature')
11. #绘图画出重要性
12. plt.figure(figsize=(8,8))
13. plot_feature_importance_cancer(forest)

代码运行效果如图 8.20 所示。

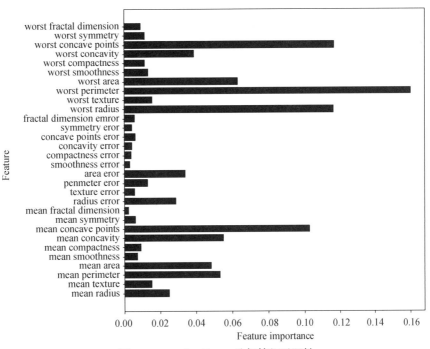

图 8.20 RandomForest 分析特征重要性

由图可见，随机森林比单棵树更能从总体把握数据的特征优点、缺点及参数。从本质上来看，随机森林拥有决策树的所有优点，同时弥补了决策树的一些缺陷，树越多，其健壮性越好，但要注意内存情况。随机森林不适合处理维度非常高的稀疏矩阵，另外其训练和预测的速度也较慢。分类问题中，max_features = sqrt（n_features）；回归问题中，max_features = n_features；对于参数的设置，一般采取默认值即可。

知识点 11　AdaBoost 算法

AdaBoost 是一种迭代算法，主要用于减少监督式学习中的偏差并且减少方差，在每一轮的学习中加入新的弱分类器，直到达到某个预定准确率。在新的一轮训练中每个样本都会被赋予权重，如果样本已经被正确分类，那么它被选中的概率就低，相反如果某个样本没有被正确分类，它的权重就会被提高。通过这种方式，可以使得 Adaboost 算法聚焦于那些难以区分的样本。Adaboost 算法的核心是前一个分类器分错的样本会被用来训练下一个分类器，它已被证明是一种有效而实用的 Boosting 算法。

1. AdaBoost 算法分类应用实例

AdaBoost 算法可以用于二分类和多分类问题，同时为了防止过拟合，可以加入正则化 v，取值范围为：$0 < v < 1$。多分类问题原理和二分类类似，主要区别在于弱分类器的权重系数。sklearn 中采用的 SAMME 算法的分类器的权重系数，可以分别设置分类器的效果和分类器的概率作为弱分类器的权重。

下例中使用 AdaBoostClassifier 完成数据分类，首先使用 make_gaussian_quantiles 生成 500 个样本、2 个样本特征、协方差系数为 2 的数据集，并可视化，代码如下：

```
1.  import numpy as np
2.  import matplotlib.pyplot as plt
3.  %matplotlib inline
4.  from sklearn.ensemble import AdaBoostClassifier
5.  from sklearn.tree import DecisionTreeClassifier
6.  from sklearn.datasets import make_gaussian_quantiles
7.  #生成2维正态分布，生成的数据按分位数分为两类，500个样本,2个样本特征，协方差系数为2
8.  X1, y1 = make_gaussian_quantiles(cov=2.0,n_samples=500, n_features=2,n_classes=2, random_state=1)
9.  X2, y2 = make_gaussian_quantiles(mean=(3, 3), cov=1.5,n_samples=400, n_features=2, n_classes=2, random_state=1)
10. #将两组数据合成一组数据
11. X = np.concatenate((X1, X2))
12. y = np.concatenate((y1, - y2 + 1))
13. #数据可视化
14. plt.figure(figsize=(10,8))
15. labels=["class1","class2"]
16. scatter=plt.scatter(X[:, 0], X[:, 1], marker='o', c=y,label=labels)
17. plt.legend(handles=scatter.legend_elements()[0],labels=labels)
```

运行代码后，可以看出两类样本相互交叉融合，并且使用不同的颜色对两类样本进行了标注，如图 8.21 所示。

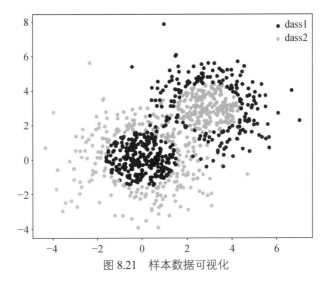

图 8.21 样本数据可视化

然后使用 AdaBoostClassifier 函数建立一个 AdaBoost 模型，弱分类使用 DecisionTreeClassifier 数量为 200 个，设置 SAMME 算法，同时设置了 learning_rate=0.8，模型训练完毕后绘制了决策边界，代码如下：

```
1.  #模型建立
2.  Ada = AdaBoostClassifier(DecisionTreeClassifier(
3.      max_depth=2, min_samples_split=20,min_samples_leaf=5),
4.              algorithm="SAMME",
5.              n_estimators=200,
6.              learning_rate=0.8)
7.  Ada.fit(X, y)
8.
9.  #绘制决策边界
10. x_min, x_max = X[:, 0].min() - 1, X[:, 0].max() + 1
11. y_min, y_max = X[:, 1].min() - 1, X[:, 1].max() + 1
12. xx, yy = np.meshgrid(np.arange(x_min, x_max, 0.02),np.arange(y_min, y_max, 0.02))
13. Z = Ada.predict(np.c_[xx.ravel(), yy.ravel()])
14. Z = Z.reshape(xx.shape)
15. plt.figure(figsize=(10,6))
16. cs = plt.contourf(xx, yy, Z, cmap=plt.cm.Paired)
17. plt.scatter(X[:, 0], X[:, 1], marker='o', c=y)
18. scatter=plt.legend(handles=scatter.legend_elements()[0],labels=labels)
19. plt.show()
```

运行代码后，可以看出通过多轮次训练，将负责的数据集进行了分类，如图 8.22 所示。

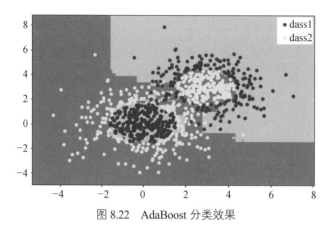

图 8.22 AdaBoost 分类效果

2. AdaBoost 算法优缺点

AdaBoost 不容易发生过拟合，具有很高的精度。由于 AdaBoost 并没有限制弱学习器的种类，所以可以使用不同的学习算法来构建弱分类器。相对于 Bagging 算法和 Random Forest 算法，AdaBoost 充分考虑每个分类器的权重，同时参数少，实际应用中不需要调节太多的参数。

但是 AdaBoost 迭代次数也就是弱分类器数目不太好设定，可以使用交叉验证来进行确定，训练比较耗时，每次重新选择当前分类器的最好切分点。同时数据不平衡导致分类精度下降，对异常样本敏感，异常样本在迭代中可能会获得较高的权重，影响最终的强学习器的预测准确性。

工作任务

任务 1　认知糖尿病预测

糖尿病患病率与年龄、怀孕次数、糖尿病遗传系数、地点和其他健康因素有关。虽然糖尿病无法治愈，但是早期诊断可以改变生活方式和获得更有效的治疗，使糖尿病风险预测模型具有重要意义。

本任务的数据集来自 GUI 机器学习数据库中的 PimaIndianDiabetes 数据集。该数据集共有 768 个数据项，包含 8 个医学预测变量和 1 个结果变量，通过建立模型能准确预测个人是否患有糖尿病，同时确定哪些风险因素最能预测糖尿病风险，通过筛选得到糖尿病致病重要特征并用于准确预测某人是否可能患有糖尿病或是否有糖尿病的高风险。

任务使用 Logistic 回归和 SVM 算法作为基础模型，再使用 Stacking 集成算法进行堆叠以提升模型预测准确度。

任务 2　糖尿病预测数据集加载

糖尿病数据集来源 PimaIndianDiabetes，数据集包含 768 条数据，9 个变量，使用代码读取 diabetes.csv 获取数据集并显示数据，代码如下：

1. #导入包
2. import pandas as pd
3. import numpy as np
4. import matplotlib.pyplot as plt
5. import seaborn as sns
6. import warnings
7. warnings.filterwarnings('ignore')
8. sns.set()
9. %matplotlib inline
10. #显示中文
11. plt.rcParams['font.sans-serif']=['SimHei']
12. plt.rcParams['axes.unicode_minus']=False
13. #打开数据集
14. data=pd.read_csv("../data/diabetes.csv")
15. data.head()

运行代码后，生成 data，包含数据列 Pregnancies（怀孕次数）、Glucose（葡萄糖测试值）、BloodPressure（血压）、SkinThickness（皮肤厚度）、Insulin（胰岛）、BMI（身体质量指数）、DiabetesPedigreeFunction（糖尿病遗传函数）、Age（年龄）、Outcome（糖尿病标签）。Outcome 列中 1 表示有糖尿病，0 表示没有糖尿病，结果如图 8.23 所示。

	Pregnancies	Glucose	BloodPressure	SkinThickness	Insulin	BMI	DiabetesPedigreeFunction	Age	Outcome
0	6	148	72	35	0	33.6	0.627	50	1
1	1	85	66	29	0	26.6	0.351	31	0
2	8	183	64	0	0	23.3	0.672	32	1
3	1	89	66	23	94	28.1	0.167	21	0
4	0	137	40	35	168	43.1	2.288	33	1

图 8.23　糖尿病数据集

读取完数据后使用 info 函数查看数据集中特征和标签的类型和是否有缺失数据，可以看出共有 768 条数据，所有数据都是 int64 或者 float64 类型，没有缺失值，如图 8.24 所示。

```
<class 'pandas.core.frame.DataFrame'>
RangeIndex: 768 entries, 0 to 767
Data columns (total 9 columns):
 #   Column                    Non-Null Count  Dtype
---  ------                    --------------  -----
 0   Pregnancies               768 non-null    int64
 1   Glucose                   768 non-null    int64
 2   BloodPressure             768 non-null    int64
 3   SkinThickness             768 non-null    int64
 4   Insulin                   768 non-null    int64
 5   BMI                       768 non-null    float64
 6   DiabetesPedigreeFunction  768 non-null    float64
 7   Age                       768 non-null    int64
 8   Outcome                   768 non-null    int64
dtypes: float64(2), int64(7)
memory usage: 54.1 KB
```

图 8.24　数据集类型

使用 value_counts 分类统计，然后使用柱状图统计患病人数和没有患病人数，代码如下：

1. p=data.Outcome.value_counts()
2. plt.bar(x=["0","1"],height=p,width=0.5)
3. plt.xlabel("是否患病")
4. plt.ylabel("人数统计")

运行代码后，可以看出未患糖尿病的为 500 人，患病人数为 268 人，如图 8.25 所示。

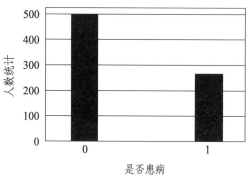

图 8.25　糖尿病患病人数统计

任务 3　糖尿病数据集空值处理

数据集读取完毕后，需要对数据集做特征工程分析，首先使用 describe 查看数据的平均值、标准差、最小值和最大值，如图 8.26 所示。

	Pregnancies	Glucose	BloodPressure	SkinThickness	Insulin	BMI	DiabetesPedigreeFunction	Age	Outcome
count	768.000000	768.000000	768.000000	768.000000	768.000000	768.000000	768.000000	768.000000	768.000000
mean	3.845052	120.894531	69.105469	20.536458	79.799479	31.992578	0.471876	33.240885	0.348958
std	3.369578	31.972618	19.355807	15.952218	115.244002	7.884160	0.331329	11.760232	0.476951
min	0.000000	0.000000	0.000000	0.000000	0.000000	0.000000	0.078000	21.000000	0.000000
25%	1.000000	99.000000	62.000000	0.000000	0.000000	27.300000	0.243750	24.000000	0.000000
50%	3.000000	117.000000	72.000000	23.000000	30.500000	32.000000	0.372500	29.000000	0.000000
75%	6.000000	140.250000	80.000000	32.000000	127.250000	36.600000	0.626250	41.000000	1.000000
max	17.000000	199.000000	122.000000	99.000000	846.000000	67.100000	2.420000	81.000000	1.000000

图 8.26　使用 describe 查看糖尿病数据

由于数据集全部是数值型的数据，没有缺失值，但是可能存在数值为 0 的情况，这时会导致数据出现分布不均或者是异常值的情况。使用 Suplot 函数绘制数据的分布图，代码如下：

1. # 查看每列分配数据。
2. plt.figure(figsize = (20, 25))
3. plotnumber = 1
4.
5. for column in data:

```
6.      if plotnumber <= 9:
7.          ax = plt.subplot(3, 3, plotnumber)
8.          sns.distplot(data[column])
9.          plt.xlabel(column, fontsize = 15)
10.
11.         plotnumber += 1
12. plt.show()
```

运行代码后，生成直方图，如图 8.27 所示。观察数据分布我们可以发现一些异常值，比如 Glucose（葡萄糖）、BloodPressure（血压）、SkinThickness（皮肤厚度）、Insulin（胰岛素）、BMI（身体质量指数）这些特征是不可能出现 0 值的，但是数据分布中却有很多 0 值。

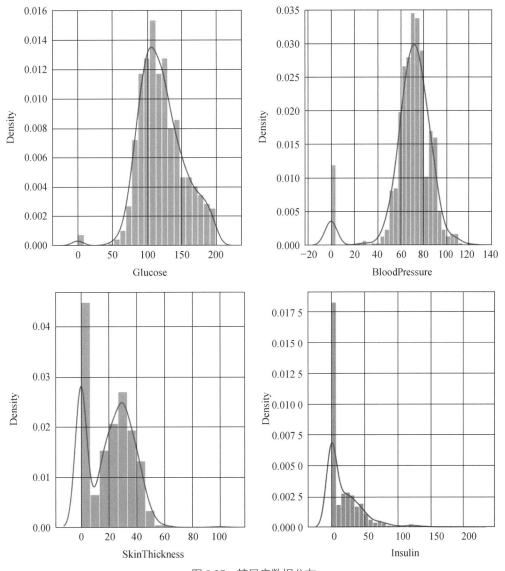

图 8.27　糖尿病数据分布

对于数据集中的 0 值，首先需要检测到这些 0 值，然后使用插值法或者均值进行填充，这里使用 missingno 进行检测。它是一个 Python 库，用于可视化和分析数据中的缺失值，提供了简单而直观的方法来理解数据集中缺失值的分布和模式。使用 missingno 可以快速检测数据中的缺失值，并在数据预处理和探索性数据分析阶段进行相应的处理。

编写代码：首先将把葡萄糖、血压、皮肤厚度、胰岛素、身体质量指数中的 0 替换为"nan"，然后使用条形图，可视化每个列中的缺失值数量。条的高度表示缺失值的百分比，可以直观地看出不同列之间的缺失情况，代码如下：

```
1. # 把葡萄糖，血压，皮肤厚度，胰岛素，身体质量指数中的 0 替换为 nan
2. colume = ['Glucose', 'BloodPressure', 'SkinThickness', 'Insulin', 'BMI']
3. data[colume] = data[colume].replace(0,np.nan)
4. # 查看数据空值情况
5. import missingno as msno
6. p=msno.bar(data)
```

运行代码后可以看出，葡萄糖、血压、皮肤厚度、胰岛素、身体质量指数都是存在空值的，并且皮肤厚度和胰岛素中的空值特别多，如图 8.28 所示。

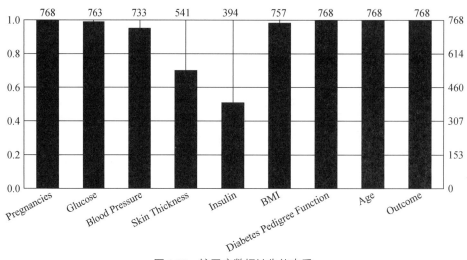

图 8.28　糖尿病数据缺失值查看

填充缺失值有两种办法。一种使用函数 Imputer，它是用于填充数据集中缺失值的估算器。对于数值，它使用 mean、median 和 constant；对于分类值，它使用 most frequently used 和 constant value 来填充缺失的值，代码如下：

```
1. from sklearn.preprocessing import Imputer
2. # 对数值型变量的缺失值，我们采用均值插补的方法来填充缺失值
3. imr = Imputer(missing_values='NaN', strategy='mean', axis=0)
4. colume = ['Glucose', 'BloodPressure', 'BMI']
5. # 进行插补
6. diabetes_data[colume] = imr.fit_transform(diabetes_data[colume])
7. p=msno.bar(diabetes_data)
```

第二种方法，使用列的均值进行填充，求出葡萄糖、血压、皮肤厚度、胰岛素的均值替换列中的 nan，代码如下：

1. #用列 n 的平均值替换零值
2. # 把葡萄糖，血压，皮肤厚度，胰岛素，身体质量指数中的 0 替换为 nan
3. data['BMI'] = data['BMI'].replace(np.nan, data['BMI'].mean())
4. data['BloodPressure'] = data['BloodPressure'].replace(np.nan, data['BloodPressure'].mean())
5. data['Glucose'] = data['Glucose'].replace(np.nan, data['Glucose'].mean())
6. data['Insulin'] = data['Insulin'].replace(np.nan, data['Insulin'].mean())
7. data['SkinThickness'] = data['SkinThickness'].replace(np.nan, data['SkinThickness'].mean())

运行代码完毕后，再使用 missingno 查看数据的分布，可以看出已经没有空值，如图 8.29 所示。

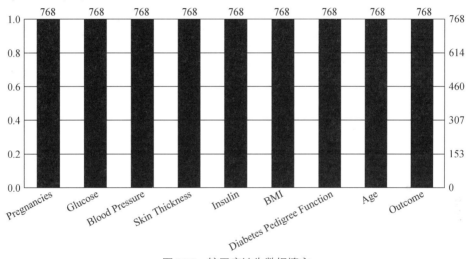

图 8.29　糖尿病缺失数据填充

任务 4　糖尿病数据集异常值处理

数据集中的空值处理完毕后，再使用 bar 绘制数据的分布，代码如下：

1. #再次检查数据分布
2. plt.figure(figsize = (20, 25))
3. plotnumber = 1
4.
5. for column in data:
6. 　　if plotnumber <= 9:
7. 　　　　ax = plt.subplot(3, 3, plotnumber)
8. 　　　　sns.distplot(data[column])
9. 　　　　plt.xlabel(column, fontsize = 15)

10.
11.   plotnumber += 1
12. plt.show()

运行代码后可以看出，Pregnancies（怀孕次数）、BMI（身体质量指数）、SkinThickness（皮肤厚度）、Age（年龄）、Insulin（胰岛素）数据存在异常值，导致数据分布呈现偏态分布，如图 8.30 所示。

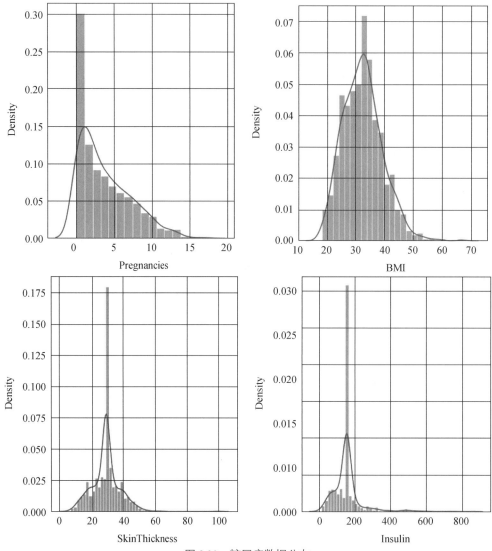

图 8.30 糖尿病数据分布

也可以通过箱线图来查找异常的数据值。箱线图是做异常值处理最常用也是最简单的方法，依靠箱线图来观察异常点可以做到直观并可以同时知道数据的分布结构，代码如下：

1. fig, ax = plt.subplots(figsize = (15, 10))
2. sns.boxplot(data = data, width = 0.5, ax = ax, fliersize = 3)
3. plt.show()

运行代码后输出每个特征的箱线图，如图 8.31 所示，可以看出 Insulin（胰岛素）的数据异常值最多，其他特征也存在异常值。

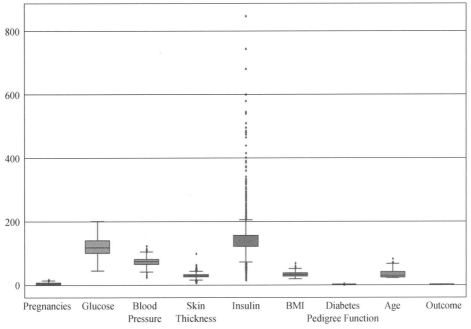

图 8.31　糖尿病数据异常值的箱线图

异常值需要删除，可以使用 quantile 先计算出异常值的范围，然后将异常值删除。quantile 是 Python 中一个非常实用的函数，它可返回一组数据中指定百分比的数值，代码如下：

```
1.  #求出 98%分位的异常值
2.  outlier = data['Pregnancies'].quantile(0.98)
3.  #从妊娠列中删除前 2%的数据
4.  data = data[data['Pregnancies']<outlier]
5.  #求出 99%分位的异常值
6.  outlier = data['BMI'].quantile(0.99)
7.  # 从 BMI 删除异常值
8.  data = data[data['BMI']<outlier]
9.
10. outlier = data['SkinThickness'].quantile(0.99)
11. # 从 SkinThickness 删除异常值
12. data = data[data['SkinThickness']<outlier]
13.
14. outlier = data['Insulin'].quantile(0.95)
15. # 从 InsulinH 中删除异常值
16. data = data[data['Insulin']<outlier]
17.
18. outlier = data['DiabetesPedigreeFunction'].quantile(0.99)
19. # 从 DiabetesPedigreeFunction 删除异常值
20. data = data[data['DiabetesPedigreeFunction']<outlier]
```

```
21.
22. outlier = data['Age'].quantile(0.99)
23. #从 Age 删除异常值
24. data = data[data['Age']<outlier]
```

删除异常数据之后，再次检查数据分布，使用 displot 绘制数据分布直方图，代码如下：

```
1.  # 再次检查数据分布
2.  plt.figure(figsize = (20, 25))
3.  plotnumber = 1
4.
5.  for column in data:
6.      if plotnumber <= 9:
7.          ax = plt.subplot(3, 3, plotnumber)
8.          sns.distplot(data[column])
9.          plt.xlabel(column, fontsize = 15)
10.     plotnumber += 1
11. plt.show()
```

使用 heatmap 函数绘制特征数据相关数的热力图，通过热力图可以得到两个特征数据之间的相关性，代码如下：

```
1.  plt.figure(figsize=(16,10))
2.  sns.heatmap(data.corr(), annot=True,linewidths = 1)
3.  plt.show()
```

运行代码后，热力图如图 8.32 所示，可以看出，糖尿病的标签 Outcome 和 Glucose 葡萄糖测试值正相关系数比较大，也就是说葡萄糖测试值比较高，就很可能患有糖尿病。同时 BMI、年龄与糖尿病也有高度相关性。

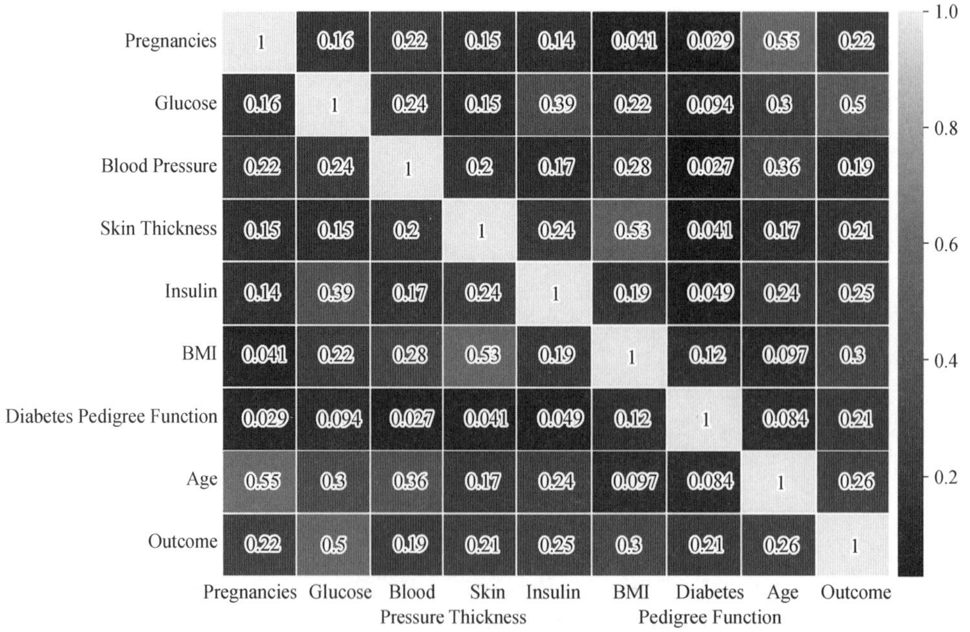

图 8.32　糖尿病数据热力图

任务 5　糖尿病基础模型训练

使用集成算法需要先训练基础模型。首先取出标签，然后将数据拆分为训练集和测试集，最后执行归一化，代码如下：

```
1. #取出标签
2. X = data.drop(columns = ['Outcome'])
3. y = data['Outcome']
4. # 查分数据集为训练集和测试集
5. from sklearn.model_selection import train_test_split
6. X_train, X_test, y_train, y_test = train_test_split(X, y, test_size = 0.25, random_state = 0)
7. #数据归一化
8. from sklearn.preprocessing import StandardScaler
9. scaler = StandardScaler()
10. X_train = scaler.fit_transform(X_train)
11. X_test = scaler.transform(X_test)
```

导入 LogisticRegression 模型训练逻辑回归模型并输出训练集和测试集的准确率，代码如下：

```
1. # 训练模型
2. from sklearn.linear_model import LogisticRegression
3. from sklearn.metrics import accuracy_score, confusion_matrix, classification_report
4. lr = LogisticRegression()
5. lr.fit(X_train, y_train)
6. y_pred = lr.predict(X_test)
7. lr_train_acc = accuracy_score(y_train, lr.predict(X_train))
8. lr_test_acc = accuracy_score(y_test, y_pred)
9. print(f"Training Accuracy of Logistic Regression Model is {lr_train_acc}")
10. print(f"Test Accuracy of Logistic Regression Model is {lr_test_acc}")
```

运行代码后输出逻辑回归模型训练集和测试集的准确率为 80% 和 77%，如图 8.33 所示。

```
Training Accuracy of Logistic Regression Model is 0.803960396039604
Test Accuracy of Logistic Regression Model is 0.7751479289940828
```

图 8.33　逻辑回归模型

建立决策树模型并训练，最后输出测试集和训练集的准确率，代码如下：

```
1. from sklearn.tree import DecisionTreeClassifier
2. dtc = DecisionTreeClassifier()
3. dtc.fit(X_train, y_train)
4. y_pred = dtc.predict(X_test)
5. dtc_train_acc = accuracy_score(y_train, dtc.predict(X_train))
```

6. dtc_test_acc = accuracy_score(y_test, y_pred)
7. print(f"Training Accuracy of Decision Tree Model is {dtc_train_acc}")
8. print(f"Test Accuracy of Decision Tree Model is {dtc_test_acc}")

计算并输出模型的计算正确率、错误率、召回率、特异度、精确率、F1 分数，代码如下：

1. from sklearn import metrics
2. confusion = metrics.confusion_matrix(y_test,y_pred)
3. TN = confusion[0,0]
4. FP = confusion[0,1]
5. FN = confusion[1,0]
6. TP = confusion[1,1]
7. print(TN,FP,FN,TP)
8. #正确率
9. accuracy = (TP + TN)/(TP +TN + FP + FN)
10. print(accuracy)
11. print(metrics.accuracy_score(y_test,y_pred))
12.
13. #错误率：整体样本中，预测错误样本数的比例
14. mis_rate = (FP + FN)/(TP + TN + FP + FN)
15. print(mis_rate)
16. print(1 - metrics.accuracy_score(y_test,y_pred))
17.
18. #灵敏度（召回率）：正样本中，预测正确的比例
19. recall = TP / (TP + FN)
20. print(recall)
21.
22. #特异度：负样本中，预测正确的比例
23. specificity = TN/(TN + FP)
24. print(specificity)
25.
26. #精确率：预测结果为正的样本中，预测正确的比例
27. precision = TP/(TP + FP)
28. print(precision)
29.
30. #F1 分数：综合 Precision 和 Recall 的一个判断指标
31. f1_score = 2*precision*recall/(precision + recall)
32. print(f1_score)

也可以使用 classification_report 输出 precision、recall、f1-score、support 的值，代码和结果如图 8.34 所示。

```
# classification report
print(classification_report(y_test, y_pred))
              precision    recall  f1-score   support

           0       0.81      0.77      0.79       117
           1       0.53      0.60      0.56        52

    accuracy                           0.72       169
   macro avg       0.67      0.68      0.68       169
weighted avg       0.73      0.72      0.72       169
```

图 8.34 决策树混淆矩阵输出

任务 6 糖尿病 Boosting 集成算法

AdaBoostClassifier 算法是一种迭代算法，通过多个弱分类器的组合来构建一个强分类器。在每一轮迭代中，算法会对前一轮分错的样本赋予更高的权重，使用决策树（dct）作为基础分类器，同时使用 GridSearchCV 获取最优参数，代码如下：

1. from sklearn.ensemble import AdaBoostClassifier
2. ada = AdaBoostClassifier(base_estimator = dtc)
3. parameters = {
4.   'n_estimators' : [50, 70, 90, 120, 180, 200],
5.   'learning_rate' : [0.001, 0.01, 0.1, 1, 10],
6.   'algorithm' : ['SAMME', 'SAMME.R']
7. }
8. grid_search = GridSearchCV(ada, parameters, n_jobs = -1, cv = 5, verbose = 1)
9. grid_search.fit(X_train, y_train)
10. #最优参数
11. print(grid_search.best_params_)
12. print(grid_search.best_score_)

运行代码后，输出表格搜索获取到的最优参数，如图 8.35 所示。

```
{'algorithm': 'SAMME', 'learning_rate': 0.001, 'n_estimators': 50}
0.7762376237623763
```

图 8.35 AdaBoostClassifier 最优参数

接下来使用最优参数建立 AdaBoostClassifier，训练模型并输出混淆矩阵，代码如下：

1. #使用最优参数
2. ada = AdaBoostClassifier(base_estimator = dtc, algorithm = 'SAMME', learning_rate = 0.001, n_estimators = 120)
3. ada.fit(X_train, y_train)
4. #输出 acc
5. ada_train_acc = accuracy_score(y_train, ada.predict(X_train))
6. ada_test_acc = accuracy_score(y_test, y_pred)

```
7.  print(f"Training Accuracy of Ada Boost Model is {ada_train_acc}")
8.  print(f"Test Accuracy of Ada Boost Model is {ada_test_acc}")
9.  # 计算 matrix
10. confusion_matrix(y_test, y_pred)
11. # 混淆矩阵
12. print(classification_report(y_test, y_pred))
```

运行代码后输出 precision、recall、f1-score、support 的值，代码和结果如图 8.36 所示。

```
              precision    recall  f1-score   support

           0       0.78      0.95      0.86       117
           1       0.78      0.40      0.53        52

    accuracy                           0.78       169
   macro avg       0.78      0.68      0.69       169
weighted avg       0.78      0.78      0.76       169
```

图 8.36 AdaBoostClassifier 混淆矩阵

任务 7　糖尿病 Stacking 集成算法

Stacking 将个体学习器结合在一起使用的方法叫作结合策略。使用 Logistic 回归和 SVM 算法作为基础模型并训练模型，代码如下：

```
1.  #使用 Logistic 回归和 SVM 算法作为基础模型。
2.  #让我们首先在 X_train 和 y_train 数据上拟合这两个模型。
3.  # let's divide our dataset into training set and holdout set by 50%
4.  #让我们将数据集按 50%划分为训练集和保持集
5.  from sklearn.model_selection import train_test_split
6.  train, val_train, test, val_test = train_test_split(X, y, test_size = 0.5, random_state = 355)
7.  X_train, X_test, y_train, y_test = train_test_split(train, test, test_size = 0.2, random_state = 355)
8.  #让我们首先在 X_train 和 y_train 数据上拟合这两个模型。
9.  lr = LogisticRegression()
10. lr.fit(X_train, y_train)
11. svm = SVC()
12. svm.fit(X_train, y_train)
```

糖尿病 Stacking 集成算法中次模型选用 RandomForestClassifier()。Logistic 回归和 SVM 算法预测结果要作为次模型的输入，这时需要将基础训练集和测试集的结果作为输出，代码如下：

```
1.  #让我们将验证集的预测值堆叠在一起，作为"predict_val"¶
2.  predict_val1 = lr.predict(val_train)
3.  predict_val2 = svm.predict(val_train)
4.  predict_val = np.column_stack((predict_val1, predict_val2))
5.  predict_test1 = lr.predict(X_test)
6.  predict_test2 = svm.predict(X_test)
```

7. predict_test = np.column_stack((predict_test1, predict_test2))

然后使用堆叠数据 predict_val 和 val_test 作为 meta_model（随机森林分类器）的输入特征，并使用 predict_test 和 y_test 来检查 meta_model 的准确性，代码如下：

1. stacking_acc = accuracy_score(y_test, rand_clf.predict(predict_test))
2. print(stacking_acc)
3. # confusion matrix
4. confusion_matrix(y_test, rand_clf.predict(predict_test))
5. # classification report
6. print(classification_report(y_test, rand_clf.predict(predict_test)))

运行代码后，输出 Stacking 集成算法的混淆矩阵值，如图 8.37 所示。

```
              precision    recall  f1-score   support

           0       0.88      0.88      0.88        48
           1       0.70      0.70      0.70        20

    accuracy                           0.82        68
   macro avg       0.79      0.79      0.79        68
weighted avg       0.82      0.82      0.82        68
```

图 8.37　Stacking 集成算法混淆矩阵

使用堆叠后，准确度会大大提高，可以将模型的 score 分值输出，代码如下：

1. models = ['Logistic Regression', 'KNN', 'SVC', 'Decision Tree', 'Random Forest','Ada Boost', 'Gradient Boosting', 'SGB', 'XgBoost', 'Stacking', 'Cat Boost']
2. scores = [lr_test_acc, knn_test_acc, svc_test_acc, dtc_test_acc, rand_clf_test_acc, ada_test_acc, gb_test_acc, sgbc_test_acc, xgb_test_acc, stacking_acc, cat_test_acc]
3. models = pd.DataFrame({'Model' : models, 'Score' : scores})
4. models.sort_values(by = 'Score', ascending = False)

运行代码后输出每个模型的 score 分值，如图 8.38 所示。

	Model	Score
9	Stacking	0.823529
6	Gradient Boosting	0.786982
4	Random Forest	0.781065
5	Ada Boost	0.781065
7	SGB	0.781065
8	XgBoost	0.781065
0	Logistic Regression	0.775148
2	SVC	0.763314
10	Cat Boost	0.757396
1	KNN	0.745562
3	Decision Tree	0.710059

图 8.38　模型分值表

也可以使用表格的方式查看，代码如下：

```
1. plt.figure(figsize = (18, 8))
2. 
3. sns.barplot(x = 'Model', y = 'Score', data = models)
4. plt.show()
```

运行代码后，输出每个模型的 score 的柱状图，可以直观地对比每个模型的分值，如图 8.39 所示。

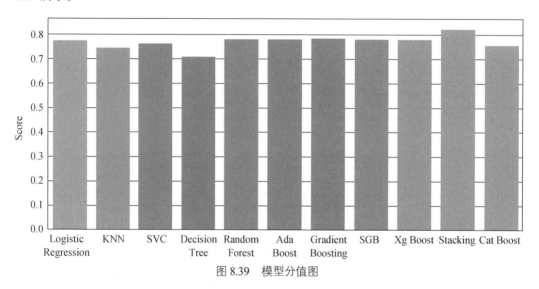

图 8.39　模型分值图

建立机器学习预测模型，能准确预测个人是否患有糖尿病，同时能挖掘最能预测糖尿病的风险因素，在实际应用中可以使用风险因素的一个子集来准确预测一个人是否患有糖尿病，还可以使用筛选几个重要糖尿病致病特征，然后组合创建为一个简短的问题，以准确预测患者是否可能患有糖尿病或是否有糖尿病的高风险。

项目 9　使用支持向量机完成图片分类

项目导入

图片分类是人工智能常用的一项功能，现在有一个数据集有 10 类物体，需要训练一个模型识别 10 类物体。要解决这个问题，可以使用支持向量机。首先读取图像，然后将图像转换为特征向量，使用特征提取方法如 HOG（方向梯度直方图）或 CNN（卷积神经网络）提取特征，再将特征作为输入，使用 SVM 完成图像的分类。

知识目标

（1）理解支持向量机的基本原理。
（2）理解支持向量机的核函数。
（3）掌握线性可分支持向量机原理。
（4）掌握非线性可分支持向量机的原理。
（5）理解支持向量机和逻辑回归的区别。

能力目标

（1）能编写代码完成硬件间隔线性支持向量机。
（2）能编写代码完成非线性支持向量机。
（3）能使用交叉验证完成支持向量机的参数调整。

项目导学

支持向量机

支持向量机（Support Vector Machine，SVM）于 1964 年被提出，在 20 世纪 90 年代后得到快速发展并衍生出一系列改进和扩展算法，在人像识别、文本分类等模式识别问题中得到应用。SVM 是一种有监督学习算法，分为线性可分支持向量机和非线性可分支持向量机。它能进行线性分类，也可以借助核函数进行非线性分类。

SVM 的二分类模型如图 9.1 所示，在二维特征空间中，存在两个决策边界（decision boundary）（虚线）和超平面（实线）将样本按照正类和负类分开。图中的数据是线性可分的，但是能将两类样本分开的平面不止一个，如何选择最优的一个就是 SVM 算法需要解决的问题。

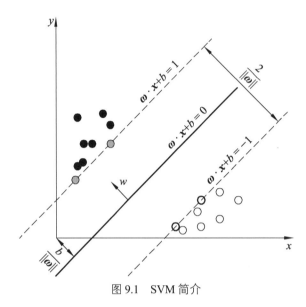

图9.1　SVM 简介

两个决策边界可以使用 $\boldsymbol{\omega}^T\boldsymbol{x}+b=-1$、$\boldsymbol{\omega}^T\boldsymbol{x}+b=1$ 表示，超平面方程为 $\boldsymbol{\omega}^T\boldsymbol{x}+b=0$，两个决策边界之间的距离通常被称为间隔（margin），表示为 $\text{width}=\dfrac{2}{\|\boldsymbol{\omega}\|}$。支持向量机的学习策略便是间隔最大化，也就是寻找参数 ω 和 b 使得 width 最大，最终将问题转化为一个凸二次规划问题的求解。

项目知识点

知识点 1　线性可分

在二维空间上，两类点被一条直线完全分开叫作线性可分。如图 9.2 所示，在二维坐标下，可以将样本分为两个集合 $\boldsymbol{D}_0$ 和 $\boldsymbol{D}_1$，如果可以找到向量 ω 和实数 b，满足 $\boldsymbol{D}_0$ 中所有的点 x_i 都有 $\omega x_i+b>0$，而对于所有 $\boldsymbol{D}_1$ 中的点 x_i 都有 $\omega x_i+b<0$，则称为 $\boldsymbol{D}_0$、$\boldsymbol{D}_1$ 线性可分。上述将数据集分隔开来的是一条直线。

如果数据是三维的，那么用来分割数据的就是一个平面，如果是 n 维数据，那么分割数据的就是一个 $n-1$ 维的对象，就是超平面（hyperplane），分布在超平面一侧的所有数据都属于某个类别，而分布在另一侧的所有数据则属于另一个类别。

数据从二维扩展到三维空间中时，就成了一个超平面，为了使这个超平面更具有健壮性和泛化能力，需要找到最佳超平面，也就是需要用最大间隔把两类样本分开的超平面，也称为最大间隔超平面。

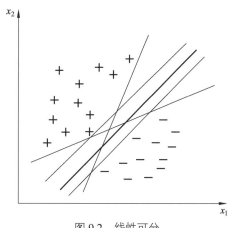

图 9.2　线性可分

图 9.2 中的直线都可以将样本分开，但是需要找到最佳的那条线，使得离分隔超平面最近的点到分割面的距离尽可能地远。如果要保证分类模型的健壮性和泛化能力最强，需要让间隔尽可能地大，这时对一些离群点或者边界点模型都能正确地进行分类，所以应该选择"正中间"的那条直线。

知识点 2　线性可分支持向量机

1. 支持向量

对于数据集中样本为 $\{X_1, X_2, X_3, \cdots\}$ 标签 $\{y_1, y_2, y_3, y_4, \cdots\}$，其中每个数据集都是由多个特征组成，标签 y 表示正类（1）和负类（-1）。如果在数据所在的特征空间中存在一个超平面将学习目标按正类和负类分开，并使任意样本的点到平面距离大于等于 1，则超平面的方程可以表示为 $\boldsymbol{\omega}^T X + b = 0$，同时样本点到超平面的距离可以表示为 $y_i(\boldsymbol{\omega}^T x^i + b) \geqslant 1$，$\boldsymbol{\omega}$，$b$ 分别为超平面的参数。

满足该条件的超平面实际上还构造了两个间隔边界用来判别样本的类别，两个边界方程为 $\boldsymbol{\omega}^T X + b = 1$ 和 $\boldsymbol{\omega}^T X + b = -1$，所有在上边界上方的样本属于正类，在下边界下方的样本属于负类。两个间隔边界的距离 γ 称为间隔（margin），位于边界上的正类和负类样本被称为支持向量（support vector），如图 9.3 所示。

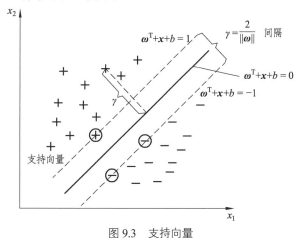

图 9.3　支持向量

2. 最大间隔

SVM 所做的工作就是找到一个这样的超平面，能够将两个不同类别的样本划分开来，但是这种平面是不唯一的，可能存在无数个超平面都可以将两种样本分开，确定了超平面，就可以找到支持向量，可以计算支持向量到该超平面的距离 γ，而分类效果最好的超平面应该使 γ 最大。γ 越大，容错性越强，所以线性可分支持向量机的核心就是最大化间隔（γ）。

最大化间隔（γ）是支持向量到超平面的距离，计算公式如下

$$\gamma = 2\frac{|\boldsymbol{\omega}^\mathrm{T}\boldsymbol{X}+b|}{\|\boldsymbol{\omega}\|} = \frac{2}{\|\boldsymbol{\omega}\|} \tag{9.1}$$

其中，$\|\boldsymbol{\omega}\| = \sqrt{\omega_1^2 + \omega_2^2 + \cdots + \omega_n^2}$ 表示所有元素的平方和的开平方。

最大间隔也就是寻找参数 ω、b，使得 γ 最大，即

$$\arg\max \gamma = \frac{2}{\|\boldsymbol{\omega}\|}$$

由上式可知，求 $\frac{2}{\|\boldsymbol{\omega}\|}$ 的最大值就是求解 $\frac{\|\boldsymbol{\omega}\|}{2}$ 的最小值，可以使用求导获取极值来求解。

为了简化计算去掉 $\|\boldsymbol{\omega}\|$ 中的根号，可以将问题等价为求解 $\frac{\|\boldsymbol{\omega}\|^2}{2}$ 的最小值，求解最大间隔超平面的目标函数为

$$\arg\min \frac{1}{2}\|\boldsymbol{\omega}\|^2$$

约束函数公式为

$$y_i(\boldsymbol{\omega}^\mathrm{T}\boldsymbol{x}^i + b) \geqslant 1 \quad (i = 1,2,3,4,\cdots,m) \tag{9.2}$$

有了目标函数和约束函数可以使用拉格朗日乘数法对每条约束添加拉格朗日乘子，并对 ω、b 求偏导数，最终求解出超平面。

知识点 3　硬件间隔线性支持向量机

1. 硬件间隔向量机 SVC 模型

支持向量机有两种：SVC，支持向量分类，用于分类问题；SVR，支持向量回归，用于回归问题。可以使用 sklearn 库的 SVC 函数实现支持向量分类，SCV 的函数格式如下：

```
1.  class sklearn.svm.SVC(C=1.0, kernel='rbf', degree=3,
2.      gamma='auto_deprecated',coef0=0.0,
3.      shrinking=True, probability=False, tol=0.001,
4.      cache_size=200, class_weight=None, verbose=False,
5.      max_iter=-1,decision_function_shape='ovr', random_state=None)
```

常用的参数如下：

① C：惩罚项参数，C 越大，对误分类的惩罚越大（泛化能力越弱）。

② kernel：核函数类型。linear（线性核函数）在数据线性可分的情况下使用，运算速度快，效果好但不能处理线性不可分的数据；poly（多项式核函数）可以将数据从低维空间映射到高维空间，但参数比较多，计算量大；rbf（高斯核函数）同样可以将样本映射到高维空间，但相比于多项式核函数来说所需的参数较少，通常性能不错，所以是默认使用的核函数；sigmoid（sigmoid 核函数）经常用在神经网络的映射中，因此当选用 sigmoid 核函数时，SVM 实现的是多层神经网络。

③ degree：多项式核函数的阶数。

④ gamma：核函数系数，默认为 auto，只对 rbf、poly、sigmod 有效，定义了单个训练样本影响力的大小。

⑤ class_weight：{dict, 'balanced'}，可选类别权重。

⑥ decision_function_shape：默认为 ovo（one vs one），也可为 ovr（one vs reset）。

2. 实现代码

下例中使用了鸢尾花数据集，选取其中的鸢尾花的花萼的长度和宽度进行分类，然后定义 SVC 模型，并使用 fit 方法训练模型，最后输出 SVC 模型。

```
1. from sklearn.svm import SVC
2. from sklearn import datasets
3. iris=datasets.load_iris()
4. X=iris['data'][:,(2,3)]
5. y=iris['target']
6. #按照类别，把 X 分类
7. set_or_colr=(y==0)|(y==1)
8. X=X[set_or_colr]
9. y=y[set_or_colr]
10. #建立一个支持向量机
11. #正如我们所见，kernel="linear"（线性核函数）给了我们线性的决策边界
12. #两类之间的分离边界是直线
13. #float('inf')表示无穷大，C 无穷大表示不允许有任何分错
14. svm_clf=SVC(kernel='linear',C=float('inf'))
15. svm_clf.fit(X,y)
```

运行代码后输出生成的 SVC 模型。模型中，核函数 kernel='linear'设置为线性核函数，cache 缓存大小 cache_size=200，多项式阶数 degree=3。

```
1. SVC(C=inf, cache_size=200, class_weight=None, coef0=0.0,
2.   decision_function_shape='ovr', degree=3, gamma='auto_deprecated',
3.   kernel='linear', max_iter=-1, probability=False, random_state=None,
4.   shrinking=True, tol=0.001, verbose=False)
```

分类结果可视化，首先定义了三条直线 pred_1、pred_2、pred_3，用来分割鸢尾花，然后再获取支持向量，定义一个函数 plot_decision_boundary 用于绘制决策边界，代码如下：

```
1.  #一般模型
2.  x0=np.linspace(0,5.5,200)
3.  pred_1=5*x0-20
4.  pred_2=x0-1.8
5.  pred_3=0.1*x0+0.5
6.
7.  def plot_decision_boundary(svm_clf,xmin,xmax,sv=True):
8.      w=svm_clf.coef_[0]
9.      b=svm_clf.intercept_[0]
10.     x0=np.linspace(xmin,xmax,200)
11.     #求解 x1
12.     decisioin_boundary=-w[0]/w[1]*x0-b/w[1]
13.     margin=1/w[1]
14.     gutter_up=decisioin_boundary+margin
15.     gutter_down=decisioin_boundary-margin
16.     if sv:
17.         #获取支持向量
18.         svs=svm_clf.support_vectors_
19.         plt.scatter(svs[:,0],svs[:,1],s=180,facecolors="#FFAAAA")
20.     plt.plot(x0,decisioin_boundary,'k-',linewidth=2)
21.     plt.plot(x0,gutter_up,'k--',linewidth=2)
22.     plt.plot(x0,gutter_down,'k--',linewidth=2)
```

然后调用 plot_decision_boundary 绘制结果，代码如下：

```
1.  plt.figure(figsize=(14,4))
2.  plt.subplot(121)
3.  plt.plot(X[:,0][y==1],X[:,1][y==1],'bs',label="Iris versicolor")
4.  plt.plot(X[:,0][y==0],X[:,1][y==0],'ys',label="Iris setosa")
5.  plt.plot(x0,pred_1,'g--',linewidth=2)
6.  plt.plot(x0,pred_3,'g--',linewidth=2)
7.  plt.xlabel('Petal length')
8.  plt.ylabel('Petal width')
9.  plt.legend(loc="upper left")
10. plt.axis([0,5.5,0,2])
11.
12. plt.subplot(122)
```

```
13. plot_decision_boundary(svm_clf,0,5,5)
14. plt.plot(X[:,0][y==1],X[:,1][y==1],'bs',label="Iris versicolor")
15. plt.plot(X[:,0][y==0],X[:,1][y==0],'ys',label="Iris setosa")
16. plt.xlabel('Petal length')
17. plt.axis([0,5.5,0,2])
18. plt.legend()
19. plt.show()
```

运行代码后，结果如图 9.4 所示，可以看出，两个类别的鸢尾花是线性可分的，图 9.4（a）中横线可以把两个类别正确地分开，但是竖线的分类是错误的没有把两类鸢尾花分开。

图 9.4（b）是根据 SVC 模型分类的结果绘制而成，实线是分隔线（超平面），两条虚线是决策边界，边界上的点就是支持向量。

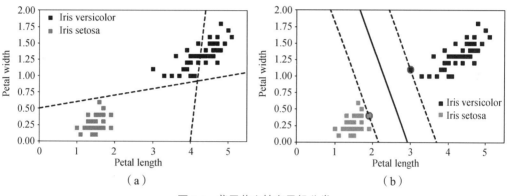

图 9.4　鸢尾花支持向量机分类

3．SVM 对数据归一化的敏感性

SVM 对数据的归一化特别敏感，在使用 SVM 算法训练模型前一定要对数据进行归一化预处理。下面的代码中使用 Standardscaler 对数据进行处理，然后再训练 SVC 模型。

```
1. from sklearn.preprocessing import StandardScaler
2. #归一化
3. scaler=StandardScaler()
4. X1=scaler.fit_transform(X)
5. #inf 这个无穷大的值的好处在于：传入的列表参数可能会很大，在不知道的情况下，
6. #无法给定初值，有了 inf 这个值，第一次执行上面代码中的 if d < dd: 语句时，
7. #无论 d 的值有多大，都一定会执行，将第一次得到的 d 值赋给 dd，然后再次判断时就有了真正的比较值。
8. svm_clf1 = SVC(kernel='linear',C=float('inf'))
9. svm_clf1.fit(X1,y)
```

模型训练完毕后，调用 plot_decision_boundary 函数绘制决策边界。这时有两个 SVC 模型，一个是 svm_clf 未对数据归一化的模型，另一个是 svm_clf1 对数据做了归一化的模型，代码如下：

```
1.  plt.figure(figsize=(14,4))
2.  plt.subplot(121)
3.  plot_decision_boundary(svm_clf, 0, 5.5)
4.  plt.plot(X[:,0][y==1],X[:,1][y==1],'bs',label="Iris versicolor")
5.  plt.plot(X[:,0][y==0],X[:,1][y==0],'ys',label="Iris setosa")
6.  plt.axis([0,5.5,0,2])
7.  plt.xlabel('Petal length')
8.  plt.ylabel('Petal width')
9.  plt.title("未归一化")
10. 
11. plt.subplot(122)
12. plot_decision_boundary(svm_clf1,-1.5, 5.5)
13. plt.plot(X1[:,0][y==1],X1[:,1][y==1],'bs')
14. plt.plot(X1[:,0][y==0],X1[:,1][y==0],'ys')
15. plt.axis([-1.5,2.5,-1.5,2])
16. plt.xlabel('Petal length')
17. plt.title("归一化")
```

运行代码后结果如图 9.5 所示，可以看出，同样的数据，归一化前后的分类效果是不同，同时数据的归一化使得 SVM 模型的预测效果得到了改善。

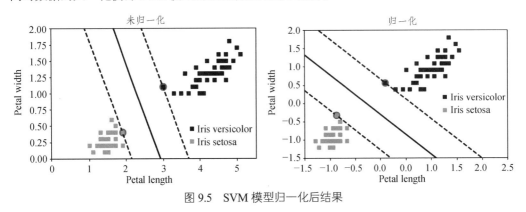

图 9.5　SVM 模型归一化后结果

知识点 4　软间隔线性支持向量机

1. 软间隔

上面的例子中两组数据是完全线性可分，支持向量机的作用是在分类完全正确的前提下，尽可能地使两类数据点越远越好，可以找出一个决策边界使得训练集上的分类误差为 0，这两种数据就被称为是存在"硬间隔"的。在实际应用中，完全线性可分的样本是很少的，在有些情况下即使能找到这样的一个分隔平面区分开样本，也很有可能产生了过拟合。图 9.6（a）有一个离群（outlier）点异常点，导致无法完全分开，图 9.6（b）中因为离群点和异常点带来的影响，使得决策边界不好。这时通常会放松决策边界的划分条件，允许出现部分样本被错误划分，这时两组数据也是线性可分的，但决策边界在训练集上存在较小的训练误差，这两种数据就被称为是存在"软间隔"的。

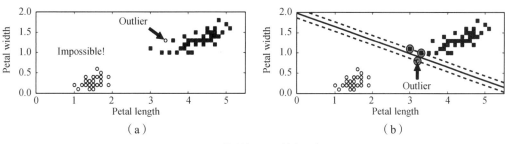

图 9.6 软件间隔支持向量机

对于图 9.6 所示的情况，需要引入松弛变量 ξ（slack varible），它的目的就是要适当地放松限制条件，也就是对每一个样本都加入一个松弛变量 ξ_i，这时 SVM 的目标函数为

$$\arg\min \frac{1}{2}\|\boldsymbol{\omega}\|^2 + C\sum \xi_i$$

约束函数公式为

$$y_i(\boldsymbol{\omega}^\mathrm{T}\boldsymbol{x}^i + b) \geqslant 1 - \xi_i \tag{9.3}$$

式中加入了常数项 C，可以理解为惩罚项，使得计算的间隔尽量地小，参数 C 就是用来协调两者的。C 越大代表对模型的分类要求越严格，越不希望出现错误分类的情况，C 越小表示对松弛变量的要求越低。

2. 软间隔支持向量机代码实现

软间隔支持向量机使用 sklearn 库中 LinearSVC 来实现。它是基于 liblinear 实现的，当数据集的数量大于 1 万时 LinearSVC 也能很好地归一化，但是 SVC 在大量数据上很难收敛。

从鸢尾花数据中取出 Petal length 和 Petal width 两个特征，然后使用这两个特征进行分类，类别为 Virginica 和 Versicolor。首先对数据做可视化，代码如下：

```
1.  import numpy as np
2.  from sklearn import datasets
3.  from sklearn.pipeline import Pipeline
4.  from sklearn.preprocessing import StandardScaler
5.  from sklearn.svm import LinearSVC
6.  iris=datasets.load_iris()
7.  X = iris["data"][:,(2,3)] # petal length, petal width
8.  y = (iris["target"] == 2).astype(np.float64) # Iris-Viginica
9.  # scaler=StandardScaler()
10. # X=scaler.fit_transform(X)
11. plt.figure(figsize=(14,4.2))
12. plt.subplot(121)
```

```
13. plt.plot(X[:, 0][y==1], X[:, 1][y==1], "g^", label="Iris-Virginica")
14. plt.plot(X[:, 0][y==0], X[:, 1][y==0], "bs", label="Iris-Versicolor")
15. plt.xlabel("Petal length")
16. plt.ylabel("Petal width")
17. plt.legend()
18. plt.axis([2.2, 7, 0.5, 2.8])
19. plt.show()
```

运行代码后，如图9.7所示，可以看出两类样本是线性不可分的。

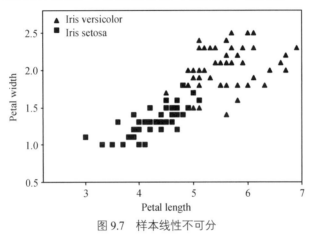

图9.7 样本线性不可分

由于样本存在线性不可分的情况，这时需要引入惩罚因子 C。可以设置 C 的值，当 C 的值较大时，分类比较严格，当 C 的值较小时分类宽松，允许出现误分类的情况发生。

下面的代码使用管道定义 LinearSVC，设置 C=1，loss="hinge"，代码如下：

```
1. svm_clf=Pipeline((
2.     ('std',StandardScaler()),
3.     ('linear_svc',LinearSVC(C=1,loss="hinge",random_state=42))
4. ))
5. svm_clf.fit(X,y)
```

运行代码后生成一个SVM模型，然后使用pedict方法对数据值做预测，代码如下：

```
1. svm_clf.predict([[5.5,1.7]])
```

运行代码后输出 array（[1.]）。与逻辑回归分类器不一样，SVM 只输出最终的类别，不会输出属于每个类别的概率。

3. 不同的 C 值 SVM 的效果

下面的代码使用管道定义 LinearSVC，为了对比不同的 C 所带来的效果差异，通过 C 值指定了容忍的程度。C 值越小，容忍度越大，反之越小。这里定义了两个 LinearSVC，分别设置 C=1 和 C=300。

```
1. scaler = StandardScaler()
2. svm_clf1 = LinearSVC(C=1,random_state = 42,loss="hinge")
3. svm_clf2 = LinearSVC(C=300,random_state = 42,loss="hinge")
4. 
5. scaled_svm_clf1 = Pipeline((
6.     ('std',scaler),
7.     ('linear_svc',svm_clf1)
8. ))
9. 
10. scaled_svm_clf2 = Pipeline((
11.     ('std',scaler),
12.     ('linear_svc',svm_clf2)
13. ))
14. scaled_svm_clf1.fit(X,y)
15. scaled_svm_clf2.fit(X,y)
```

然后可视化分类的结果,代码如下:

```
1. plt.figure(figsize=(14,4.2))
2. plt.subplot(121)
3. plt.plot(X[:, 0][y==1], X[:, 1][y==1], "g^", label="Iris-Virginica")
4. plt.plot(X[:, 0][y==0], X[:, 1][y==0], "bs", label="Iris-Versicolor")
5. plot_decision_boundary(svm_clf1, 2, 7,sv=False)
6. plt.xlabel("Petal length", fontsize=14)
7. plt.ylabel("Petal width", fontsize=14)
8. plt.legend(loc="upper left", fontsize=14)
9. plt.title("$C = {}$".format(svm_clf1.C), fontsize=16)
10. plt.axis([4, 7, 0.8, 2.8])
11. 
12. plt.subplot(122)
13. plt.plot(X[:, 0][y==1], X[:, 1][y==1], "g^")
14. plt.plot(X[:, 0][y==0], X[:, 1][y==0], "bs")
15. plot_decision_boundary(svm_clf2, 2, 7,sv=False)
16. plt.xlabel("Petal length", fontsize=14)
17. plt.title("$C = {}$".format(svm_clf2.C), fontsize=16)
18. plt.axis([4, 7, 0.8, 2.8])
```

运行代码后结果如图 9.8 所示,图 9.8(a)的模型 C 值较低,间隔大得多,很多实例最终会出现在间隔之内,但是泛化能力要好一些。图 9.8(b)的模型 C 值较高,分类器会减少误分类,但最终会有较小间隔。

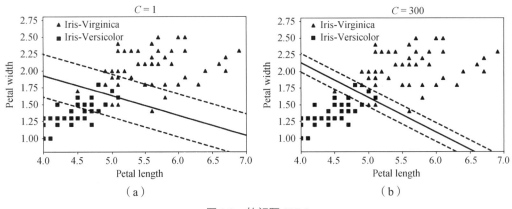

图 9.8 软间隔 SVM

知识点 5　非线性支持向量机

硬间隔和软间隔是在样本完全线性可分或者大部分样本线性可分的情况使用，但是，有很多时候数据集不是线性可分离的。这时就需要使用数据公式对特征进行变换，使得数据集变得线性可分离，如图 9.9 所示。图 9.9（a）中只有一个特征 x_1，这时数据是线性不可分的，图 9.9（b）中添加了第二个特征 x_1^2，生成了数据集则变成可分了。

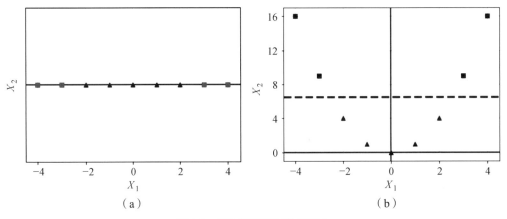

图 9.9　增加特征使得数据可分

Sklearn 中的 PolynomialFeatures 函数可用来实现特征增扩，它的作用是把线性不可分的数据，通过向高维的空间做一个映射，使得存在一个超平面对数据进行线性分割。可以使用这个函数对现有特征进行增扩生成高次项。下例中使用 make_moons 生成数据集，然后使用 SVM 进行分类，代码如下：

```
1.  from sklearn.datasets import make_moons
2.  X, y = make_moons(n_samples=100, noise=0.15, random_state=42)
3.
4.  def plot_dataset(X, y, axes):
```

```
5.     plt.plot(X[:, 0][y==0], X[:, 1][y==0], "bs")
6.     plt.plot(X[:, 0][y==1], X[:, 1][y==1], "g^")
7.     plt.axis(axes)
8.     plt.grid(True, which='both')
9.     plt.xlabel(r"$x_1$", fontsize=20)
10.    plt.ylabel(r"$x_2$", fontsize=20, rotation=0)
11.
12. plot_dataset(X, y, [-1.5, 2.5, -1, 1.5])
13. plt.show()
```

运行代码后生成了一个交织的数据集。接下来创建一个 Pipeline，包含一个 PolynomialFeatures transformer，最后定义 StandardScaler 以及一个 LinearSVC，代码如下：

```
1. from sklearn.datasets import make_moons
2. from sklearn.pipeline import Pipeline
3. from sklearn.preprocessing import PolynomialFeatures
4.
5. polynomial_svm_clf=Pipeline(((("poly_features",PolynomialFeatures(degree=3)),
6.                 ("scaler",StandardScaler()),
7.                 ("svm_clf",LinearSVC(C=10,loss="hinge"))
8.                 ))
9.
10. polynomial_svm_clf.fit(X,y)
```

模型训练完毕后，定义 plot_predictions 方法将分类结果可视化展示，代码如下：

```
1. def plot_predictions(clf,axes):
2.     x0s = np.linspace(axes[0],axes[1],100)
3.     x1s = np.linspace(axes[2],axes[3],100)
4.     x0,x1 = np.meshgrid(x0s,x1s)
5.     X = np.c_[x0.ravel(),x1.ravel()]
6.     y_pred = clf.predict(X).reshape(x0.shape)
7.     plt.contourf(x0,x1,y_pred,cmap=plt.cm.brg,alpha=0.2)
8. plot_predictions(polynomial_svm_clf,[-1.5,2.5,-1,1.5])
9. plot_dataset(X,y,[-1.5,2.5,-1,1.5])
```

代码运行效果如图 9.10 所示，可以看出利用 PolynomialFeatures 实现了对交错半圆形数据的分类。

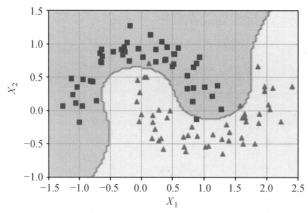

图 9.10　使用 PolynomialFeatures 实现数据可分

知识点 6　多项式核函数

1. 多项式核函数简介

使用多项式增加特征的办法是将原来的低维空间中的两个向量的点积转换为高维空间中两个向量的点积即可易于实现分类，但是并非对所有的算法都适用。如果多项式的次数较低，无法达到处理复杂数据的效果；如果多项式的次数太高，会引起数据维度的爆炸式增长，导致运算量变大，模型速度变慢。

可以引入核函数来解决这个问题，核函数的核心思想是：使用低维特征空间上的计算来避免在高维特征空间中向量内积的恐怖计算量。它的结果就和添加了许多多项式特征一样，但实际上并不需要真地添加，也就避免了高维特征爆炸性增长。此时 SVM 模型可以发挥在高维特征空间中数据可线性分割的优点，同时又避免了引入这个高维特征。

2. 多项式核函数应用

多项式核函数（Polynomial Kernel）是线性不可分 SVM 常用的核函数之一，可以使用 sleam 库的 SVC 函数来实现。下例在 make_moons 生成的数据集基础上使用多项式核函数对数据进行分类，代码如下：

```
1.  from sklearn.svm import SVC
2.  poly_kernel_svm_clf = Pipeline([
3.      ("scaler", StandardScaler()),
4.      ("svm_clf", SVC(kernel="poly", degree=3, coef0=1, C=5))
5.  ])
6.  poly_kernel_svm_clf.fit(X, y)
```

第一段代码使用管道生成一个 SVC，设置 kernel="poly" 表示使用多项式核函数；degree=3 表示核函数的次数；$C=5$ 表示惩罚系数 C 是惩罚系数，即对误差的宽容度。C 越高，说明越不能容忍出现误差，容易过拟合；C 越小，容易欠拟合；C 过大或过小；泛化能力变差；默认值为 1.0）；coef0：控制模型受高阶多项式或低阶多项式影响的程度。

```
1. poly100_kernel_svm_clf = Pipeline([
2.     ("scaler", StandardScaler()),
3.     ("svm_clf", SVC(kernel="poly", degree=10, coef0=100, C=5))
4. ])
5. poly100_kernel_svm_clf.fit(X, y)
```

第二段代码定义了一个 SVC，设置 degree=10，C=5。

```
1.  plt.figure(figsize=(11, 4))
2.  
3.  plt.subplot(121)
4.  plot_predictions(poly_kernel_svm_clf, [-1.5, 2.5, -1, 1.5])
5.  plot_dataset(X, y, [-1.5, 2.5, -1, 1.5])
6.  plt.title(r"$d=3, r=1, C=5$", fontsize=18)
7.  
8.  plt.subplot(122)
9.  plot_predictions(poly100_kernel_svm_clf, [-1.5, 2.5, -1, 1.5])
10. plot_dataset(X, y, [-1.5, 2.5, -1, 1.5])
11. plt.title(r"$d=10, r=100, C=5$", fontsize=18)
12. 
13. plt.show()
```

最后对结果做可视化，结果如图 9.11 所示，从图 9.11（a）中可以看出，$r=1.0$ 时，表示当前模型的分类间隔很大，并且对各个网格点的计算结果与数据集分布的走势比较契合，此时模型对数据集的拟合效果很好。这时，调整参数 C 有助于找到最佳结果。图 9.11（b）中使用的 10 阶多项式核，$r=100$，当前模型的分类间隔很小，模型出现了过拟合的情况，分类效果很差，此时就算调整参数 C 也无法缓解过拟合的情况。

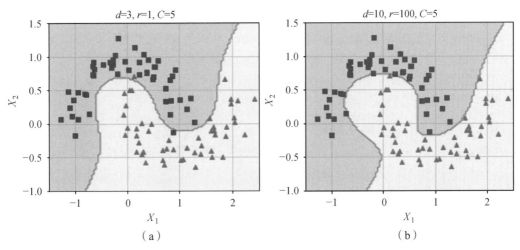

图 9.11　多项式核参数不同时的效果

知识点 7　高斯 RBF 核函数

1. 使用 Gaussian RBF 公式增加相似特征

解决线性不可分另一个思路是使用相似函数（similarity function）增加一些特定的特征。接下来举例子说明相似函数的原理，如图 9.12（a）所示是一维的数据集，是不可分的，现在找到一个特定的标记（landmark）$x_1 = -2$ 和 $x_1 = 1$，接下来定义一个相似函数 Gaussian Radial Basis Function（RBF，径向基函数），并指定 $\gamma = 0.3$，即

$$\phi_\gamma(x, \ell) = \exp(-\gamma \|x - \ell\|^2) \tag{9.4}$$

Gaussian RBF 函数的图形是一个钟形，取值范围从 0 到 1：越接近于 0，离 landmark 越远；越接近于 1，离 landmark 越近；等于 1 时就是在 landmark 处。

现在计算新特征，例如取出右图中 $x_1 = -1$ 的点，它相对两个坐标的距离（$\|x - \ell\|$）为 1 和 2，可以将其代入 Gaussian RBF 公式，计算新特征，即

$$x_2 = \exp(-0.3 \times 1^2) \approx 0.74$$
$$x_3 = \exp(-0.3 \times 2^2) \approx 0.3$$

然后重新绘制图像，将 x_2 作为横坐标，x_3 作为纵坐标，如图 9.12（b）所示是转换后的数据集，最后剔除掉原先的特征，可以很明显地看到，现在是线性可分的。

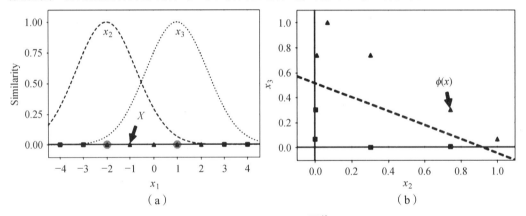

图 9.12　Gaussian RBF 图像

增加相似特征的核心问题是如何选择 landmark，可以为数据集中每条数据的位置创建一个 landmark，这样会建出非常多的维度，增加转换后训练集是线性可分的概率。但是如果一个训练集有 m 条数据、n 个特征，则在转换后会有 m 条数据与 n 个特征，如果训练集非常大的话，则会有非常大的特征数量。

2. 高斯核函数（RBF 核）

可以使用 sklearn 中的 SVC 来实现高斯核函数，需要设置 kernel="rbf"表示使用高斯核函数；gamma 用来设置高斯曲线（钟形曲线的宽窄），下面的代码定义了 4 组参数，通过不同的高斯核函数演示分类的效果。

```
1. from sklearn.svm import SVC
2. gamma1, gamma2 = 0.1, 5
3. C1, C2 = 0.001, 1000
```

```
4.  hyperparams = (gamma1, C1), (gamma1, C2), (gamma2, C1), (gamma2, C2)
5.
6.  svm_clfs = []
7.  for gamma, C in hyperparams:
8.      rbf_kernel_svm_clf = Pipeline([
9.          ("scaler", StandardScaler()),
10.         ("svm_clf", SVC(kernel="rbf", gamma=gamma, C=C))
11.     ])
12.     rbf_kernel_svm_clf.fit(X, y)
13.     svm_clfs.append(rbf_kernel_svm_clf)
14.
15. plt.figure(figsize=(11, 7))
16.
17. for i, svm_clf in enumerate(svm_clfs):
18.     plt.subplot(221 + i)
19.     plot_predictions(svm_clf, [-1.5, 2.5, -1, 1.5])
20.     plot_dataset(X, y, [-1.5, 2.5, -1, 1.5])
21.     gamma, C = hyperparams[i]
22.     plt.title(r"$\gamma = {}, C = {}$".format(gamma, C), fontsize=16)
23. plt.show()
```

运行代码后如图 9.13 所示，可以看出增加 gamma 使高斯曲线变窄，决策边界最终变得更不规则，减少 gamma 使高斯曲线变宽，决策边界更加平滑，如果模型过拟合就需要降低它的值，如果模型欠拟合就需要增加它的值，和 C 惩罚项系数的用途一致。

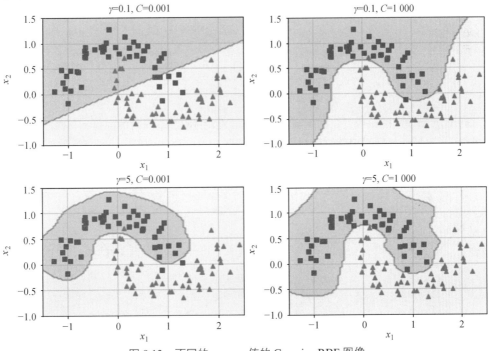

图 9.13 不同的 gamma 值的 Gaussian RBF 图像

在选择核函数时首先尝试线性核，也就是 linear kernel，其速度比 SVC 要快得多，特别是训练集非常大或者特征特别多的情况。如果训练集并不是很大，也可以尝试 Gaussian RBF kernel。如果需要找到最优的参数可以使用交叉验证与网格搜索。

知识点 8 支持向量机的回归用法

1. SVM 回归的基本原理

SVM 不仅能完成分类，也可支持线性回归和非线性回归，在分类中目标函数是让 $\dfrac{\|\boldsymbol{\omega}\|}{2}$ 最小，同时让训练集中的点尽量离自己类别一边的支持向量最远。

在 SVM 回归中，目标函数分类一样，这时训练集中的点要尽量地拟合到一个线性模型中，在一般的回归模型中使用 MSE。在 SVM 回归中 SVM 需要定义一个常量 $\varepsilon > 0$，对于某一个点 (x_i, y_i)，如果 $|y_i - \boldsymbol{\omega}^\mathrm{T} x^i - b| \leq \varepsilon$，则完全没有损失，如果 $|y_i - \boldsymbol{\omega}^\mathrm{T} x^i - b| > \varepsilon$，则对应的损失为 $|y_i - \boldsymbol{\omega}^\mathrm{T} x^i - b| - \varepsilon$。

如图 9.14 所示，在条带里面的点都是没有损失的，在外面的点是有损失的，损失大小为线条的长度。

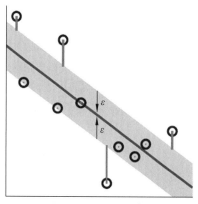

图 9.14 SVM 回归

SVM 回归模型的核心是：在保证所有样本点在 ε 的偏差范围内的前提下，回归超平面尽可能地平，也就使得超平面两侧的数据样本之间的相对距离达到最小。很显然如图 9.15 所示图像中第一个是最佳的。

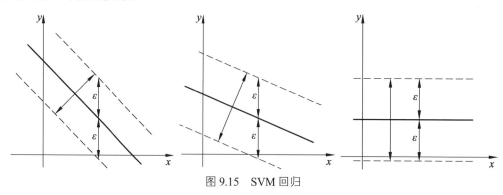

图 9.15 SVM 回归

但是在实际情况中，通常会出现异常点，这时可以像分类一样引入软件间隔机制，允许一部分样本点在间隔边界以外。

2. SVM 回归代码实现

Sklearn 提供两个函数完成回归，一是 SVR 类（支持核方法），等同于分类问题中的 SVC 类，另一个是 LinearSVR 类，等同于分类问题中的 LinearSVC 类。

使用 SVR 时需要设置 epsilon，也就是 ε，这里建立了两个 SVR，通过设置不同的 ε 显示了线性回归的效果，代码如下：

```
1.  np.random.seed(42)
2.  m = 50
3.  X = 2 * np.random.randn(m,1)
4.  y = (4 + 3 * X + np.random.randn(m,1)).ravel()
5.
6.  from sklearn.svm import LinearSVR
7.
8.  svm_reg1 = LinearSVR(epsilon=1.5, random_state=42)
9.  svm_reg2 = LinearSVR(epsilon=0.5, random_state=42)
10.
11. svm_reg1.fit(X, y)
12. svm_reg2.fit(X,y)
```

运行代码后展示的是两个线性 SVM 回归模型在一些随机线性数据上训练之后的结果，其中一个有较大的间隔（$\varepsilon=1.5$），如图 9.16（a）所示，另一个的间隔较小（$\varepsilon=0.5$），如图 9.16（b）所示。

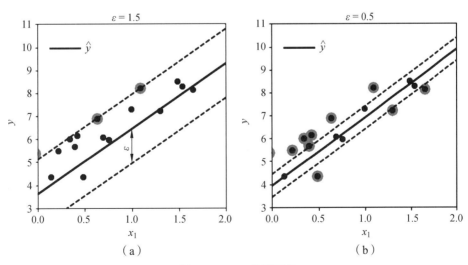

图 9.16　SVR 线性回归

使用 SVR 做非线性回归时，需要指定核函数，这里设定了 kernel="poly"（多项式核函数），degree=2（阶次），C=100（惩罚系数），epsilon=0.1（ε），代码如下。

```
1.  from sklearn.svm import SVR
2.
3.  from sklearn.svm import SVR
4.
5.  svm_poly_reg1 = SVR(kernel="poly", degree=2, C=100, epsilon=0.1, gamma="auto")
6.  svm_poly_reg2 = SVR(kernel="poly", degree=2, C=0.01, epsilon=0.1, gamma="auto")
7.  svm_poly_reg1.fit(X, y)
8.  svm_poly_reg2.fit(X, y)
```

运行代码后可以看出，图9.17（a）中有一个较小的正则（超参数 C 的值较大），几乎没有正则化，而图9.17（b）中的正则较大（较小的 C 值），出现了过度正则化。

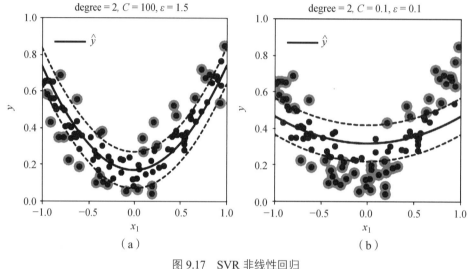

图9.17　SVR 非线性回归

知识点 9　支持向量机与逻辑回归的区别

1. SVM 算法的优缺点

SVM 算法是一个很优秀的算法，有严格的数学理论支持，在集成学习和神经网络之类的算法表现出优越性能前，SVM 基本占据了分类模型的统治地位。目前，在大数据时代的大样本背景下，SVM 由于其在大样本时超级大的计算量，热度有所下降，但是仍然是一个常用的机器学习算法。

SVM 算法的优点：SVM 算法在解决高维特征的分类问题和回归问题时很有效，在特征维度大于样本数时依然有很好的效果；仅仅使用一部分支持向量来做超平面的决策，无须依赖全部数据；有大量的核函数可以使用，从而可以很灵活地解决各种非线性的分类回归问题；当问题样本量不是海量数据时，分类准确率高，泛化能力强。

SVM 算法的缺点：如果特征维度远远大于样本数，则 SVM 表现一般；在样本量非常大、核函数映射维度非常高时，计算量过大，不太适合使用；SVM 在处理非线性问题时对核函数的选择没有通用标准，难以选择一个合适的核函数；同时 SVM 对缺失数据敏感度较高，需要使用交叉验证对参数 C 和 r 的值进行选择。

2. SVM、LR 和线性回归的联系与区别

线性回归是回归模型，逻辑回归和 SVM 是分类模型。线性回归和逻辑回归是线性模型，SVM 根据核函数的不同有线性模型和非线性模型，三者都属于有监督算法。

支持向量机只关心分界面上的点，所以不受数据分布的影响，但却容易受到异常值的影响；LR 受数据分布影响，要处理数据集不均衡的情况，不容易受异常值影响。

LR 使用的损失函数是 cross entropy；SVM 的损失函数是最大化间隔距离；LR 使用 sigmoid 函数求出概率来确定样本的类别，然后使用极大似然估计的方法估计出参数的值；支持向量机基于间隔最大化原理，通过求出最大几何间隔的分类面确定最优分类面。

LR 本身就是基于概率的，它的结果代表分成某一类的概率；SVM 不能直接产生概率，直接输出类别。

SVM 提供了核函数可供选择，分类只需要计算与少数几个支持向量的距离，这个在进行复杂核函数计算时优势很明显，能够大大简化模型和计算量；而 LR 对所有样本点都需要计算，计算量太过庞大。

在实际使用中，对于小规模数据集，SVM 的效果要好于 LR；但是在大数据中，SVM 的计算复杂度受到限制，而 LR 因为训练简单，可以在线训练，所以会被大量采用。

工作任务

任务 1　认知 SVM 图像分类

支持向量机（Support Vector Machine，SVM）是一种强大的监督学习算法，广泛用于图像分类、文本分类和数据挖掘等领域。使用 SVM 作为图像分类器首先需要收集并准备图像数据集，将每个图像转换为特征向量，通常使用特征提取方法，如 HOG（方向梯度直方图）或 CNN（卷积神经网络）提取特征，将特征作为输入来训练 SVM 模型，并使用测试数据集来评估模型的性能（常见的性能指标包括准确度、精确度、召回率和 F1 分数）。同时可以通过调整超参数（如正则化参数 C、核函数参数等）来改善模型性能。SVM 图像分类应用广泛用于人脸识别、物体检测、手写数字识别、医学图像分析等领域。

任务 2　图像数据读取

项目提供了 10 类，包括了 beach、build、bus、dinosaur、elephant、food、horse、mountain、pople 和 rose，每一类图片 100 张。首先需要获取每张图片文件的名称作为对应的图像分类标签。导入包代码如下：

```
1. import os
2. import cv2
3. import numpy as np
4. from sklearn.model_selection import train_test_split
5. from sklearn.metrics import confusion_matrix, classification_report
6. from sklearn.svm import SVC
7. from sklearn.metrics import confusion_matrix
```

```
8.  import matplotlib.pyplot as plt
9.  import matplotlib as mpl
10. import glob
11. mpl.rcParams['font.sans-serif'] = ['KaiTi']
12. mpl.rcParams['font.serif'] = ['KaiTi']
```

读取获取文件夹的名称，并使用切片操作取出文件夹名字，代码如下：

```
1. class_names = [name[9:] for name in glob.glob('./photo2/*')]
2. print(class_names)
```

运行代码后输出每个文件夹的名字，如图 9.18 所示。

```
['beach', 'build', 'bus', 'dinosaur', 'elephant', 'food', 'horse', 'mountain', 'pople', 'rose']
```

图 9.18　文件夹名称

然后遍历文件夹，获取每张图片的路径，并获取图像的分类标签，代码如下：

```
1.  X = [] #定义图像名称
2.  Y = [] #定义图像分类类别
3.  Z = [] #定义图像像素
4.  for i in range(0, 10):
5.      #遍历文件夹，读取图片
6.      for f in os.listdir("photo2/%s" % class_names[i]):
7.          #获取图像名称
8.          X.append("photo2//" + class_names[i] + "//" + str(f))
9.          #获取图像类标即为文件夹名称
10.         Y.append(i)
```

代码运行后，得到 X 和 Y，X 保存了图片的路径例如"photo2//beach//100.jpg"，Y 保存的是对应图片的标签值。

使用 train_test_split 函数将 X、Y 拆分为训练集和测试集，代码如下：

```
1.  X = np.array(X)
2.  Y = np.array(Y)
3.  #随机率为100%，选取其中的20%作为测试集
4.  X_train, X_test, y_train, y_test = train_test_split(X, Y,test_size=0.2, random_state=1)
5.  print(len(X_train), len(X_test), len(y_train), len(y_test))
```

代码运行后，得到 X_train、X_test、y_train、y_test。

任务 3　生成图像的直方图

图像的直方图是使用统计学对图像数据分布情况的图形展示，是一种二维统计图表，横坐标表示图像中各个像素点的灰度级，纵坐标表示具有该灰度级的像素个数。

图像直方图用来表示数字图像中亮度分布，标绘了图像中每个亮度值的像素数。观察该直方图可以了解需要如何调整亮度分布。可以使用 OpenCV 绘制图片的直方图，例如打开一张海滩的图片，并绘制直方图，代码如下：

```
1. import cv2
2. import matplotlib.pyplot as plt
3.
4. img = cv2.imread('photo2//beach//126.jpg')
5. gray = cv2.cvtColor(img, cv2.COLOR_BGR2GRAY)
6. b,g,r = cv2.split(img)
7. img2 = cv2.merge([r,g,b])
8. fig = plt.figure(figsize=(15,8))
9. fig1=plt.subplot(121)
10. hist = cv2.calcHist([img], [0], None, [256], [0, 256])
11. plt.plot(hist)
12. fig2=plt.subplot(122)
13. plt.imshow(img2)
14. plt.show()
```

运行代码后，输出图像的直方图和图像，如图 9.19 所示。原图像中主要有天空和大海两部分，在图像的直方图也可以看出图像的像素点分布于两个主要的区域。

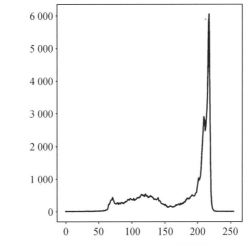

图 9.19 图像的直方图

接下来需要遍历训练集和测试集文件夹获取每一类图像的直方图,并做标准化操作,代码如下:

```
1.  # 训练集
2.  XX_train = []
3.  for i in X_train:
4.      # 读取图像
5.      # print i
6.      image = cv2.imdecode(np.fromfile(i, dtype=np.uint8), cv2.IMREAD_COLOR)
7.
8.      # 图像像素大小一致
9.      img = cv2.resize(image, (256, 256),
10.                interpolation=cv2.INTER_CUBIC)
11.
12.     # 计算图像直方图并存储至 X 数组
13.     hist = cv2.calcHist([img], [0, 1], None,
14.                [256, 256], [0.0, 255.0, 0.0, 255.0])
15.
16.     XX_train.append(((hist / 255).flatten()))
```

运行代码后,使用 len 测试 XX_train 的大小,并输出 XX_train[0],可看出大小为 800,第一个图像的直方图数据是 0~1 的数值。对测试集做同样的操作,得到测试的直方图数据集,代码如下:

```
1.  # 测试集
2.  XX_test = []
3.  for i in X_test:
4.      # 读取图像
5.      # print i
6.      # 不使用 imread,而是用 imdecode 以识别中文路径
7.      image = cv2.imdecode(np.fromfile(i, dtype=np.uint8), cv2.IMREAD_COLOR)
8.
9.      # 图像像素大小一致
10.     img = cv2.resize(image, (256, 256),
11.                interpolation=cv2.INTER_CUBIC)
12.
13.     # 计算图像直方图并存储至 X 数组
14.     hist = cv2.calcHist([img], [0, 1], None,
15.                [256, 256], [0.0, 255.0, 0.0, 255.0])
16.
17.     XX_test.append(((hist / 255).flatten()))
```

任务 4　SVM 图像分类模型搭建与训练

建立 SVM 图像分类模型可以使用 GridSearchCV 搜索出最优的参数，然后使用参数建立图像分类模型，代码如下：

```
1.  param_test1 = {'C': np.arange(0.01, 1.0001, 0.01)}   #设定网格搜寻范围
2.  }
3.  gsearch1 = GridSearchCV(estimator = SVC(kernel='linear',class_weight='balanced',probability=True),
4.              param_grid = param_test1, scoring ="accuracy",cv=5,n_jobs=5,verbose=2) #cv 指定交叉验证折数
5.  gsearch1.fit(XX_train, y_train)
6.  print(gsearch1.best_params_)
7.  print(gsearch1.best_score_)
8.  print(gsearch1.best_estimator_)
```

代码设置了 SVM 模型惩罚系数 C 的值为 0.01~1，每次搜索的步长为 0.01，同时设置 kernel="linear" 最后输出最优参数，代码运行后如图 9.20 所示。

```
Fitting 5 folds for each of 100 candidates, totalling 500 fits
{'C': 0.38}
0.75625
SVC(C=0.38, class_weight='balanced', kernel='linear', probability=True)
```

图 9.20　GridSearchCV 搜索

使用最优参数构建 SVM 模型，并训练模型，代码如下：

```
1.  from sklearn.metrics import roc_auc_score,roc_curve,auc,accuracy_score,classification_report,confusion_matrix,f1_score
2.  svm_t = sklearn.svm.SVC(C=0.38, break_ties=False, cache_size=200, #调参后线性支持向量机性能检验
3.          class_weight='balanced', coef0=0.0, decision_function_shape='ovr', degree=3,
4.          gamma='scale', kernel='linear', max_iter=-1, probability=True,
5.          random_state=None, shrinking=True, tol=0.001, verbose=False)
6.  svm_t.fit(XX_train, y_train)
7.  predict_t=svm_t.predict(XX_test)
8.  print('准确率是：%s'%(accuracy_score(y_test,predict_t)))
9.  print(classification_report(y_test,predict_t))
10. print(confusion_matrix(y_test,predict_t))
```

代码中使用 accuracy_score 计算准确率，使用 confusion_matrix 计算多分类的混淆矩阵并输出 recall、f1 等值，结果如图 9.21 所示。

```
准确率是：0.7486033519553073
              precision    recall  f1-score   support

           0       0.64      0.38      0.47        24
           1       0.53      0.50      0.52        16
           2       0.73      0.89      0.80        18
           3       1.00      0.94      0.97        17
           4       0.62      0.89      0.73        18
           5       0.78      0.69      0.73        26
           6       0.84      0.95      0.89        22
           7       0.59      0.62      0.61        16
           8       0.95      0.91      0.93        22

    accuracy                           0.75       179
   macro avg       0.74      0.75      0.74       179
weighted avg       0.75      0.75      0.74       179
```

图 9.21 图片多分类混淆举证

任务 5　调用模型识别图片

得到模型后，需要将模型保存，使用 joblib 保存模型，代码如下：

1. # 保存模型到文件
2. import joblib
3. model_filename = 'svm_model.pkl'
4. joblib.dump(svm_t, model_filename)

运行代码后在目录下生成模型文件 svm_model.pkl，这时可以使用 load 函数加载模型，代码如下：

1. # 加载模型
2. loaded_model = joblib.load(model_filename)

得到模型后，从网上下载了 9 张照片作为验证集。首先获取 test 目录下的图片返回图片的路径，使用 imdecode 读取图片返回 image 对象，然后得到图像的直方图数据并做归一化，最后将数据添加到验证集 X_pre 中，代码如下：

1. #输出前 10 张图片及预测结果
2. X_pre=[]
3. name=[]
4. k = 0
5. while k < 9:
6. 　# 读取图像
7. 　name1="./test/"+str(k)+".jpg"
8. 　print(name1)
9. 　image = cv2.imdecode(np.fromfile(name1, dtype=np.uint8), cv2.IMREAD_COLOR)
10. 　#图像像素大小一致

11.   img = cv2.resize(image, (256, 256),interpolation=cv2.INTER_CUBIC)
12.   #计算图像直方图并存储至 X 数组
13.   hist = cv2.calcHist([img], [0, 1], None,[256, 256], [0.0, 255.0, 0.0, 255.0])
14.   X_pre.append(((hist / 255).flatten()))
15.   name.append(name1)
16.   k=k+1

将验证集转换为 np.array，输入模型中进行预测，代码如下：

1. X_pre=np.array(X_pre)
2. y=loaded_model.predict(X_pre)

运行代码后将 y 的值输出，可以得到验证集的预测结果，如图 9.22 所示。

```
1  X_pre=np.array(X_pre)
2  y=loaded_model.predict(X_pre)
```

```
1  y
```

array([6, 2, 7, 1, 5, 8, 0, 3, 4])

图 9.22   验证结果

最后将验证集的图片可视化输出。首先定义一个函数，打开图片并将图片通道由 BGR 转化为 RGB，然后使用 plt 绘制图片，并将图片的类别作为图片的名称，代码如下：

1. #转换函数
2. import cv2
3. import matplotlib.pyplot as plt
4. def readImage(path):
5.   img = cv2.imread(path)
6.   b,g,r = cv2.split(img)
7.   img2 = cv2.merge([r,g,b])
8.   return img2
9.
10. plt.figure(figsize=(10,10))
11. for i in range(3):
12.   plt.subplot(3,3,i*3+1),plt.imshow(readImage(name[i*3+0]))
13.   plt.title(class_names[y[i*3]]),plt.xticks([]), plt.yticks([])
14.   plt.subplot(3,3,i*3+2),plt.imshow(readImage(name[i*3+1]))
15.   plt.title(class_names[y[i*3+1]]),plt.xticks([]), plt.yticks([])
16.   plt.subplot(3,3,i*3+3),plt.imshow(readImage(name[i*3+2]))
17.   plt.title(class_names[y[i*3+2]]),plt.xticks([]), plt.yticks([])
18. plt.show()

运行代码后,输出验证集的图片,每行 3 张共 9 张,如图 9.23 所示。

图 9.23　验证输出结果

项目 10　使用贝叶斯算法完成垃圾邮件分类

项目导入

　　随着互联网的迅速发展和应用普及,电子邮件的广泛应用给我们的生产和生活带来了相当大的便利,但是垃圾邮件的出现给我们带来了相当大的烦恼。针对垃圾邮件问题,本项目以贝叶斯算法为理论基础,将理论应用于工程实际,设计和实现了基于贝叶斯算法的垃圾邮件过滤系统。

知识目标

(1)了解概率的基本知识。
(2)理解全概率的理论知识。
(3)理解朴素贝叶斯公式的基本原理。
(4)掌握高斯朴素贝叶斯模型的函数用法及参数设置。
(5)掌握伯努利朴素贝叶斯模型的函数用法及参数设置。
(6)掌握多项式朴素贝叶斯模型的函数用法及参数设置。
(7)理解朴素贝叶斯平滑算法的用法。

能力目标

(1)能编写代码完成朴素贝叶斯模型的搭建训练。
(2)能编写代码完成朴素贝叶斯模型的典型应用场景。

项目导学

贝叶斯算法

　　贝叶斯算法(Bayesian Algorithm)是一组统计算法和机器学习算法的集合,基于贝叶斯定理进行建模和推断。贝叶斯算法的核心思想是使用已知信息来估计未知事件的概率分布,并根据新的观察数据不断更新这些概率分布。它在处理不确定性和概率推断问题时非常有用。贝叶斯算法广泛应用于以下领域和问题:

（1）垃圾邮件过滤：通过学习垃圾邮件和正常邮件的特征，贝叶斯分类器可以自动将邮件分类为垃圾邮件或非垃圾邮件。

（2）自然语言处理：在文本分类、情感分析、文本生成等任务中，贝叶斯方法可以用于估计单词或短语的概率分布。

（3）医学诊断：贝叶斯网络可以用于处理医学诊断问题，帮助医生根据症状和测试结果进行疾病诊断。

（4）搜索引擎：贝叶斯方法可以用于改进搜索引擎的查询结果排序和个性化推荐。

（5）图像识别：在计算机视觉中，贝叶斯方法可以用于对象识别、图像分割和模式识别等任务。

总之，贝叶斯算法是一种强大的工具，可用于处理各种概率建模和不确定性推断问题，具有广泛的应用领域。

项目知识点

知识点 1　概率基本知识

1. 先验概率 $P(A)$

先验概率是指根据以往经验和分析得到的概率。例如在掷骰子游戏中掷出的点数为 5 的概率为 $\frac{1}{6}$。

2. 联合概率

假设事件 A 和 B 都服从正态分布，两个事件共同发生的概率表示为 $P(AB)$ 或者 $P(A, B)$，或者 $P(A \cap B)$。若事件 A 和 B 相互独立，则有

$$P(AB)=P(A)P(B) \tag{10.1}$$

例如将明天晴天设置为事件 A，其发生的概率为 0.5，明天中彩票的概率为事件 B，其概率为 0.001，由于事件 A 和 B 之间没有关联是相互独立的，那么明天既是晴天也中奖的概率就为

$$P(AB)=P(A)P(B)=0.000\,5 \tag{10.2}$$

3. 条件概率

条件概率表示一个事件发生后另一个事件发生的概率。一般情况下 B 表示某一个因素，A 表示结果，则在 B 事件发生的前提下，A 事件发生的概率即为条件概率，记为 $P(A|B)$，计算公式为

$$P(A|B) = \frac{P(AB)}{P(B)} \tag{10.3}$$

上式可以改写为

$$P(AB) = P(A|B)P(B) \tag{10.4}$$

这个式子表示事件 AB 积的概率等于其中一件事件的概率与另一事件在前一事件已发生的条件下的条件概率的乘积。

例如，两台车床加工同一种零件共 100 个，零件的合格产品和次品结果如表 10.1 所示。现在需要求出，从 100 个零件中任取一个零件是合格品并且是第一台车床加工的概率。

表 10.1 零件统计表

	合格品数	次品数	总计
第一台车床加工数	30	5	35
第二台车床加工数	50	15	65
总数量	80	20	100

可以设事件 A={从 100 个产品任取一个是合格产品}、B={从 100 个零件中任取一个是第一台车床加工的}，$P(AB)$ 表示第一台车床的合格产品，求从 100 个零件取一个零件是合格产品并且是第一台车床加工的概率可以表示为 $P(A|B)$。

$$P(A|B) = \frac{P(AB)}{P(B)} = \frac{30}{100} \times \frac{100}{35} = \frac{30}{35} \tag{10.5}$$

知识点 2　全概率公式和贝叶斯公式

1. 全概率公式

假设事件 A 当且仅当互不相容的事件 $B_1, B_2, \cdots, B_n$ 中的任一事件发生时才可能发生，已知事件 B_i 的概率 $P(B_i)$ 及事件 A 在 B_i 已发生的条件下的条件概率 $P(A|B_i)(i=1,2,3,\cdots,n)$，要计算事件 A 发生的概率可以使用下面的公式。

$$P(A) = \sum_{i=1}^{n} P(B_i)P(A|B_i) \tag{10.6}$$

上式就是全概率公式，事件 $B_1, B_2, \cdots, B_n$ 是关于事件 A 的假设。这里事件 B_i 与 $B_j(i \neq j)$ 是互不相容的，事件 AB_i 与 AB_j 也是互不相容的，因此事件 A 可以看作 n 个互不相容的事件 $AB_i(i=1,2,3,\cdots,n)$ 的和。

$$A = AB_1 + AB_2 + \cdots + AB_n \tag{10.7}$$

所以可得

$$\begin{aligned} P(A) &= P(AB_1) + P(AB_2) + \cdots + P(AB_n) \\ &= \sum_{i=1}^{n} P(AB_i) = \sum_{i=1}^{n} P(B_i)P(A|B_i) \end{aligned} \tag{10.8}$$

全概率公式可以将一个复杂事件的概率计算问题，分解为若干个简单事件的概率计算问题，最后应用概率的可加性求出最终结果。

例如，有一批同一型号的产品，已知其中由一厂生产的占 30%，二厂生产的占 50%，三厂生产的占 20%，又知这三个厂的产品次品率分别为 2%、1%、1%，问从这批产品中任取一件是次品的概率是多少[8]？

解决上面的问题可以设 $A=\{$任取一件为次品$\}$，$B_i=\{$任取一件为 i 厂的产品$\}$。
则 $P(B_1)=0.3$，$P(B_2)=0.5$，$P(B_3)=0.2$，
可得 $P(A|B_1)=0.02$，$P(A|B_2)=0.01$，$P(A|B_3)=0.01$。
再由全概率公式可得

$$\begin{aligned}P(A)&=P(A|B_1)P(B_1)+P(A|B_2)P(B_2)+P(A|B_3)P(B_3)\\&=0.02\times0.3+0.01\times0.5+0.01\times0.2\\&=0.013\end{aligned}$$

可以看出在解题过程中，$P(A)$ 本身可能不好求，但可以根据它散落的"碎片"间接地求出。这样做的前提是必须保证 $B_1,B_2,\cdots,B_n$ 是一个样本空间的划分。

2. 贝叶斯公式

上例中如果再随机地取一件产品，若已知取到的是次品，分析此次品出自哪一个厂，需求出此次品是三家工厂生产的概率分别是多少。这时就需要使用到贝叶斯公式。

在全概率公式中，通常把事件 B_i 的概率 $P(B_i)(i=1,2,3,\cdots,n)$ 称为假设概率或者先验概率。而把事件 B_i 在事件 A 已发生的条件下的条件概率 $P(B_i|A)(i=1,2,3,\cdots,n)$ 叫作假设概率或者后验概率。根据概率的乘法定义可得

$$P(A)P(B_i|A)=P(B_i)P(A|B_i) \tag{10.9}$$

由此可得

$$P(B_i|A)=\frac{P(B_i)P(A|B_i)}{P(A)} \tag{10.10}$$

再代入全概率公式可得贝叶斯公式为

$$P(B_i|A)=\frac{P(B_i)P(A|B_i)}{\sum_{i=1}^{n}P(B_i)P(A|B_i)} \tag{10.11}$$

接下来使用贝叶斯公式解决上面的问题，由公式可知次品来自第一个工厂的概率为 $P(B_1|A)$，由贝叶斯公式可得

$$\begin{aligned}P(B_1|A)&=\frac{P(B_i)P(A|B_1)}{\sum_{i=1}^{3}P(B_i)P(A|B_i)}\\&=\frac{P(B_1)P(A|B_1)}{P(A)}=\frac{0.2\times0.02}{0.013}=0.46\end{aligned} \tag{10.12}$$

同理可得

$$P(B_2|A)=\frac{P(B_2)P(A|B_2)}{P(A)}=\frac{0.5\times0.01}{0.013}=0.38 \tag{10.13}$$

$$P(B_3|A)=\frac{P(B_3)P(A|B_3)}{P(A)}=\frac{0.5\times0.01}{0.013}=0.15 \tag{10.14}$$

最终求得次品来自三个工厂的概率分别为 0.46、0.38、0.15。在全概率公式中，如果将 B 看成是"结果"，A_i 看成是导致结果发生的诸多"原因"之一，那么全概率公式就是一个"原因推结果"的过程。但贝叶斯公式却恰恰相反。贝叶斯公式中，我们是知道结果 A 已经发生了，所要做的是反过来研究造成结果发生的原因，是计算某一原因造成的可能性有多大，即"结果推原因"。

知识点 3　朴素贝叶斯算法

1. 概率统计和机器学习的关系

假如要建立一个模型预测从桶中抓出小球是黑球和白球的概率，在机器学习中，通常会得到数据集包括特征 X 和标签 Y，可以根据已有的 X 和训练模型得到特征的分布（这个过程是模型训练），然后再使用训练好的模型分布去预测得到黑球和白球的比例，如图 10.1 所示。

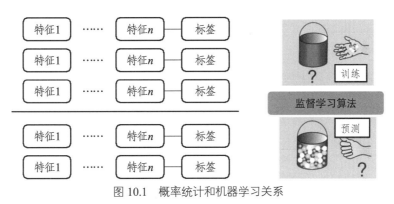

图 10.1　概率统计和机器学习关系

从机器学习角度理解，可以把 X 理解成"具有某特征"，把 Y 理解成"属于某类"于是可以得到

$$P(\text{"属于某类"}|\text{"具有某特征"}) = \frac{P(\text{"属于某类"})P(\text{"具有某特征"}|\text{"属于某类"})}{P(\text{"具有某特征"})} \quad (10.15)$$

2. 朴素贝叶斯算法

贝叶斯方法把计算"具有某特征的条件下属于某类"的概率转换成需要计算"属于某类的条件下具有某特征"的概率，属于有监督学习。

例如在垃圾邮件识别中，数据集有垃圾邮件和正常邮件各 1 万封，作为训练集，当 $P(\text{"垃圾邮件"}|\text{"具有某特征"})$ 大于 1/2 邮件，被认定为垃圾邮件，现在需要判断"我司可办理正规发票（保真）17%增值税发票点数优惠！"这封邮件是否是垃圾邮件。

首先需要分词，将邮件中的文字拆分为单个的词语来表示，上面这封邮件经过分词后，使用贝叶斯公式可表示为

$$P(\text{"垃圾邮件"}|(\text{"我"}, \text{"司"}, \text{"可"}, \text{"办理"}, \text{"正规发票"}, \text{"保真"},$$
$$\text{"增值税"}, \text{"发票"}, \text{"点数"}, \text{"优惠"})) = \frac{P(\text{"我"}, \text{"司"}, \text{"可"},}{P(\text{"我"}, \text{"司"},}$$
$$\frac{\text{"办理"}, \text{"正规发票"}, \text{"传真"}, \text{"增值税"}, \text{"发票"}、}{\text{"可"}, \text{"办理"}, \text{"正规发票"}, \text{"传真"},}$$
$$\frac{\text{"点数"}, \text{"优惠"})|\text{"垃圾邮件"}) \ P(\text{"垃圾邮件"})}{\text{"增值税"}, \text{"发票"}, \text{"点数"}, \text{"优惠"})} \quad (10.16)$$

设 $X=\{$"我", "司", "可", "办理", "正规发票", "保真", "增值税", "发票", "点数", "优惠"$\}$, $S=$"垃圾邮件", 垃圾邮件中 X 中词出现的概率为 $P(x_i|S)$, 并且相互独立, 则

$$P(X|S) = P(x_1, x_2, \cdots, x_n|S) = P(x_1|S)P(x_2|S)\cdots P(x_n|S) \quad (10.17)$$

则

$$\begin{aligned} & P(\text{"我"}, \text{"司"}, \text{"可"}, \text{"办理"}, \text{"正规发票"}, \text{"保真"}, \text{"增值税"}, \\ & \text{"发票"}, \text{"点数"}, \text{"优惠"})|\text{"垃圾邮件"}) P(\text{"垃圾邮件"}) \\ & = P(\text{"我"}|S)P(\text{"司"}|S)P(\text{"可"}|S)P(\text{"办理"}|S)P(\text{"正规发票"}|S) \\ & P(\text{"保真"}|S)P(\text{"增值税"}|S)P(\text{"发票"}|S)P(\text{"点数"}|S)P(\text{"优惠"}|S) \end{aligned} \quad (10.18)$$

这时只需要分别统计各类邮件中关键词出现的概率就可以得到对应词的概率,例如统计发票的概率,计算公式如下

$$P(\text{"发票"}|S) = \frac{\text{垃圾邮件中"发票"出现的次数}}{\text{垃圾邮件中给所有词出现的次数}} \quad (10.19)$$

这种加上条件独立假设的贝叶斯方法就是朴素贝叶斯方法（Naive Bayes）。由于乘法交换律,朴素贝叶斯方法中算出来交换词语顺序的条件概率完全一样,例如下面三种描述的概率是完全相同的。

$$\begin{aligned} & P((\text{"我"}, \text{"司"}, \text{"可"}, \text{"办理"}, \text{"正规发票"})|S) \\ & = P(\text{"我"}|S)P(\text{"司"}|S)P(\text{"可"}|S)P(\text{"办理"}|S)P(\text{"正规发票"}|S) \\ & = P(\text{"正规发票"}|S)P(\text{"办理"}|S)P(\text{"可"}|S)P(\text{"我"}|S)P(\text{"司"}|S) \\ & = P((\text{"正规发票"}, \text{"办理"}, \text{"可"}, \text{"司"}, \text{"我"})|S) \end{aligned} \quad (10.20)$$

朴素贝叶斯算法中,朴素表示特征条件独立,贝叶斯表示基于贝叶斯定理。该算法属于监督学习的生成模型,实现简单,没有迭代,并有坚实的数学理论（即贝叶斯定理）作为支撑,在大量样本下会有较好的表现,被广泛应用于文本分类、垃圾邮件过滤、情感分析等任务,但不适用于输入向量的特征条件有关联的场景。

知识点4　朴素贝叶斯四种模型

朴素贝叶斯针对不同类型的数据和特征分布提供了不同的建模方法,可以分为多项式朴素贝叶斯、高斯朴素贝叶斯、伯努利朴素贝叶斯和贝叶斯混合模型。

1. 多项式朴素贝叶斯（Multinomial Naive Bayes）

多项式朴素贝叶斯通常用于文本分类问题,其中特征表示文本中单词出现的次数或词频。在这个模型中,假设特征是多项式分布,则特征是离散的,并且通常表示为文本数据的词频或词袋模型。它适用于处理文本数据,并考虑了单词的出现次数,但忽略了单词之间的顺序。常用于垃圾邮件分类、文本情感分析、文档主题分类等。

在多项式朴素贝叶斯模型中,重复的词语被视为多次出现,如下例。

$P((``办理",``正规",``发票",``增值税",``发票",``点数",``优惠")|S)$
$= P(``办理"|S)P(``正规"|S)P(``发票"|S)P(``增值税"|S)P(``发票"|S)(``点数"|S)P(``优惠"|S)$

sklearn 中使用 MultinomialNB()建立多项式朴素贝叶斯模型。
class sklearn.naive_bayes.MultinomialNB（alpha=1.0, fit_prior=True, class_prior=None）
各参数的含义如下：

① alpha：浮点数,可部=不填（默认为 1.0）,表示平滑系数 λ,如果为 0,则表示完全没有平滑选项。需注意,平滑相当于人为给概率加上一些噪声,因此 λ 设置得越大,精确性会越低（虽然影响不是非常大）。

② fit_prior：布尔值,可不填（默认为 True）,表示是否学习先验概率 $P(Y=c)$。如果为 False,则所有的样本类别输出都有相同的类别先验概率,即认为每个标签类出现的概率是 1/总类别数。

③ class_prior：形似数组的结构,结构为（n_classes,）,可不填（默认为 None）,表示类的先验概率 $P(Y=c)$。如果没有给出具体的先验概率则自动根据数据来进行计算。

下面的例子使用多项式朴素贝叶斯完成垃圾邮件分类,代码如下：

```
1.  from sklearn.feature_extraction.text import CountVectorizer
2.  from sklearn.naive_bayes import MultinomialNB
3.  from sklearn.metrics import accuracy_score
4.
5.  # 训练数据（示例）
6.  emails = [
7.      "Buy cheap watches. Discount prices on all watches.",
8.      "Meeting agenda for our project meeting next week.",
9.      "Great offers! Get a free gift with your purchase.",
10.     "Important update: Please attend the project meeting tomorrow."
11. ]
12.
13. # 对应的标签（0 表示垃圾邮件, 1 表示非垃圾邮件）
14. labels = [0, 1, 0, 1]
15.
16. # 文本特征提取,使用词袋模型
```

```
17. vectorizer = CountVectorizer()
18. X_train = vectorizer.fit_transform(emails)
19.
20. # 创建多项式朴素贝叶斯分类器
21. classifier = MultinomialNB()
22.
23. # 训练分类器
24. classifier.fit(X_train, labels)
25.
26. # 测试数据
27. test_emails = [
28.     "Special discount on watches today!",
29.     "Project meeting agenda for next week."
30. ]
31.
32. # 对测试数据进行特征提取
33. X_test = vectorizer.transform(test_emails)
34.
35. # 预测分类标签
36. predicted_labels = classifier.predict(X_test)
37.
38. # 输出预测结果
39. for i, email in enumerate(test_emails):
40.     label = "垃圾邮件" if predicted_labels[i] == 0 else "非垃圾邮件"
41.     print(f"邮件 '{email}' 被分类为: {label}")
```

代码中使用 CountVectorizer 将文本数据转换为词袋模型的特征表示；然后使用 MultinomialNB 类创建了一个多项式朴素贝叶斯分类器，并用训练数据进行训练；最后使用该分类器对测试数据进行分类，并输出分类结果如图 10.2 所示。

```
邮件 'Special discount on watches today!' 被分类为: 垃圾邮件
邮件 'Project meeting agenda for next week.' 被分类为: 非垃圾邮件
```

图 10.2　多项式朴素贝叶斯完成垃圾邮件分类

2. 伯努利朴素贝叶斯（Bernoulli Naive Bayes）

伯努利朴素贝叶斯同样适用于文本分类问题，尤其是二分类问题，如垃圾邮件和非垃圾邮件的分类。在这个模型中，特征通常表示为二进制值，表示某个词是否出现在文本中。它虽适用于处理文本数据，但只考虑了单词的存在与否，而不考虑其出现次数。

在伯努利朴素贝叶斯模型中，重复出现的词语都视为其出现1次。这种方法简单，但是会丢失词频的信息，导致模型预测精度会出现下降，例如

$P(($"办理"，"正规"，"发票"，"增值税"，"发票"，"点数"，"优惠"$)|S)$
$= P($"办理"$|S)P($"正规"$|S)P($"增值税"$|S)P($"发票"$|S)($"点数"$|S)P($"优惠"$|S)$

sklearn 中使用 BernoulliNB()建立伯努利朴素贝叶斯模型，函数如下：

1. class sklearn.naive_bayes.BernoulliNB（alpha=1.0, binarize=0.0, fit_prior=True, class_prior= None）

其中，binarize 表示将数据特征二值化的阈值，大于 binarize 的值处理为 1，小于等于 binarize 的值处理为 0。

下面的例子使用伯努利朴素贝叶斯完成文本情感分类，代码如下：

```
from sklearn.feature_extraction.text import CountVectorizer
from sklearn.naive_bayes import BernoulliNB
from sklearn.metrics import accuracy_score

# 训练数据（正面情感为1，负面情感为0）
texts = [
    "I love this product, it's amazing!",
    "Terrible product, wouldn't recommend it to anyone.",
    "Great purchase, very satisfied with the quality.",
    "Disappointed with the performance, not worth the price.",
    "Best choice I've ever made, highly recommended!",
    "I hated it, worst purchase ever!"
]

# 对应的标签（1表示正面情感，0表示负面情感）
labels = [1, 0, 1, 0, 1, 0]

# 文本特征提取，使用二元特征（是否出现）
vectorizer = CountVectorizer(binary=True)
X_train = vectorizer.fit_transform(texts)

# 创建伯努利朴素贝叶斯分类器
classifier = BernoulliNB()

# 训练分类器
classifier.fit(X_train, labels)
```

```
27.
28. # 测试数据
29. test_texts = [
30.     "I hate it, the worst weather ever",
31.     "Absolutely fantastic, exceeded my expectations.",
32.     "Not bad, but not great either."
33. ]
34.
35. # 对测试数据进行特征提取
36. X_test = vectorizer.transform(test_texts)
37.
38. # 预测情感标签
39. predicted_labels = classifier.predict(X_test)
40.
41. # 输出预测结果
42. for i, text in enumerate(test_texts):
43.     label = "正面情感" if predicted_labels[i] == 1 else "负面情感"
44.     print(f"文本 '{text}' 被分类为: {label}")
```

代码中使用了情感分类的样本数据，包括文本评论和对应的情感标签。使用 CountVectorizer 将文本数据转换为二元特征表示。然后，创建了伯努利朴素贝叶斯分类器训练模型，对测试数据进行情感分类，输入结果如图 10.3 所示。

```
文本 'I hate it, the worst weather ever' 被分类为: 负面情感
文本 'Absolutely fantastic, exceeded my expectations.' 被分类为: 正面情感
文本 'Not bad, but not great either.' 被分类为: 正面情感
```

图 10.3　伯努利朴素贝叶斯完成文本情感分类

3. 高斯朴素贝叶斯（Gaussian Naive Bayes）

高斯朴素贝叶斯适用于处理特征是连续变量的情况，例如传感器数据或任何具有实数值特征的数据，特别是医学诊断（如根据生物测量数据诊断疾病）、图像分类（基于图像的特征）、声音识别等。在这个模型中，假设特征的分布是高斯分布（正态分布），即特征的值被假定为连续的实数值。这种模型用于考虑特征的连续性和实数值特征之间的相关性。

sklearn 中使用 GaussianNB() 建立高斯朴素贝叶斯模型，不需要对高斯朴素贝叶斯输入任何参数。例如，使用高斯朴素贝叶斯完成鸢尾花分类，代码如下：

```
1. # 导入包
2. from sklearn.naive_bayes import GaussianNB  # 高斯分布，假定特征服从正态分布
3. from sklearn.model_selection import train_test_split  # 数据集划分
4. from sklearn.metrics import accuracy_score
```

```
5.
6.  # 导入数据集
7.  from sklearn import datasets
8.  iris = datasets.load_iris()
9.
10. # 拆分数据集,random_state:随机数种子
11. train_x,test_x,train_y,test_y = train_test_split(iris.data,iris.target,random_state=12)
12.
13. # 建模
14. gnb_clf = GaussianNB()
15. gnb_clf.fit(train_x,train_y)
16.
17. # 对测试集进行预测
18. # predict()：直接给出预测的类别
19. # predict_proba()：输出的是每个样本属于某种类别的概率
20. predict_class = gnb_clf.predict(test_x)
21. # predict_class_proba = gnb_clf.predict_proba(test_x)
22. print("测试集准确率为：",accuracy_score(test_y,predict_class))
```

代码中使用了 load_iris 函数加载了鸢尾花数据集，将数据分为训练集和测试集，并创建了一个高斯朴素贝叶斯分类器；然后使用训练数据对分类器进行训练，对测试数据进行分类，并计算分类准确度，运行代码后输出测试集准确率为：0.9736842105263158。

4. 贝叶斯混合模型（Bayesian Mixture Model）

在实际的应用中会遇到数据由多个不同的分布组合而成的情况，这时就需要使用贝叶斯混合模型，允许在不知道真实分布的情况下对数据进行建模和推断。它是一种统计模型，用于建模复杂的数据分布，通常用于聚类和密度估计任务。贝叶斯混合模型中包含以下几个部分。

（1）混合成分（Mixture Components）：贝叶斯混合模型假设数据是由多个不同的成分或分布组合而成的，每个成分代表了数据中的一个潜在子群。通常，这些成分可以是不同的概率分布，如高斯分布、多项分布等。

（2）成分权重（Component Weights）：每个成分都有一个权重，表示该成分在整个数据集中的相对重要性。这些权重通常是非负的，且总和为 1，用来确定每个成分对数据的贡献。

（3）潜在变量（Latent Variables）：每个数据点都与一个潜在变量相关联，该变量表示数据点属于哪个混合成分。通常，这些潜在变量是随机变量，可以通过贝叶斯推断来估计。

（4）先验分布（Prior Distribution）：对于混合成分的参数和权重，贝叶斯混合模型引入了先验分布，以描述我们对这些参数的先验信念。这允许我们在估计模型参数时考虑不确定性。

（5）后验分布（Posterior Distribution）：通过贝叶斯推断方法，可以计算出模型参数和潜在变量的后验分布，以获得对数据的更准确估计。

以下是混合模型的实例，使用 PyMC3 库实现一个一维高斯混合模型，用于对数据进行聚类，代码如下：

```
1.  import pymc3 as pm
2.  import numpy as np
3.  import matplotlib.pyplot as plt
4.
5.  # 生成模拟数据
6.  np.random.seed(42)
7.  data = np.concatenate([np.random.normal(-1, 1, 100), np.random.normal(2, 1, 100)])
8.
9.  # 定义模型
10. with pm.Model() as model:
11.     # 混合成分的个数
12.     K = 2
13.
14.     # 混合成分的权重
15.     w = pm.Dirichlet('w', a=np.ones(K))
16.
17.     # 每个混合成分的均值和标准差
18.     means = pm.Normal('means', mu=[-1, 2], sd=1, shape=K)
19.     stds = pm.HalfNormal('stds', sd=1, shape=K)
20.
21.     # 混合成分
22.     mixture = pm.NormalMixture('mixture', w=w, mu=means, sd=stds, observed=data)
23.
24. # 运行 MCMC 采样
25. with model:
26.     trace = pm.sample(1000, tune=1000, chains=2)
27.
28. # 绘制后验分布
29. pm.plot_posterior(trace, var_names=['w', 'means', 'stds'], kind='hist')
30. plt.show()
```

代码中使用 random 生成了一个模拟数据集，包含两个高斯分布的混合。使用 PyMC3 库定义了一个混合模型，包括混合成分的权重、均值和标准差，作为未知参数。最后，使用 MCMC 方法对模型进行参数估计，并绘制了后验分布的直方图，运行结果如图 10.4 所示。

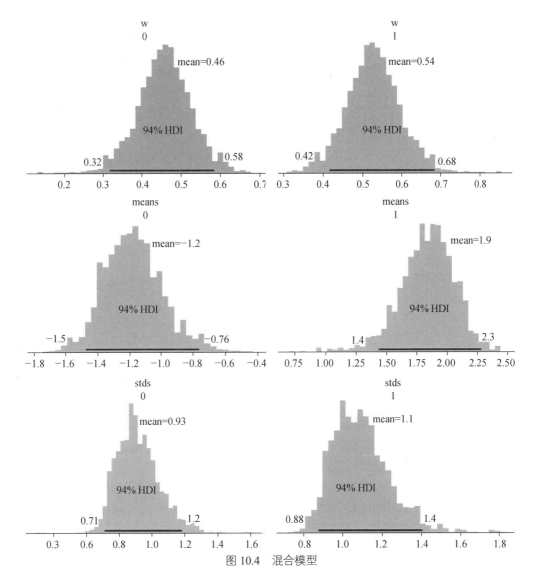

图 10.4 混合模型

贝叶斯混合模型通过贝叶斯方法提供了一种灵活而强大的方式来建模和推断复杂的数据分布,对于处理实际问题中的不确定性和复杂性非常有用。然而,贝叶斯混合模型的推断通常需要使用 MCMC(马尔科夫链蒙特卡洛)等复杂的方法,因此在实际应用中需要考虑计算效率和模型选择等问题。

总而言之,这四种朴素贝叶斯模型都是基于贝叶斯概率理论的分类方法,每种在假设方面有所不同,因此适用于不同类型的数据和问题。选择合适的模型通常取决于数据特性以及任务需求。这种多样性使贝叶斯模型更具灵活性,可以适应各种不同的应用领域和数据类型。

知识点 5 朴素贝叶斯算法的平滑技术

1. 平滑技术用途

朴素贝叶斯模型在实际的使用中会出现某个事件在训练数据中从未出现的情况,在实际

应用中可能会产生零概率问题。当数据集非常大或某些事件发生的次数非常少时，数据会变得非常稀疏。例如，在做垃圾邮件分类时的训练集为{"办理"，"正规"，"发票"，"增值税"，"发票"，"点数"，"优惠"}和测试集为{"办理"，"普通"，"发票"，"点数"，"优惠"}，这时 $P("普通"|S)=0$，将导致计算测试数据概率时出现零概率问题，即 $P("办理"|S)$，$P("普通"|S)$，$P("发票"|S)$，$P("点数"|S)$，$P("优惠"|S) = 0$，这时需要使用平滑技术。

朴素贝叶斯算法的平滑技术主要作用如下：

（1）提高模型的泛化能力。平滑技术有助于减少模型对训练数据的过度拟合。如果不使用平滑，模型可能会过于自信地估计某些事件的概率，导致在新的数据上表现不佳。通过平滑，可以更好地保持模型的泛化能力。

（2）处理稀疏数据。在现实世界的数据中，经常会遇到稀疏数据，即某些事件的发生次数非常少。平滑技术可以帮助平衡这些稀疏数据，确保模型不会过度依赖少数样本。

（3）改善概率估计的稳定性。平滑技术可以使概率估计更加稳定。如果不使用平滑，一些事件可能会估计为非常小的概率，这可能会导致数值不稳定性和数值计算问题。

2. 拉普拉斯平滑

拉普拉斯平滑（Laplace smoothing），也称为加一平滑（add-one smoothing）或拉普拉斯平滑法，是一种用于处理概率统计问题中平滑技术。

拉普拉斯平滑的主要目的是解决概率估计中的零概率问题，即当某个事件在训练数据中没有出现时，可能导致零概率问题，尤其是在贝叶斯估计中。为了解决这个问题，拉普拉斯平滑会向所有可能的事件都添加一个小的平滑值（通常是1），以确保每个事件都具有非零的概率估计。常见的平滑技术包括拉普拉斯平滑（Laplace smoothing）和互补概率平滑（Complementary Probability Smoothing），它们都有助于解决上述问题，使贝叶斯算法更加稳健和适用性更强。通过适当选择平滑参数，可以在保持模型准确性的同时提高其泛化性能，拉普拉斯平滑的数学表达式如下

$$P(x) = \frac{\text{count}(x)+1}{N+V} \quad (10.21)$$

式中，$P(x)$ 为事件 x 的平滑概率；$\text{count}(x)$ 为事件 x 在训练数据中出现的次数；N 为总的训练样本数量；V 为可能的事件总数。

拉普拉斯平滑的优点是它简单易懂，并且可以有效地避免零概率问题。然而，它也有一些缺点，例如在某些情况下可能引入了较大的平滑误差，尤其是训练数据很少时。因此，在某些情况下，更复杂的平滑方法可能更适合。

3. 拉普拉斯平滑实例

下面的例子使用 Python 的 Scikit-Learn 库来实现一个朴素贝叶斯文本分类器，并使用拉普拉斯平滑（加一平滑）来处理文本数据，代码如下，输出结果如图 10.4 所示。

```
1.  from sklearn.feature_extraction.text import CountVectorizer
2.  from sklearn.naive_bayes import MultinomialNB
3.  from sklearn.model_selection import train_test_split
4.  from sklearn.metrics import accuracy_score, classification_report
```

```
5.
6.  # 示例数据
7.  documents = [
8.      "这部电影真的很好看",
9.      "我喜欢这个演员的表演",
10.     "太失望了，浪费时间",
11.     "剧情乏味，不值得一看",
12.     "这是一部好电影",
13.     "我觉得这个演员很出色",
14.     "我不太喜欢这个电影",
15.     "这部电影有点无聊"
16. ]
17. labels = ["positive", "positive", "negative", "negative", "positive", "positive", "negative", "negative"]
18.
19. # 将文本转换为特征向量
20. vectorizer = CountVectorizer()
21. X = vectorizer.fit_transform(documents)
22.
23. # 划分训练集和测试集
24. X_train, X_test, y_train, y_test = train_test_split(X, labels, test_size=0.2, random_state=42)
25.
26. # 创建朴素贝叶斯分类器并使用拉普拉斯平滑
27. model = MultinomialNB(alpha=1.0)  # alpha 参数控制平滑程度，通常为 1.0 表示拉普拉斯平滑
28. model.fit(X_train, y_train)
29.
30. # 进行预测
31. y_pred = model.predict(X_test)
32.
33. # 计算准确率
34. accuracy = accuracy_score(y_test, y_pred)
35. print("Accuracy:", accuracy)
36.
37. # 输出分类报告
38. report = classification_report(y_test, y_pred)
39. print("Classification Report:\n", report)
```

代码中使用 CountVectorizer 将文本数据转换为特征向量，然后使用 MultinomialNB 来创建朴素贝叶斯分类器。MultinomialNB 默认使用拉普拉斯平滑（alpha=1.0），以解决文本数据中的稀疏性和零概率问题，运行结果如图 10.5 所示。

```
Accuracy: 0.0
Classification Report:
              precision    recall  f1-score   support

    negative       0.00      0.00      0.00       0.0
    positive       0.00      0.00      0.00       2.0

    accuracy                           0.00       2.0
   macro avg       0.00      0.00      0.00       2.0
weighted avg       0.00      0.00      0.00       2.0
```

图 10.5　拉普拉斯平滑实例

工作任务

垃圾邮件曾经是一个令人头痛的问题，长期困扰着邮件运营商和用户。传统的垃圾邮件过滤方法，主要有关键词法和校验码法等。关键词法的过滤依据是特定的词语，（如垃圾邮件的关键词："发票""贷款""利率""中奖""办证"等），但是效果很不理想，这是因为正常邮件中也可能有这些关键词，非常容易误判。

直到"贝叶斯"方法的提出才使得垃圾邮件的分类达到一个较好的效果，而且邮件数目越多，贝叶斯分类的效果越好。这里采用的分类方法是通过多个词来判断是否为垃圾邮件，但这个概率难以估计，通过贝叶斯公式，可以转化为求垃圾邮件中这些词出现的概率。

任务 1　获取邮件样本数据

1. 打开文本文件获取邮件数据

邮件的样本数据存在 SMSSpamCollection 文本文件中，每行一个短信，并且每个短信前面有一个标签。读取文本文件获取数据集的代码如下：

```
1.  import numpy as np
2.  import pandas as pd
3.  import seaborn as sns
4.  import matplotlib.pyplot as plt
5.  import seaborn as sns
6.  #显示中文
7.  plt.rcParams['font.sans-serif']=['SimHei']
8.  plt.rcParams['axes.unicode_minus']=False
9.  df=pd.read_table("../input/SMSSpamCollection",sep='\t', names=['label', 'sms_message'])
10. df.head()
```

数据集中的列目前没有命名，可以看出有 2 列。第一列有两个值：ham 表示信息不是垃圾信息，spam 表示信息是垃圾信息。第二列是被分类的信息的文本内容。代码运行结果如图 10.6 所示。

	label	sms_message
0	ham	Go until jurong point, crazy.. Available only ...
1	ham	Ok lar... Joking wif u oni...
2	spam	Free entry in 2 a wkly comp to win FA Cup fina...
3	ham	U dun say so early hor... U c already then say...
4	ham	Nah I don't think he goes to usf, he lives aro...

图 10.6 读取数据运行结果

2. 转换邮件标签

我们已经大概了解数据集的结构，现在将标签转换为二元变量，用 0 表示 ham，用 1 表示 spam，以方便计算。由于 Scikit-learn 只处理数字值，如果标签值保留为字符串，Scikit-learn 会自行，将字符串标签将转换为未知浮点值。

如果标签保留为字符串，模型依然能够做出预测，但是在后面计算效果指标（例如计算精确率和召回率分数）时可能会遇到问题。因此，为了避免稍后出现意外，最好将分类值转换为整数，再传入模型中。

使用映射方法将"标签"列中的值转换为数字值：{'ham': 0, 'spam': 1}，这样会将 ham 值映射为 0，将 spam 值映射为 1。此外，为了知道正在处理的数据集有多大，使用 shape 输出行数和列数，代码如下。

1. print(df.shape)
2. df['label'] = df.label.map({'ham':0, 'spam':1})
3.
4. df['label'].head()

任务 2　邮件 Bag of Words 转换

1. Bag of Words 基本原理

大多数机器学习算法都要求传入的输入是数字数据，而电子邮件/信息通常都是文本。这里使用 Bag of Words（BoW）来表示要处理的问题具有"大量单词"或很多文本数据。BoW 的基本概念是拿出一段文本，计算该文本中单词的出现频率。注意：BoW 平等地对待每个单词，单词的出现顺序并不重要。

可以将文档集合转换成矩阵，每个文档是一行，每个单词（令牌）是一列，对应的（行，列）值是每个单词或令牌在此文档中出现的频率。例如：假设有 4 个文档为：

['Hello，how are you!'，

'Win money，win from home.'，

'Call me now'，'Hello，

Call you tomorrow?']

目标是将这组文本转换为频率分布矩阵，如图 10.7 所示。

	are	call	from	hello	home	how	me	money	now	tomorrow	win	you
0	1	0	0	1	0	1	0	0	0	0	0	1
1	0	0	1	0	1	0	0	1	0	0	2	0
2	0	1	0	0	0	0	1	0	1	0	0	0
3	0	1	0	1	0	0	0	0	0	1	0	1

图 10.7　频率分布矩阵

可以看出，文档在行中进行了编号，每个单词是一个列名称，相应的值是该单词在文档中出现的频率。要处理这一步，需要使用 sklearns count vectorizer 方法。该方法的作用为：① 令牌化字符串（将字符串划分为单个单词）并为每个令牌设定一个整型 ID；② 计算每个令牌的出现次数。

2. 生成数据集

通过在 sklearn 中使用 train_test_split 方法，将数据集拆分为训练集和测试集，代码如下：

```
1. from sklearn.model_selection import train_test_split
2. X_train,X_test,y_train,y_test=train_test_split(df['sms_message'],df['label'],random_state=1)
3. print('Number of rows in the total set: {}'.format(df.shape[0]))
4. print('Number of rows in the training set: {}'.format(X_train.shape[0]))
5. print('Number of rows in the test set: {}'.format(X_test.shape[0]))
```

接下来需要对数据集应用 Bag of Words 流程，将数据转换为期望的矩阵格式。为此像之前一样使用 CountVectorizer()。

首先，对 CountVectorizer()拟合训练数据（X_train）并返回矩阵，其次需要转换测试数据（X_test）以返回矩阵。注意：X_train 是数据集中 sms_message 列的训练数据，将使用此数据训练模型，代码如下。

```
1. from sklearn.feature_extraction.text import CountVectorizer
2. count_vector = CountVectorizer()
3.
4. # Fit the training data and then return the matrix
5. training_data = count_vector.fit_transform(X_train)
6.
7. # Transform testing data and return the matrix. Note we are not fitting the testing data into the CountVectorizer()
8. testing_data = count_vector.transform(X_test)
```

任务 3　建立多项式朴素贝叶斯模型

使用 scikit-learn 实现朴素贝叶斯模型不用从头进行计算。导入 sklearns 的 sklearn.naive_bayes 方法可以建立模型。本任务使用多项式朴素贝叶斯。这个分类器适合分类离散特征（例如单词计数文本分类），将整数单词计数作为输入，代码如下：

```
1. from sklearn.naive_bayes import MultinomialNB
2. naive_bayes = MultinomialNB()
3. naive_bayes.fit(training_data, y_train)
4. predictions = naive_bayes.predict(testing_data)
```

评估模型首先对测试集进行了预测，下一个目标是采用各种衡量指标评估模型的效果。例如，使用准确率衡量分类器做出正确预测的概率，即正确预测的数量与预测总数（测试数据点的数量）之比。

精确率指的是分类为垃圾信息的信息实际上是垃圾信息的概率，即真正例（分类为垃圾内容并且实际上是垃圾内容的单词）与所有正例（所有分类为垃圾内容的单词，无论是否分类正确）之比，即[True Positives/（True Positives + False Positives）]的值。

召回率（敏感性）表示实际上为垃圾信息并且被分类为垃圾信息的信息所占比例，即真正例（分类为垃圾内容并且实际上是垃圾内容的单词）与所有为垃圾内容的单词之比，即[True Positives/（True Positives + False Negatives）]的值。

对于偏态分类分布问题（本任务的数据集就属于偏态分类），例如有100条信息，只有2条是垃圾信息，则准确率本身并不是很好的指标。如果将90条信息分类为非垃圾信息（包括2条垃圾信息，属于假负例），并将10条信息分类为垃圾信息（所有10条都是假正例），依然会获得比较高的准确率。对于此类情形，精确率和召回率非常实用。可以通过这两个指标获得F1分数，即精确率和召回率的加权平均值。该分数的范围是0~1，1表示最佳潜在F1分数。

使用准确率、精确率、召回率、F1分数四个指标检测模型效果，这四个指标的值范围都在0~1。分数尽量接近1可以很好地表示模型的效果，代码如下：

```
1. from sklearn.metrics import accuracy_score, precision_score, recall_score, f1_score
2. print('Accuracy score: ', format(accuracy_score(y_test, predictions)))
3. print('Precision score: ', format(precision_score(y_test, predictions)))
4. print('Recall score: ', format(recall_score(y_test, predictions)))
5. print('F1 score: ', format(f1_score(y_test, predictions)))
```

输出如图10.8所示。

```
Accuracy score:  0.9885139985642498
Precision score: 0.9720670391061452
Recall score:    0.9405405405405406
F1 score:        0.9560439560439562
```

图10.8 频率分布矩阵

任务4 保存记载模型测试

模型训练完毕后需要保存模型，本任务使用joblib.dump()函数将训练好的朴素贝叶斯分类器模型和TF-IDF特征提取器保存到两个不同的文件中，代码如下：

```
1. import joblib
2. joblib.dump(naive_bayes, 'spam_classifier_model.pkl')
3. joblib.dump(count_vector, 'tfidf_vectorizer.pkl')
4. print("Model and vectorizer saved successfully.")
```

使用 joblib.load() 函数加载保存的模型和特征提取器,然后使用加载的模型进行一个简单的垃圾短信预测。为了确保在加载模型时不出现问题,需要使用和训练时相同版本的 Scikit-Learn 和 joblib 库,以避免版本不兼容的问题,代码如下:

```
1. import joblib
2. # 加载模型和特征提取器
3. loaded_model = joblib.load('spam_classifier_model.pkl')
4. loaded_vectorizer = joblib.load('tfidf_vectorizer.pkl')
5. # 使用加载的模型和特征提取器进行预测
6. test_message = "Congratulations! You've won a prize. Click here to claim it now!"
7. test_message_vectorized = loaded_vectorizer.transform([test_message])
8. predicted_label = loaded_model.predict(test_message_vectorized)
9. print("Predicted label for the test message:", predicted_label[0])
```

代码中给出一条测试数据,通过加载模型得出预测短信的预测结果为"Predicted label for the test message:1",也就是垃圾短信。

总结:与其他分类算法相比,朴素贝叶斯具有以下优势:① 能够处理大量特征;② 即使存在不相关的特征也有很好的效果,不容易受到这种特征的影响;③ 相对比较简单,朴素贝叶斯可以直接使用,很少需要调整参数;④ 很少会过拟合数据;⑤ 训练和预测速度很快。总之,朴素贝叶斯是非常实用的算法。

项目11　使用词向量Word2Vec算法自动生成古诗

项目导入

本任务将机器学习用于传统文化，让词向量 Word2Vec 算法学习诗词样本，并根据提供的关键字按照要求自动生成对应的诗词，可以帮助我们了解和欣赏古代文学，增加学习的趣味性。

知识目标

（1）了解 NLP 的基本知识。
（2）理解什么是词向量。
（3）掌握 Word2Vec 算法的基本原理。

能力目标

（1）能编写代码完成词向量的转换。
（2）能编写实现 Word2Vec 算法。

项目导学

日常生活中使用的自然语言不能直接被计算机所理解，当需要对这些自然语言进行处理时，就需要使用特定的手段对其进行分析或预处理。使用 one-hot 编码形式对文字进行处理可以得到词向量，但是，由于对文字进行唯一编号进行分析的方式存在数据稀疏的问题。Word2Vec 能够解决这一问题，实现 Word Embedding（词嵌入向量）。

Word2Vec 是 NLP 中一种词向量生成算法，是一种将单词表示为连续数值向量的技术。词向量允许计算机在处理文本时理解单词之间的语义关系，可以量化单词之间的相似性，使计算机能够识别语义上相关的单词，这对于 NLP 任务（如情感分析、信息检索、文本分类等）非常有用。在生成模型（如 RNN、Transformer）中使用词向量作为输入，以生成新的文本，通过将词向量映射回文本，可以生成自然语言的句子、段落甚至整篇文章。

项目知识点

知识点 1　Word2Vec 算法概述

Word2Vec 全称 Word to Vector，即由词到向量。Word2Vec 使用一层神经网络将 one-hot（独热编码）形式的词向量映射到分布式形式的词向量，它实际上是一种浅层的神经网络模型。Word2Vec 算法主要有两种训练模型，分别是 Skip-gram 模型和 Continuous Bag of Words（CBOW）模型。

Skip-gram 模型的目标是从给定的单词中预测其周围上下文单词，这意味着模型尝试学习如何从一个单词生成其周围的单词。Skip-gram 模型通常在大型语料库上训练，因而可以捕捉到丰富的单词关系。

Continuous Bag of Words 模型的目标是从周围上下文单词预测给定单词，通常在小型语料库上的训练速度较快，但可能无法捕捉到像 Skip-gram 那样丰富的单词关系。两种模型如图 11.1 所示。

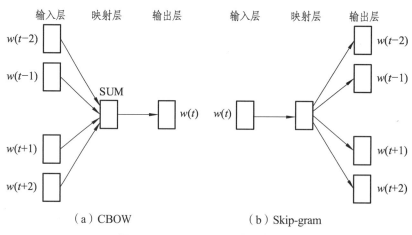

图 11.1　Word2vec 的两种网络结构

知识点 2　Word2Vec 算法的实现

在处理自然语言时，通常将词语或者字做向量化，如 one-hot 编码。例如有一句话为："我爱北京天安门"，分词后对其进行 one-hot 编码，结果如图 11.2 所示。这样，我们就可以将每个词用一个向量表示。

"我"：【1,0,0,0】
"爱"：【0,1,0,0】
"北京"：【0,0,1,0】
"天安门"：【0,0,0,1】

图 11.2　one-hot 编码

但是如果是 n 个词语而不是 4 个,任何一个词的编码只有一个 1,n-1 位为 0,这会导致数据非常稀疏(0 特别多,1 很少),存储开销也很大。于是,分布式表示被提出来了。它的思路是通过训练,将每个词都映射到一个较短的词向量上来,在训练时需要自己指定词向量的维度。

如图 11.3 所示,展示了 4 个不同的单词,可以用一个可变化的维度长度表示(假设为 4 维)。

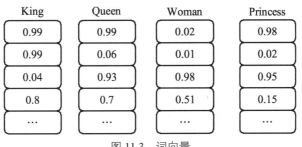

图 11.3 词向量

当使用词嵌入后,词之间可以存在一些关系,例如"king"的词向量减去"man"的词向量,再加上"woman"的词向量会等于"queen"的词向量,如图 11.4 所示。

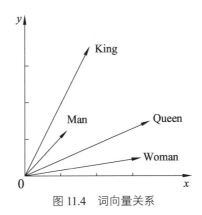

图 11.4 词向量关系

如果使用热力图可以直观地看到词向量的相似度,如图 11.5 所示。

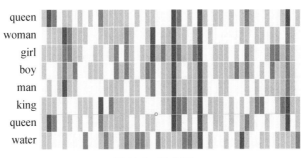

图 11.5 热力图

由"king-man + woman"生成的向量并不完全等同于"queen",但"queen"是我们在此集合中包含的 400 000 个字嵌入中最接近它的单词,如图 11.6 所示。

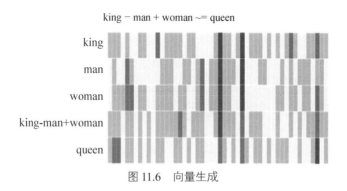

图 11.6 向量生成

知识点 3　NLP 模型

自然语言处理最典型的例子，就是智能手机输入法中的下一单词预测功能。该模型接收到"我"和"打"两个单词并推荐了一组单词，"电话"就是其中最有可能被选用的一个如图 11.7 所示。

图 11.7　输入法中下一单词预测功能

Word2Vec 模型（见图 11.8）其实就是简单化的神经网络。它对所有它知道的单词（模型的词库，可能有几千到几百万个单词）按可能性打分，输入法程序会选出其中分数最高的推荐给用户。

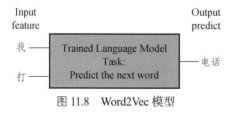

图 11.8　Word2Vec 模型

自然语言模型的输出就是模型所知单词的概率评分。我们通常把概率按百分比表示，如图 11.9 所示。

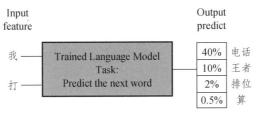

图 11.9　对概率打分

知识点 4　Word2Vec 模型

Word2Vec 模型是一个简化的神经网络，包括 input（词向量）、权重网络上下文的隐藏层和 Softmax 层三部分，如图 11.10 所示。

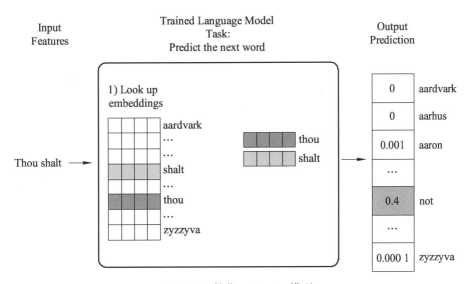

图 11.10　简化 Word2Vec 模型

对于句子"I like deep learning and NLP"，可以构建一个大小为 6 的词汇表，假设我们使用 300 个特征去表示一个单词。记上面的权重矩阵为 $w(6, 300)$，有独热码 wt 表示矩阵为 $(300, 1)$，$wt \times w$ 表示两个矩阵相乘，隐层神经网络输出的是一个 $d \times 1$ 维矩阵，如图 11.11 所示。

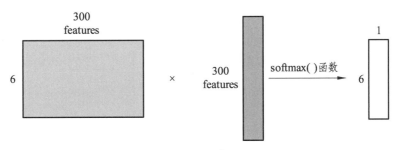

图 11.11　矩阵相乘

知识点 5　生成 Word2Vec 数据

先是获取大量文本数据（如所有维基百科内容），然后建立一个可以沿文本滑动的窗（如一个包含三个单词的窗），利用这样的滑动窗就能为训练模型生成大量样本数据，如图 11.12 所示。

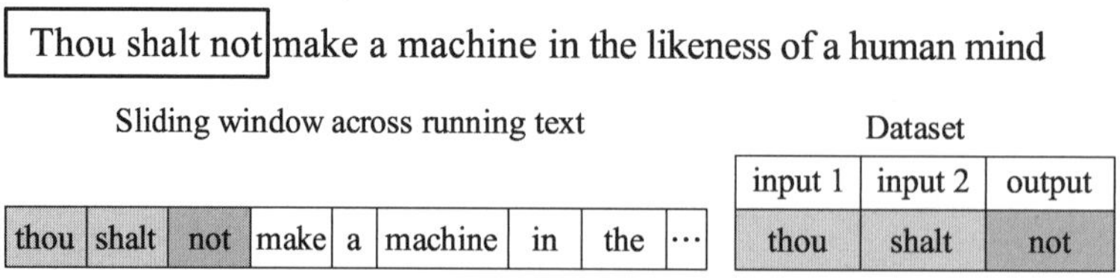

图 11.12　生成数据

前两个单词单做特征，第三个单词单做标签，便生成了数据集中的第一个样本。窗口滑动到下一个位置并生成第二个样本，如图 11.13 所示。

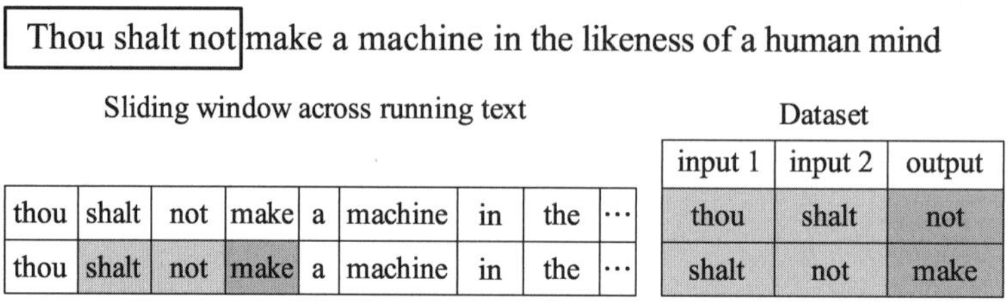

图 11.13　窗口滑动

在所有数据集上全部滑动后，我们得到一个较大的数据集，如图 11.14 所示。

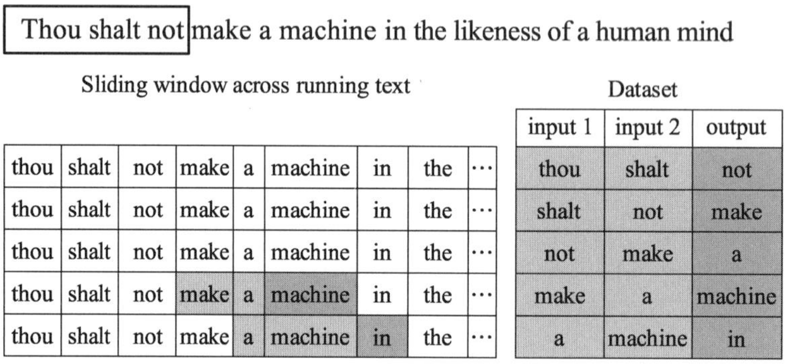

图 11.14　生成数据集

知识点 6　训练 Word2Vec 模型

如果一个语料库稍微大一些，可能的结果将会很多，最后一层相当于 softmax 函数，计算起来十分耗时。这时可以输入两个单词，看它们是不是前后对应的输入和输出值，也就相当于一个二分类任务。但是训练集构建出来的标签全为 1，无法进行较好地训练，这时可以加入一些负样本，如图 11.15 所示。

input word	output word	target
not	thou	1
not		0
not		0
not	shalt	1
not	make	1

图 11.15 加入负样本

通过神经网络反向传播来计算更新，此时不仅更新权重参数矩阵 W，也会更新输入数据，最终训练得到模型，如图 11.16 所示。

input word	output word	target	input · output	sigmoid( )	Error
not	thou	1	0.2	0.55	0.45
not	aaron	0	−1.11	0.25	−0.25
not	taco	0	0.74	0.68	−0.68

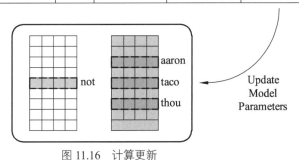

图 11.16 计算更新

Word2Vec 的优点：①由于 Word2vec 会考虑上下文，跟之前的 Embedding 方法相比，效果更好；②比之前的 Embedding 方法维度更小，所以速度更快；③通用性很强，可以用在各种 NLP 任务中。

Word2Vec 的缺点：因为词和向量是一对一的关系，所以无法解决多义词的问题；此外，Word2vec 是一种静态的方式，无法针对特定任务做动态优化。

工作任务

任务 1　Gensim 开源库

Gensim 是一个用于自然语言处理（NLP）和机器学习任务的 Python 开源库导入包，可以将文本数据转换为数值向量表示，从而捕捉到单词之间的语义关系。本任务中导入 Gensim 库，用于对文本进行转换。

```
1.  from gensim.models import Word2Vec  # 词向量
2.  from random import choice
3.  from os.path import exists
4.  from warnings import filterwarnings
5.  filterwarnings('ignore')  # 不打印警告
```

定义配置文件，本任务使用唐诗三百首作为语料库，同时设定滑动窗口为 16，生成的词向量维度为 125。

```
1.  class CONF:
2.      path = '古诗词.txt'
3.      window = 16  # 滑窗大小
4.      min_count = 60  # 过滤低频字
5.      size = 125  # 词向量维度
6.      topn = 14  # 生成诗词的开放度
7.      model_path = 'word2vec'
```

任务 2　训练模型

定义模型时，在初始化 init 方法中定义自己的 topn，嵌入为每一个 topn 提供一个稠密的维度固定的向量。在模型定义方法中，首先根据配置文件加载语料数据，然后根据生成的词向量训练模型并保存模型，代码如下：

```
1.  class Model:
2.      def __init__(self, window, topn, model):
3.          self.window = window
4.          self.topn = topn
5.          self.model = model  # 词向量模型
6.          self.chr_dict = model.wv.index_to_key  # 字典
7.  
8.      @classmethod
9.      def initialize(cls, config):
10.         """模型初始化"""
11.         if exists(config.model_path):
12.             # 模型读取
13.             model = Word2Vec.load(config.model_path)
14.         else:
15.             # 语料读取
16.             with open(config.path, encoding='utf-8') as f:
17.                 ls_of_ls_of_c = [list(line.strip()) for line in f]
18.             # 模型训练和保存
```

```
19.      #window 表示当前词与预测词在一个句子中的最大距离
20.      #min_count,可以对字典做截断.词频少于 min_count 次数的单词会被丢弃掉,默认值为 5。
21.      model = Word2Vec(ls_of_ls_of_c, window=config.window, min_count=config.min_count)
22.      model.save(config.model_path)
23.    return cls(config.window, config.topn, model)
24.
25.  def poem_generator(self, title, form):
26.    """古诗词生成"""
27.    def clean(lst): return [t[0] for t in lst if t[0] not in [',', ' ', '。']]
28.    # 标题补全
29.    if len(title) < 4:
30.      if not title:
31.        title += choice(self.chr_dict)
32.      for _ in range(4 - len(title)):
33.        #similar_by_key 计算相似度
34.        similar_chr = self.model.wv.similar_by_key(title[-1], self.topn // 2)
35.        similar_chr = clean(similar_chr)
36.        #choice 返回一个列表项,随机选取一个数据并带回
37.        char = choice([c for c in similar_chr if c not in title])
38.        title += char
39.    # 文本生成
40.    poem = list(title)
41.    for i in range(form[0]):
42.      for _ in range(form[1]):
43.        predict_chr = self.model.predict_output_word(
44.          poem[-self.window:], max(self.topn, len(poem) + 1))
45.        predict_chr = clean(predict_chr)
46.        char = choice([c for c in predict_chr if c not in poem[len(title):]])
47.        poem.append(char)
48.      poem.append(',' if i % 2 == 0 else '。')
49.    length = form[0] * (form[1] + 1)
50.    return '《%s》' % ''.join(poem[:-length]) + '\n' + ''.join(poem[-length:])
```

任务 3 加载模型

首先调用模型加载函数,然后根据要求输入关键字,选择是要生成五言绝句、七言绝句还是对联,将参数送入模型的古诗词生成函数,最终输出结果,代码如下:

```python
1.  def main(config=CONF):
2.      """主函数"""
3.      form = {'五言绝句': (4, 5), '七言绝句': (4, 7), '对联': (2, 9)}
4.      m = Model.initialize(config)
5.      while True:
6.          title = input('输入标题：').strip()
7.          poem = m.poem_generator(title, form['五言绝句'])
8.          print('\033[031m%s\033[0m' % poem)  # red
9.          poem = m.poem_generator(title, form['七言绝句'])
10.         print('\033[033m%s\033[0m' % poem)  # yellow
11.         poem = m.poem_generator(title, form['对联'])
12.         print('\033[036m%s\033[0m\n' % poem)  # purple
```

参考文献

［1］陈龙，刘刚，戚聿东，等. 人工智能技术革命：演进、影响和应对[J/OL]. 国际经济评论：1-43[2024-07-05]. http://kns.cnki.net/kcms/detail/11.3799.F.20240520.1636.002.html.

［2］张涵夏. 适用于线性回归和逻辑回归的场景分析[J]. 自动化与仪器仪表，2022（10）：1-4+8. DOI:10.14016/j.cnki.1001-9227.2022.10.001.

［3］王恺，闫晓玉，李涛. 机器学习案例分析（基于 Python 语言）[M]. 北京：电子工业出版社，2020.

［4］赵翎羽，叶雨彬. Scikit-learn 与 Intel DAAL 机器学习包的性能比较实证研究[J]. 电子世界，2020（23）：23-24. DOI:10.19353/j.cnki.dzsj.2020.23.010.

［5］卢菁. 速通机器学习[M]. 北京：电子工业出版社，2021.

［6］张晓东. 数据分析与挖掘算法[M]. 北京：电子工业出版社，2021.

［7］高爱霞，李军，栗继红. 城区道路交通事故风险因素研究——基于决策树模型的分析[J]. 公安研究，2024，（04）：50-57.

［8］胡晶. 基于朴素贝叶斯的新闻分类问题算法改进问题的研究[J]. 电脑与信息技术，2023，31(02)：5-8. DOI:10.19414/j.cnki.1005-1228.2023.02.004.